ふろく　とりはずしておつかいください。

計算せんもんドリル

2年

2年　　組

特色と使い方

- このドリルは、計算力を付けるための計算問題をせんもんにあつかったドリルです。
- 教科書ぴったりトレーニングに、このドリルの何ページをすればよいのかが書いてあります。教科書ぴったりトレーニングにあわせてお使いください。

もくじ

おうちのかたへ

・お子さまがお使いの教科書や学校の学習状況により、ドリルのページが前後したり、学習されていない問題が含まれている場合がございます。お子さまの学習状況に応じてお使いください。
・お子さまがお使いの教科書により、教科書ぴったりトレーニングと対応していないページがある場合がございますが、お子さまの興味・関心に応じてお使いください。

1 100までの　たし算の　ひっ算①

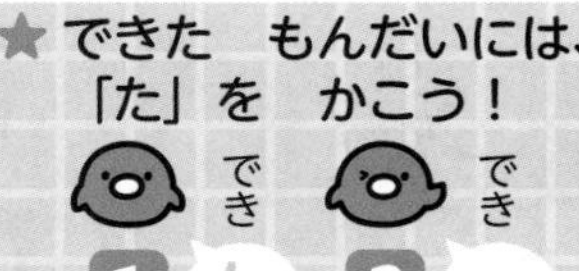

1 つぎの　たし算の　ひっ算を　しましょう。　　月　　日

① $\begin{array}{r} 57 \\ +41 \\ \hline \end{array}$　② $\begin{array}{r} 22 \\ +64 \\ \hline \end{array}$　③ $\begin{array}{r} 13 \\ +78 \\ \hline \end{array}$　④ $\begin{array}{r} 25 \\ +47 \\ \hline \end{array}$

⑤ $\begin{array}{r} 29 \\ +27 \\ \hline \end{array}$　⑥ $\begin{array}{r} 48 \\ +38 \\ \hline \end{array}$　⑦ $\begin{array}{r} 28 \\ +30 \\ \hline \end{array}$　⑧ $\begin{array}{r} 44 \\ +46 \\ \hline \end{array}$

⑨ $\begin{array}{r} 48 \\ +\ \ 5 \\ \hline \end{array}$　⑩ $\begin{array}{r} 4 \\ +55 \\ \hline \end{array}$

2 つぎの　たし算を　ひっ算で　しましょう。

① 17+64

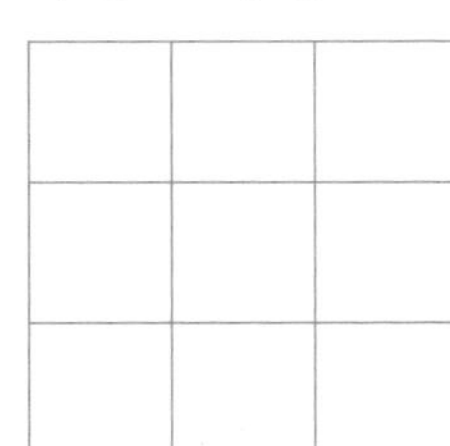

③ 21+6

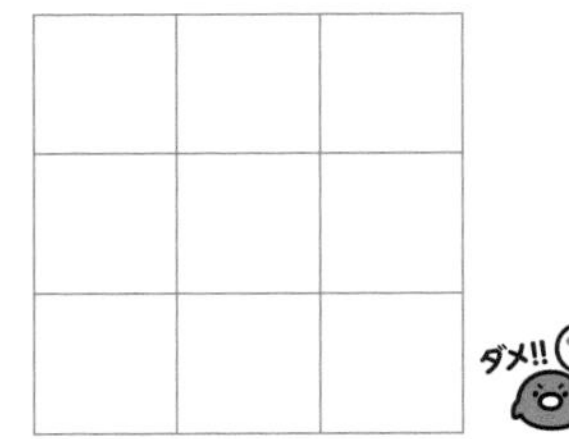

21
+6
ダメ!!

④ 8+42

2 100までの　たし算の　ひっ算②

1 つぎの　たし算の　ひっ算を　しましょう。

月　　日

① 32 + 33

② 22 + 56

③ 27 + 36

④ 32 + 19

⑤ 46 + 26

⑥ 18 + 37

⑦ 27 + 60

⑧ 47 + 33

⑨ 61 + 4

⑩ 9 + 71

2 つぎの　たし算を　ひっ算で　しましょう。

① 57＋12

② 66＋24

③ 69＋5

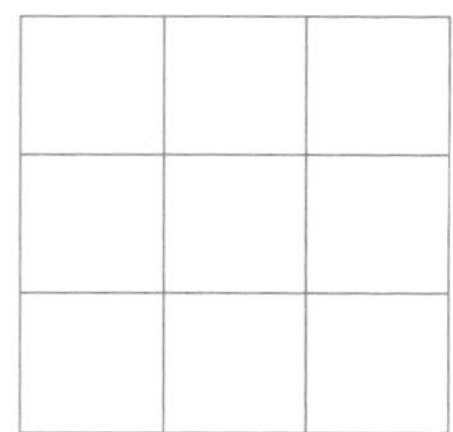

④ 3＋79

100までの　たし算の　ひっ算③

★できた　もんだいには、「た」を　かこう！

1 でき　2 でき

1 つぎの　たし算の　ひっ算を　しましょう。

月　日

① $\begin{array}{r} 58 \\ +11 \\ \hline \end{array}$　② $\begin{array}{r} 23 \\ +73 \\ \hline \end{array}$　③ $\begin{array}{r} 19 \\ +39 \\ \hline \end{array}$　④ $\begin{array}{r} 35 \\ +56 \\ \hline \end{array}$

⑤ $\begin{array}{r} 58 \\ +34 \\ \hline \end{array}$　⑥ $\begin{array}{r} 36 \\ +59 \\ \hline \end{array}$　⑦ $\begin{array}{r} 70 \\ +26 \\ \hline \end{array}$　⑧ $\begin{array}{r} 31 \\ +49 \\ \hline \end{array}$

⑨ $\begin{array}{r} 16 \\ +\ \ 7 \\ \hline \end{array}$　⑩ $\begin{array}{r} 5 \\ +49 \\ \hline \end{array}$

2 つぎの　たし算を　ひっ算で　しましょう。

月　日

① 68＋16

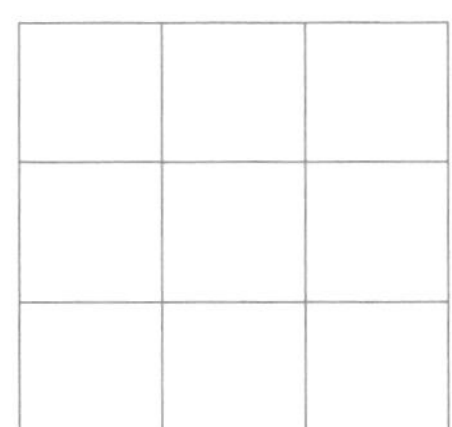

② 54＋38

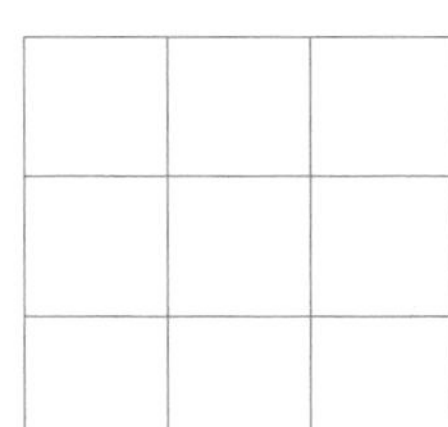

③ 63＋7

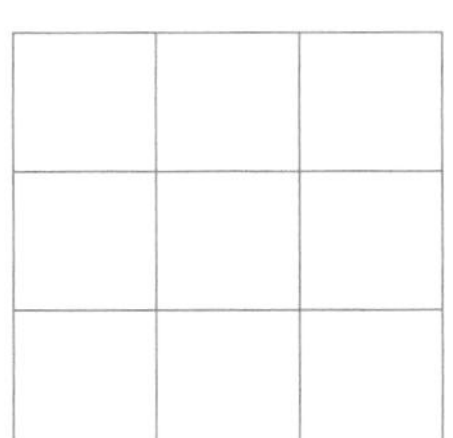

④ 4＋52

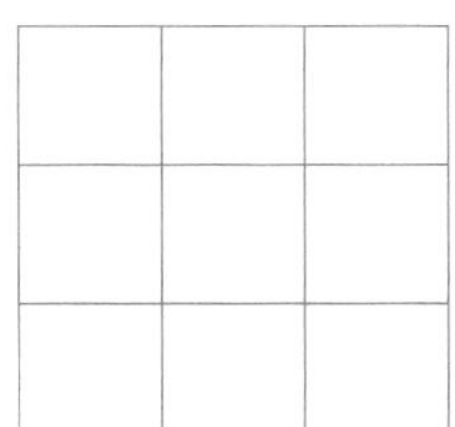

4 100までの　ひき算の　ひっ算①

1 つぎの　ひき算の　ひっ算を　しましょう。　　月　　日

① 56 − 33
② 68 − 50
③ 89 − 83
④ 37 − 6
⑤ 36 − 17
⑥ 93 − 68
⑦ 61 − 34
⑧ 52 − 29
⑨ 40 − 24
⑩ 33 − 4

2 つぎの　ひき算を　ひっ算で　しましょう。　　月　　日

① 72−53

② 81−79

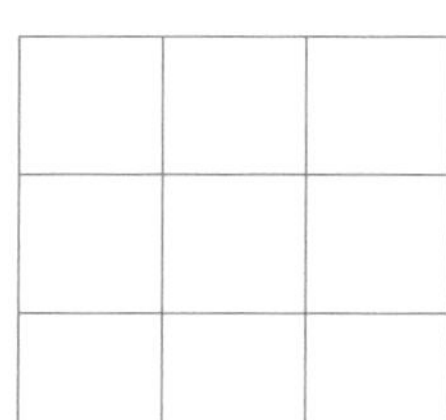

③ 60−32

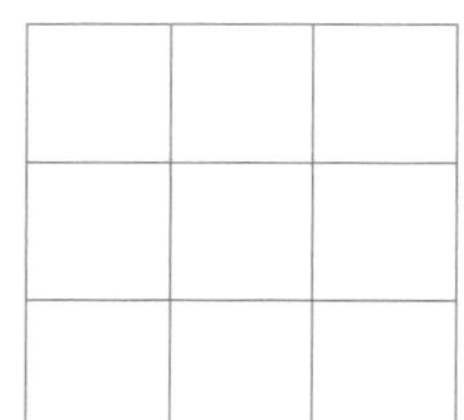

④ 56−8

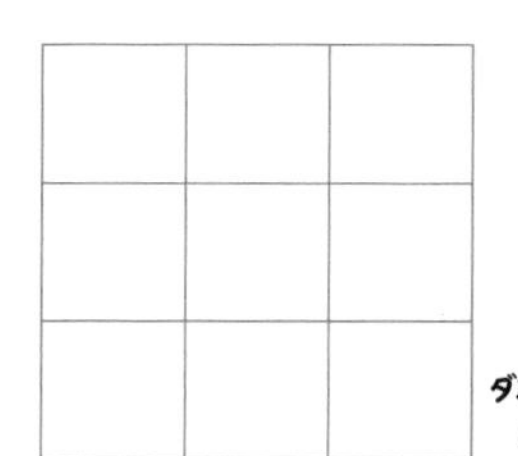

56
−8

5 100までの　ひき算の　ひっ算②

★できた　もんだいには、「た」を　かこう！

1 でき　2 でき

1 つぎの　ひき算の　ひっ算を　しましょう。

月　日

① 87 − 24

② 73 − 13

③ 69 − 60

④ 48 − 5

⑤ 74 − 36

⑥ 68 − 49

⑦ 92 − 37

⑧ 75 − 46

⑨ 21 − 17

⑩ 30 − 2

2 つぎの　ひき算を　ひっ算で　しましょう。

月　日

① 96−47

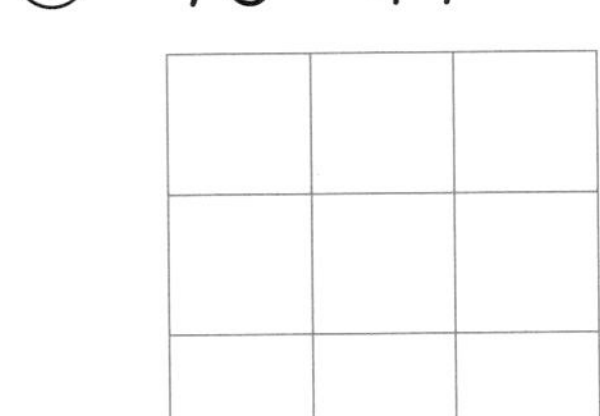

② 61−55

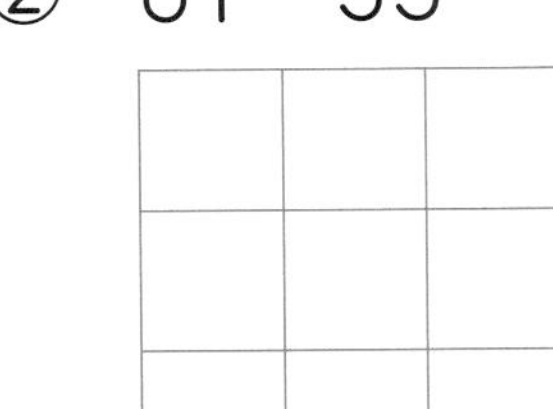

③ 40−31

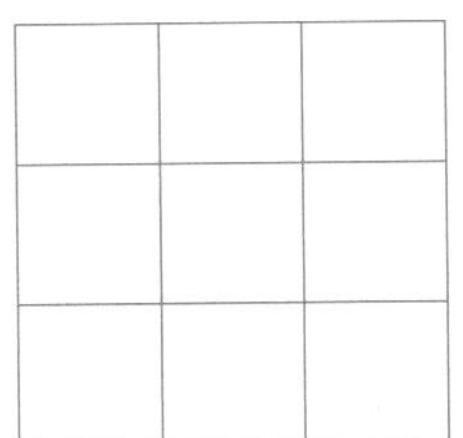

④ 92−5

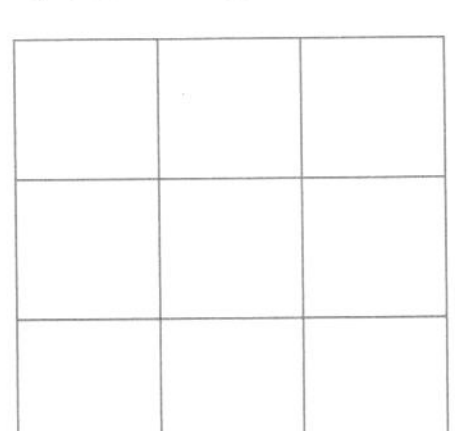

6 100までの　ひき算の　ひっ算③

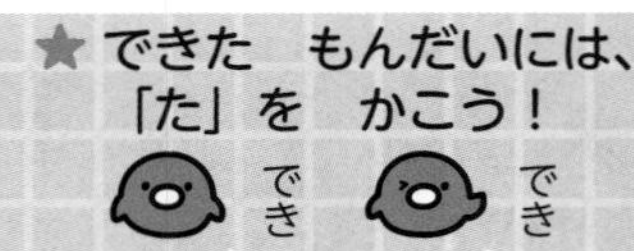

1 つぎの　ひき算の　ひっ算を　しましょう。

月　　日

① 59 − 44

② 96 − 20

③ 71 − 61

④ 56 − 5

⑤ 65 − 37

⑥ 93 − 19

⑦ 75 − 16

⑧ 33 − 15

⑨ 32 − 26

⑩ 37 − 9

2 つぎの　ひき算を　ひっ算で　しましょう。

月　　日

① 92−69

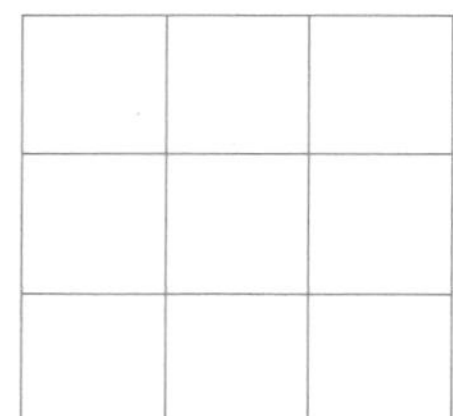

② 97−88

③ 80−78

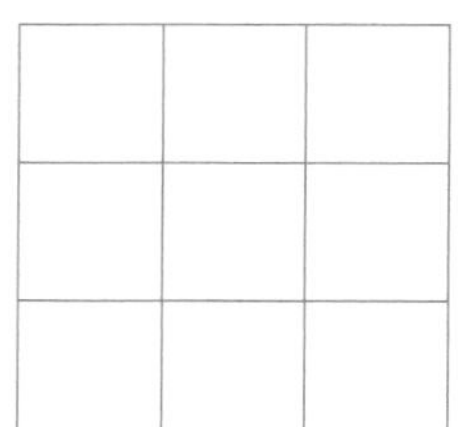

④ 50−4

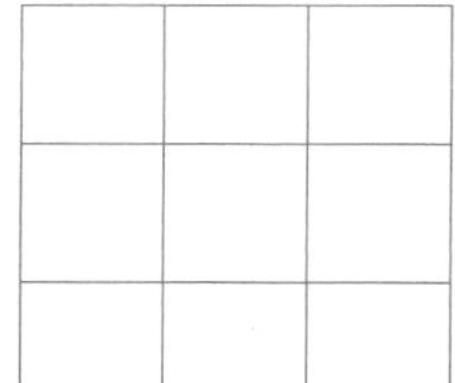

7 何十の　計算

★できた　もんだいには、「た」を　かこう！

1 でき　2 でき

1 つぎの　計算を　しましょう。　　月　　日

① 80＋50＝□　② 40＋90＝□

③ 60＋60＝□　④ 90＋80＝□

⑤ 50＋70＝□　⑥ 90＋20＝□

⑦ 70＋80＝□　⑧ 30＋80＝□

⑨ 60＋90＝□　⑩ 90＋50＝□

2 つぎの　計算を　しましょう。　　月　　日

① 120－80＝□　② 140－50＝□

③ 150－90＝□　④ 140－70＝□

⑤ 110－40＝□　⑥ 130－80＝□

⑦ 170－80＝□　⑧ 120－30＝□

⑨ 180－90＝□　⑩ 130－90＝□

8 何百の　計算

★できた　もんだいには、「た」を　かこう！
1 でき　2 でき

1 つぎの　計算を　しましょう。　　月　　日

① 600＋200＝□　② 300＋600＝□

③ 100＋700＝□　④ 200＋300＝□

⑤ 500＋200＝□　⑥ 300＋400＝□

⑦ 700＋200＝□　⑧ 400＋500＝□

⑨ 800＋100＝□　⑩ 500＋500＝□

2 つぎの　計算を　しましょう。　　月　　日

① 500－100＝□　② 900－600＝□

③ 300－200＝□　④ 800－300＝□

⑤ 600－500＝□　⑥ 900－200＝□

⑦ 700－100＝□　⑧ 800－400＝□

⑨ 900－500＝□　⑩ 1000－700＝□

9 たし算の　あん算

★できた　もんだいには、「た」を　かこう！

1 でき　2 でき

1 つぎの　たし算を　しましょう。

月　日

① 11＋9＝□　② 34＋6＝□

③ 55＋5＝□　④ 64＋6＝□

⑤ 43＋7＝□　⑥ 26＋4＝□

⑦ 89＋1＝□　⑧ 27＋3＝□

⑨ 72＋8＝□　⑩ 59＋1＝□

2 つぎの　たし算を　しましょう。

月　日

① 15＋6＝□　② 26＋9＝□

③ 57＋8＝□　④ 74＋9＝□

⑤ 37＋7＝□　⑥ 24＋7＝□

⑦ 83＋9＝□　⑧ 59＋5＝□

⑨ 45＋8＝□　⑩ 68＋4＝□

10 ひき算の　あん算

★できた　もんだいには、「た」を　かこう！

1 できた　2 できた

1 つぎの　ひき算を　しましょう。

月　日

① 20－7＝□　② 80－2＝□

③ 40－9＝□　④ 70－5＝□

⑤ 50－3＝□　⑥ 60－6＝□

⑦ 30－1＝□　⑧ 90－8＝□

⑨ 40－5＝□　⑩ 20－4＝□

2 つぎの　ひき算を　しましょう。

月　日

① 25－8＝□　② 33－4＝□

③ 72－6＝□　④ 47－8＝□

⑤ 52－3＝□　⑥ 36－9＝□

⑦ 65－6＝□　⑧ 78－9＝□

⑨ 82－7＝□　⑩ 31－4＝□

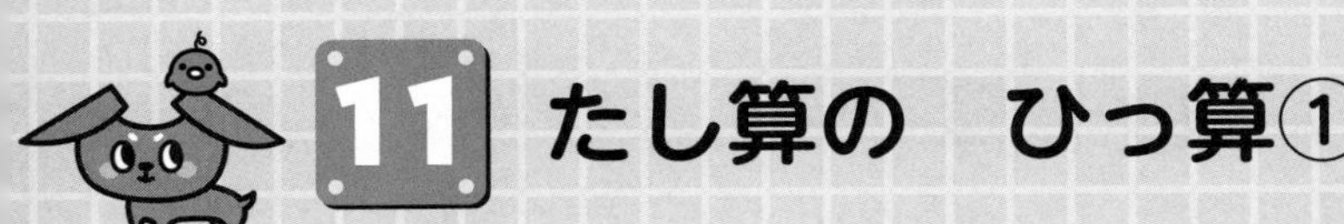

11 たし算の　ひっ算①

★できた　もんだいには、「た」を　かこう！

1 でき　2 でき

1 つぎの　たし算の　ひっ算を　しましょう。　　月　　日

① $\begin{array}{r} 43 \\ +71 \\ \hline \end{array}$　② $\begin{array}{r} 54 \\ +65 \\ \hline \end{array}$　③ $\begin{array}{r} 80 \\ +67 \\ \hline \end{array}$　④ $\begin{array}{r} 23 \\ +84 \\ \hline \end{array}$

⑤ $\begin{array}{r} 38 \\ +95 \\ \hline \end{array}$　⑥ $\begin{array}{r} 73 \\ +89 \\ \hline \end{array}$　⑦ $\begin{array}{r} 29 \\ +99 \\ \hline \end{array}$　⑧ $\begin{array}{r} 74 \\ +36 \\ \hline \end{array}$

⑨ $\begin{array}{r} 12 \\ +89 \\ \hline \end{array}$　⑩ $\begin{array}{r} 5 \\ +97 \\ \hline \end{array}$

2 つぎの　たし算を　ひっ算で　しましょう。　　月　　日

① 76＋57

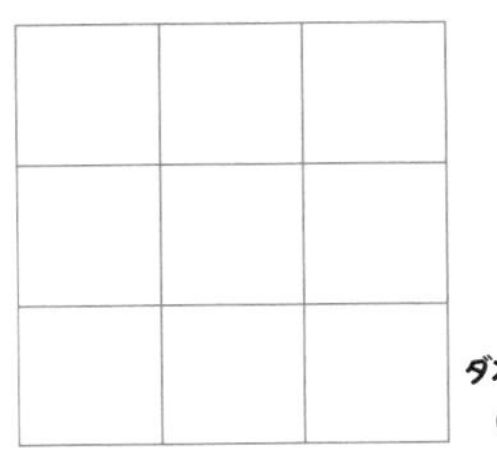

ダメ!!

$\begin{array}{r} 76 \\ +57 \\ \hline 123 \end{array}$

② 31＋89

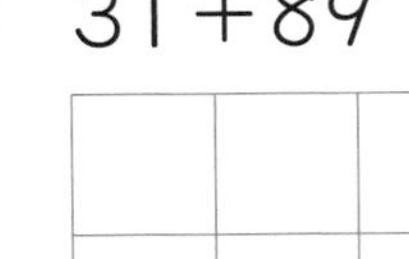

③ 67＋35

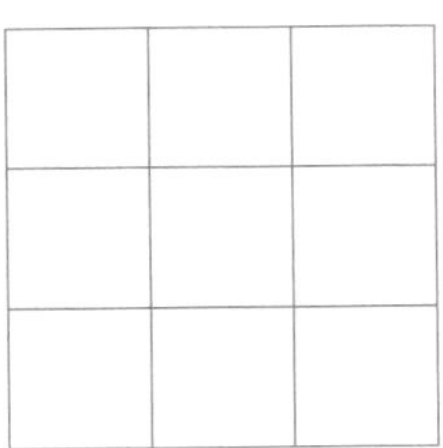

④ 95＋6

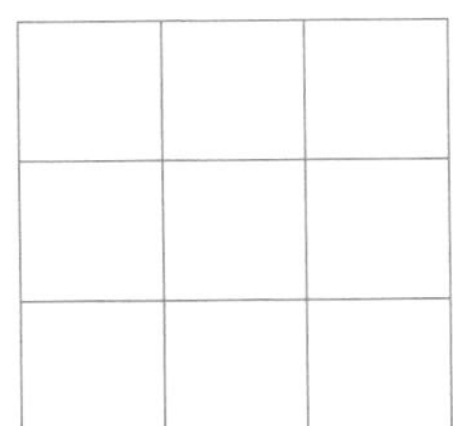

12 たし算の　ひっ算②

1 つぎの　たし算の　ひっ算を　しましょう。

月　　日

① $\begin{array}{r} 98 \\ +21 \\ \hline \end{array}$　② $\begin{array}{r} 82 \\ +36 \\ \hline \end{array}$　③ $\begin{array}{r} 40 \\ +71 \\ \hline \end{array}$　④ $\begin{array}{r} 74 \\ +33 \\ \hline \end{array}$

⑤ $\begin{array}{r} 47 \\ +84 \\ \hline \end{array}$　⑥ $\begin{array}{r} 93 \\ +28 \\ \hline \end{array}$　⑦ $\begin{array}{r} 85 \\ +39 \\ \hline \end{array}$　⑧ $\begin{array}{r} 81 \\ +49 \\ \hline \end{array}$

⑨ $\begin{array}{r} 17 \\ +86 \\ \hline \end{array}$　⑩ $\begin{array}{r} 98 \\ +\ \ 4 \\ \hline \end{array}$

2 つぎの　たし算を　ひっ算で　しましょう。

① 67＋87

② 68＋42

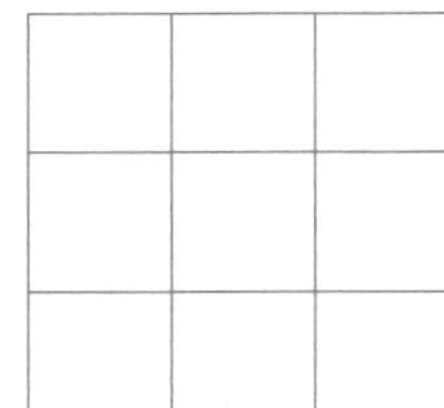

③ 59＋49

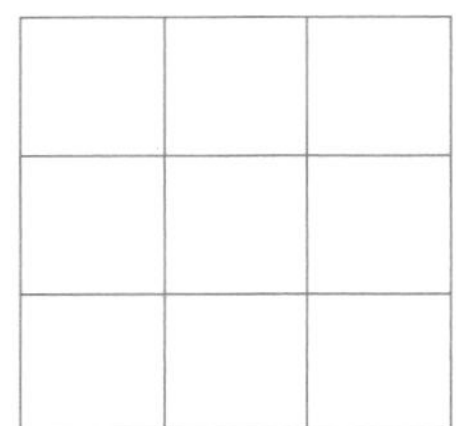

④ 6＋97

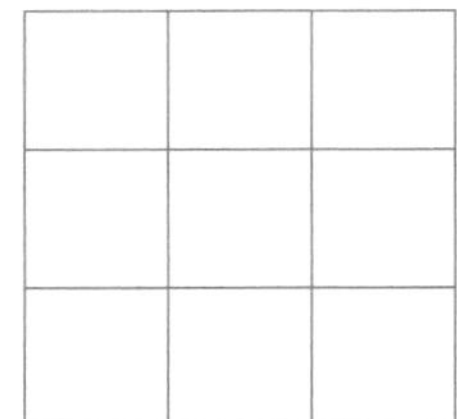

13 たし算の　ひっ算③

★できた　もんだいには、「た」を　かこう！

できた 1　できた 2

1 つぎの　たし算の　ひっ算を　しましょう。

月　　日

① $\begin{array}{r} 81 \\ +37 \\ \hline \end{array}$　② $\begin{array}{r} 81 \\ +75 \\ \hline \end{array}$　③ $\begin{array}{r} 99 \\ +50 \\ \hline \end{array}$　④ $\begin{array}{r} 87 \\ +22 \\ \hline \end{array}$

⑤ $\begin{array}{r} 69 \\ +65 \\ \hline \end{array}$　⑥ $\begin{array}{r} 85 \\ +38 \\ \hline \end{array}$　⑦ $\begin{array}{r} 68 \\ +75 \\ \hline \end{array}$　⑧ $\begin{array}{r} 92 \\ +38 \\ \hline \end{array}$

⑨ $\begin{array}{r} 87 \\ +16 \\ \hline \end{array}$　⑩ $\begin{array}{r} 4 \\ +99 \\ \hline \end{array}$

2 つぎの　たし算を　ひっ算で　しましょう。

月　　日

① 57＋69

② 77＋73

③ 66＋38

④ 93＋8

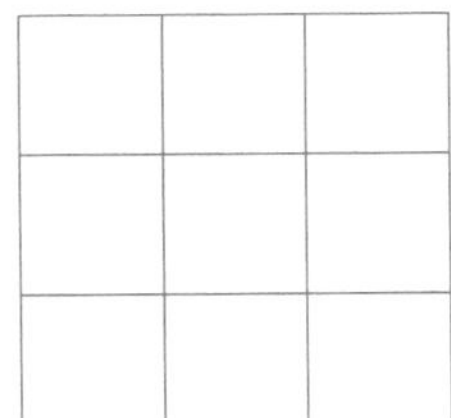

14 たし算の　ひっ算④

1 つぎの　たし算の　ひっ算を　しましょう。

月　　日

① 74 + 41

② 91 + 81

③ 90 + 33

④ 72 + 35

⑤ 66 + 56

⑥ 78 + 63

⑦ 82 + 49

⑧ 95 + 45

⑨ 59 + 46

⑩ 97 + 7

2 つぎの　たし算を　ひっ算で　しましょう。

月　　日

① 37＋84

② 64＋36

③ 87＋15

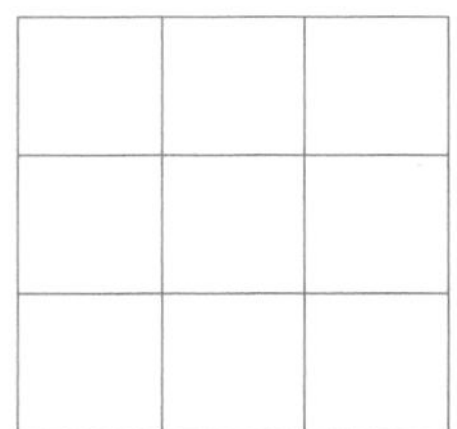

④ 9＋93

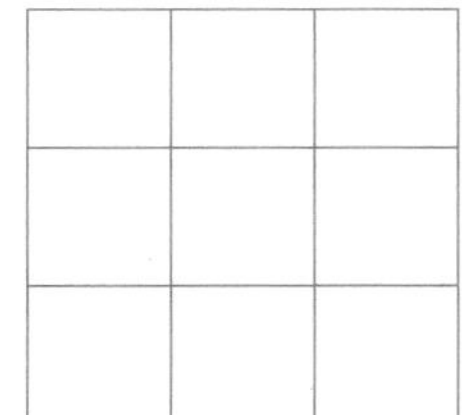

15 たし算の　ひっ算⑤

★できた　もんだいには、「た」を　かこう！
できた 1　できた 2

1 つぎの　たし算の　ひっ算を　しましょう。

月　　日

① $\begin{array}{r} 73 \\ +55 \\ \hline \end{array}$　② $\begin{array}{r} 54 \\ +92 \\ \hline \end{array}$　③ $\begin{array}{r} 58 \\ +70 \\ \hline \end{array}$　④ $\begin{array}{r} 20 \\ +89 \\ \hline \end{array}$

⑤ $\begin{array}{r} 66 \\ +58 \\ \hline \end{array}$　⑥ $\begin{array}{r} 94 \\ +59 \\ \hline \end{array}$　⑦ $\begin{array}{r} 35 \\ +97 \\ \hline \end{array}$　⑧ $\begin{array}{r} 87 \\ +13 \\ \hline \end{array}$

⑨ $\begin{array}{r} 49 \\ +55 \\ \hline \end{array}$　⑩ $\begin{array}{r} 5 \\ +99 \\ \hline \end{array}$

2 つぎの　たし算を　ひっ算で　しましょう。

月　　日

① 84＋68

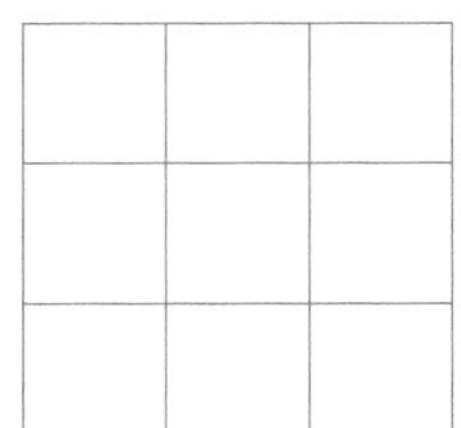

② 62＋78

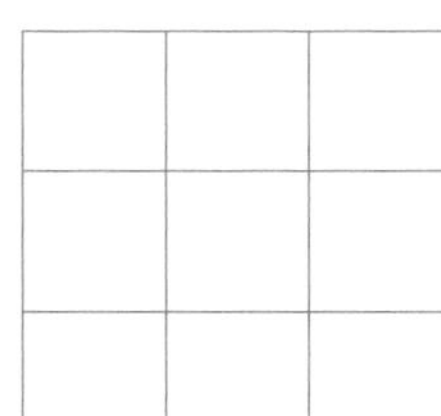

③ 35＋66

④ 96＋8

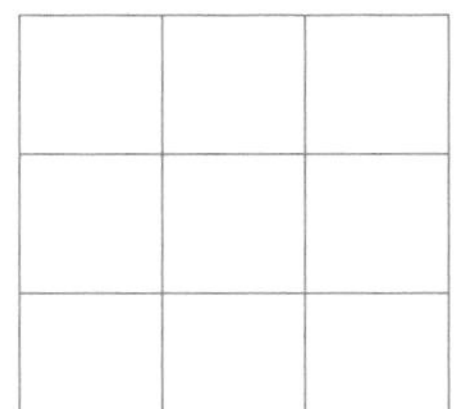

★できた　もんだいには、「た」を　かこう！

1 でき　2 でき

16 ひき算の　ひっ算①

月　日

1 つぎの　ひき算の　ひっ算を　しましょう。

① 117 − 55

② 122 − 31

③ 178 − 88

④ 106 − 93

⑤ 154 − 88

⑥ 173 − 99

⑦ 161 − 95

⑧ 103 − 54

⑨ 105 − 97

⑩ 100 − 6

月　日

2 つぎの　ひき算を　ひっ算で　しましょう。

① 132−84

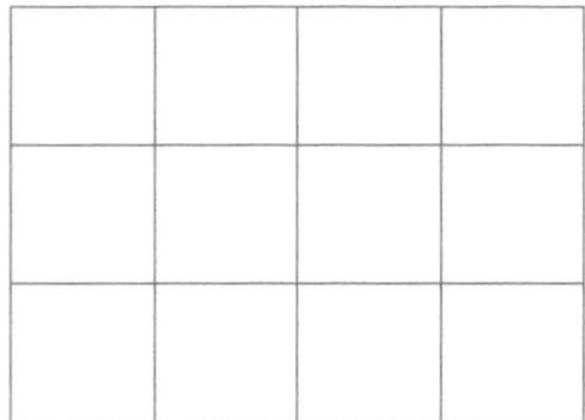

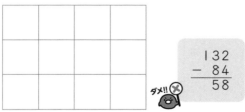

132
− 84
58

ダメ!!

② 102−85

③ 106−8

④ 100−72

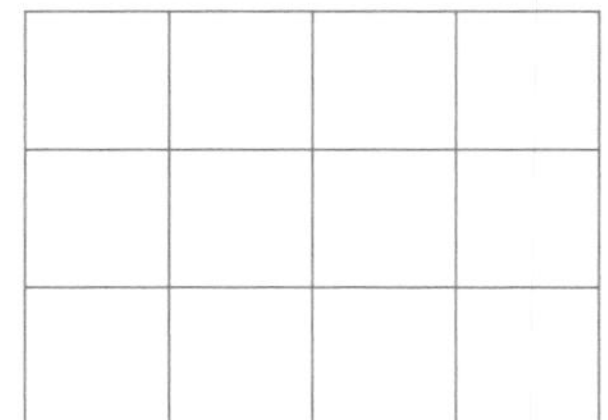

17 ひき算の　ひっ算②

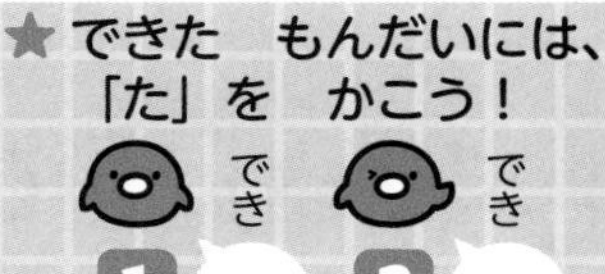

1 つぎの　ひき算の　ひっ算を　しましょう。

① $\begin{array}{r} 139 \\ -\ \ 68 \\ \hline \end{array}$　② $\begin{array}{r} 145 \\ -\ \ 80 \\ \hline \end{array}$　③ $\begin{array}{r} 142 \\ -\ \ 82 \\ \hline \end{array}$　④ $\begin{array}{r} 102 \\ -\ \ 31 \\ \hline \end{array}$

⑤ $\begin{array}{r} 151 \\ -\ \ 73 \\ \hline \end{array}$　⑥ $\begin{array}{r} 117 \\ -\ \ 68 \\ \hline \end{array}$　⑦ $\begin{array}{r} 133 \\ -\ \ 64 \\ \hline \end{array}$　⑧ $\begin{array}{r} 105 \\ -\ \ \ 7 \\ \hline \end{array}$

⑨ $\begin{array}{r} 102 \\ -\ \ 96 \\ \hline \end{array}$　⑩ $\begin{array}{r} 100 \\ -\ \ 53 \\ \hline \end{array}$

2 つぎの　ひき算を　ひっ算で　しましょう。

① 141－87

② 108－29

③ 104－48

④ 100－7

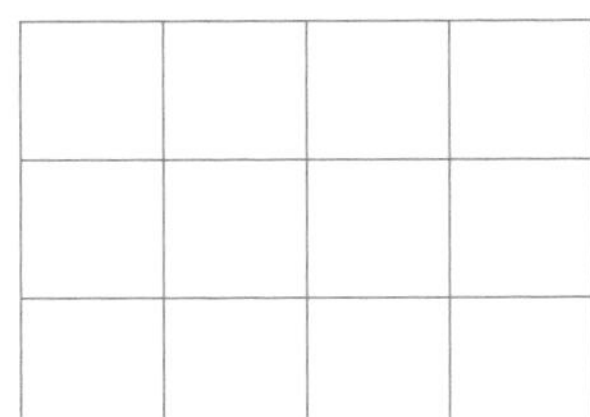

18 ひき算の　ひっ算③

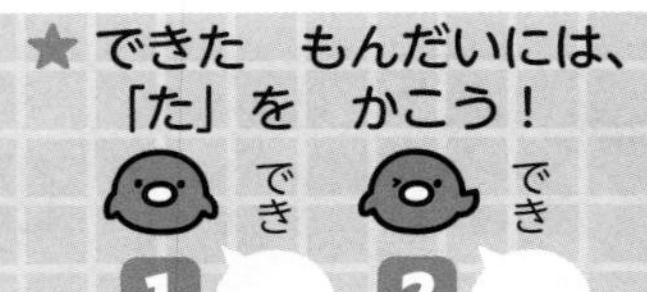

1 つぎの　ひき算の　ひっ算を　しましょう。　　月　　日

① $\begin{array}{r} 124 \\ -\ \ 33 \\ \hline \end{array}$　② $\begin{array}{r} 113 \\ -\ \ 41 \\ \hline \end{array}$　③ $\begin{array}{r} 119 \\ -\ \ 29 \\ \hline \end{array}$　④ $\begin{array}{r} 103 \\ -\ \ 22 \\ \hline \end{array}$

⑤ $\begin{array}{r} 115 \\ -\ \ 38 \\ \hline \end{array}$　⑥ $\begin{array}{r} 131 \\ -\ \ 77 \\ \hline \end{array}$　⑦ $\begin{array}{r} 136 \\ -\ \ 89 \\ \hline \end{array}$　⑧ $\begin{array}{r} 102 \\ -\ \ 46 \\ \hline \end{array}$

⑨ $\begin{array}{r} 106 \\ -\ \ 98 \\ \hline \end{array}$　⑩ $\begin{array}{r} 100 \\ -\ \ \ 3 \\ \hline \end{array}$

2 つぎの　ひき算を　ひっ算で　しましょう。

月　　日

① 121－72

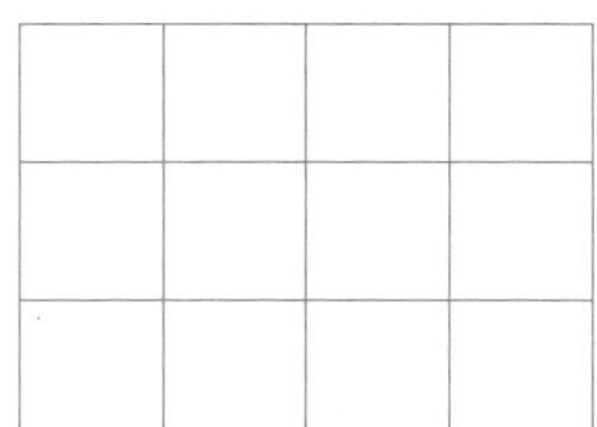

② 106－18

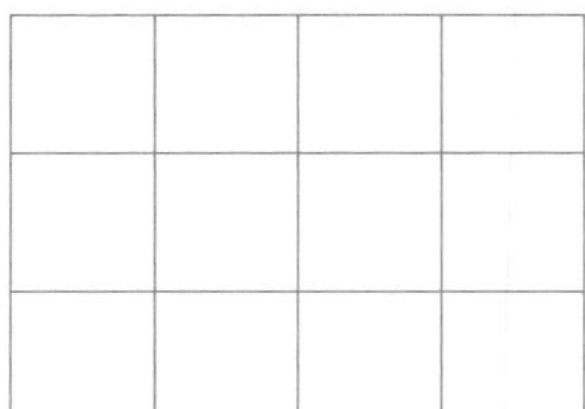

③ 102－5

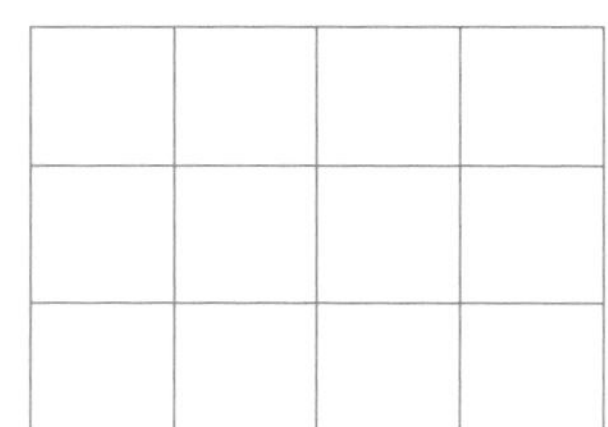

④ 100－14

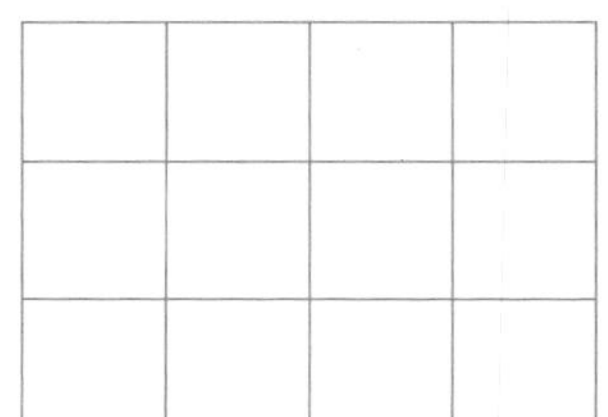

19 ひき算の　ひっ算④

1 つぎの　ひき算の　ひっ算を　しましょう。　　月　　日

① 159 − 87

② 123 − 60

③ 141 − 81

④ 108 − 27

⑤ 112 − 39

⑥ 115 − 28

⑦ 151 − 65

⑧ 104 − 6

⑨ 103 − 99

⑩ 100 − 85

2 つぎの　ひき算を　ひっ算で　しましょう。　　月　　日

① 146−97

② 108−39

③ 101−53

④ 100−2

20 ひき算の　ひっ算⑤

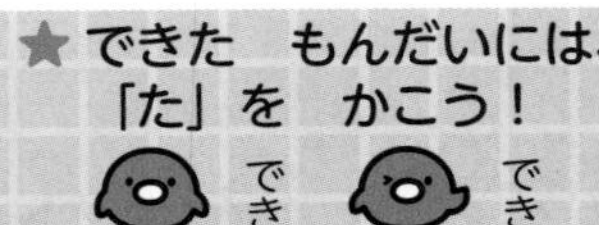

1 つぎの　ひき算の　ひっ算を　しましょう。

月　　日

① $\begin{array}{r} 138 \\ -\ \ 54 \\ \hline \end{array}$　② $\begin{array}{r} 135 \\ -\ \ 93 \\ \hline \end{array}$　③ $\begin{array}{r} 124 \\ -\ \ 34 \\ \hline \end{array}$　④ $\begin{array}{r} 106 \\ -\ \ 55 \\ \hline \end{array}$

⑤ $\begin{array}{r} 155 \\ -\ \ 76 \\ \hline \end{array}$　⑥ $\begin{array}{r} 126 \\ -\ \ 48 \\ \hline \end{array}$　⑦ $\begin{array}{r} 131 \\ -\ \ 74 \\ \hline \end{array}$　⑧ $\begin{array}{r} 107 \\ -\ \ 58 \\ \hline \end{array}$

⑨ $\begin{array}{r} 104 \\ -\ \ 95 \\ \hline \end{array}$　⑩ $\begin{array}{r} 100 \\ -\ \ \ 5 \\ \hline \end{array}$

2 つぎの　ひき算を　ひっ算で　しましょう。

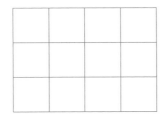

② 103−69

③ 103−4

④ 100−93

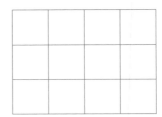

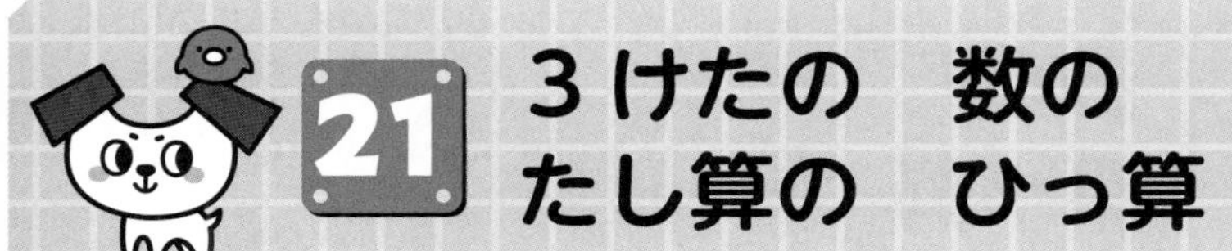

★できた　もんだいには、「た」を　かこう！
1 でき　2 でき

1 つぎの　たし算の　ひっ算を　しましょう。

月　日

①
```
  243
+  36
```
②
```
  516
+  61
```
③
```
  358
+  38
```
④
```
  459
+  33
```
⑤
```
  358
+  35
```
⑥
```
  205
+  77
```
⑦
```
  338
+  52
```
⑧
```
  259
+  20
```
⑨
```
  249
+   5
```
⑩
```
  666
+   8
```

2 つぎの　たし算を　ひっ算で　しましょう。

月　日

① 535＋46

② 315＋80

③ 487＋6

④ 353＋7

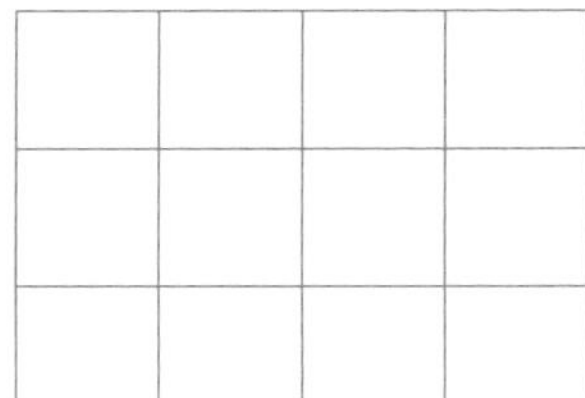

22 3けたの　数の　ひき算の　ひっ算

1 つぎの　ひき算の　ひっ算を　しましょう。

月　日

① $\begin{array}{r} 535 \\ -\ \ 23 \\ \hline \end{array}$　② $\begin{array}{r} 759 \\ -\ \ 12 \\ \hline \end{array}$　③ $\begin{array}{r} 278 \\ -\ \ 59 \\ \hline \end{array}$　④ $\begin{array}{r} 696 \\ -\ \ 28 \\ \hline \end{array}$

⑤ $\begin{array}{r} 573 \\ -\ \ 47 \\ \hline \end{array}$　⑥ $\begin{array}{r} 881 \\ -\ \ 46 \\ \hline \end{array}$　⑦ $\begin{array}{r} 424 \\ -\ \ 19 \\ \hline \end{array}$　⑧ $\begin{array}{r} 695 \\ -\ \ 95 \\ \hline \end{array}$

⑨ $\begin{array}{r} 757 \\ -\ \ \ 9 \\ \hline \end{array}$　⑩ $\begin{array}{r} 414 \\ -\ \ \ 8 \\ \hline \end{array}$

2 つぎの　ひき算を　ひっ算で　しましょう。

月　日

① 775−26

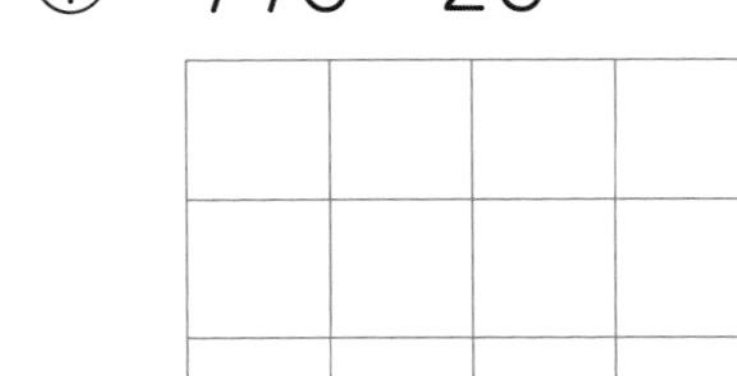

② 531−31

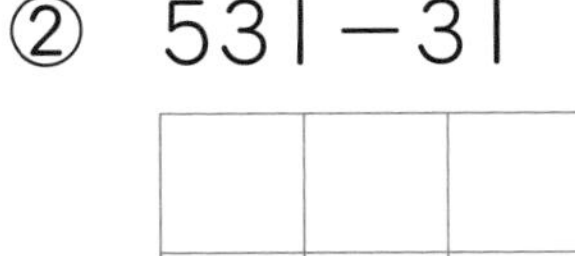

③ 362−5

④ 813−7

23 九九①

★できた　もんだいには、「た」を　かこう！

でき 1　でき 2

1 つぎの　計算を　しましょう。

月　日

① 8×5=□　② 5×2=□

③ 6×3=□　④ 9×8=□

⑤ 7×5=□　⑥ 1×6=□

⑦ 2×9=□　⑧ 3×3=□

⑨ 4×1=□　⑩ 9×4=□

2 つぎの　計算を　しましょう。

月　日

① 4×8=□　② 5×6=□

③ 6×9=□　④ 7×2=□

⑤ 1×2=□　⑥ 6×7=□

⑦ 8×6=□　⑧ 9×1=□

⑨ 2×4=□　⑩ 3×5=□

24 九九②

★できた　もんだいには、「た」を　かこう！
1 でき　2 でき

1 つぎの　計算を　しましょう。　月　日

① $7\times6=$ □　② $4\times3=$ □

③ $5\times9=$ □　④ $2\times8=$ □

⑤ $8\times8=$ □　⑥ $1\times4=$ □

⑦ $3\times9=$ □　⑧ $6\times5=$ □

⑨ $8\times1=$ □　⑩ $9\times6=$ □

2 つぎの　計算を　しましょう。　月　日

① $6\times8=$ □　② $7\times4=$ □

③ $2\times5=$ □　④ $3\times6=$ □

⑤ $6\times2=$ □　⑥ $4\times5=$ □

⑦ $2\times1=$ □　⑧ $8\times4=$ □

⑨ $7\times9=$ □　⑩ $9\times9=$ □

25 九九③

★できた　もんだいには、「た」を　かこう！

1 でき　2 でき

1 つぎの　計算を　しましょう。

月　　日

① 4×2=□　② 1×8=□

③ 9×5=□　④ 6×6=□

⑤ 7×3=□　⑥ 2×6=□

⑦ 4×9=□　⑧ 5×5=□

⑨ 3×4=□　⑩ 6×1=□

2 つぎの　計算を　しましょう。

月　　日

① 1×1=□　② 4×7=□

③ 7×7=□　④ 5×1=□

⑤ 6×4=□　⑥ 8×7=□

⑦ 3×1=□　⑧ 9×3=□

⑨ 8×2=□　⑩ 5×8=□

26 九九④

★できた　もんだいには、
「た」を　かこう！

1 でき　2 でき

1 つぎの　計算を　しましょう。

月　　日

① 3×2＝□　② 5×4＝□

③ 4×6＝□　④ 2×9＝□

⑤ 7×1＝□　⑥ 7×8＝□

⑦ 6×7＝□　⑧ 4×3＝□

⑨ 1×3＝□　⑩ 3×7＝□

2 つぎの　計算を　しましょう。

月　　日

① 8×6＝□　② 5×5＝□

③ 9×6＝□　④ 9×8＝□

⑤ 6×2＝□　⑥ 3×6＝□

⑦ 7×4＝□　⑧ 8×2＝□

⑨ 2×5＝□　⑩ 1×9＝□

27 九九⑤

★できた　もんだいには、「た」を　かこう！

1 でき　2 でき

1 つぎの　計算を　しましょう。

月　　日

① $4\times2=$ □

② $9\times5=$ □

③ $8\times4=$ □

④ $5\times3=$ □

⑤ $6\times9=$ □

⑥ $3\times4=$ □

⑦ $2\times7=$ □

⑧ $1\times5=$ □

⑨ $8\times9=$ □

⑩ $9\times7=$ □

2 つぎの　計算を　しましょう。

月　　日

① $8\times3=$ □

② $2\times8=$ □

③ $2\times2=$ □

④ $3\times9=$ □

⑤ $9\times1=$ □

⑥ $4\times9=$ □

⑦ $5\times7=$ □

⑧ $7\times6=$ □

⑨ $8\times8=$ □

⑩ $1\times8=$ □

28 九九⑥

★できた　もんだいには、「た」を　かこう！

1 でき　2 でき

1 つぎの　計算を　しましょう。

月　　日

① 3×3＝□　② 5×8＝□

③ 1×7＝□　④ 6×1＝□

⑤ 3×8＝□　⑥ 7×9＝□

⑦ 4×5＝□　⑧ 9×2＝□

⑨ 6×8＝□　⑩ 5×6＝□

2 つぎの　計算を　しましょう。

月　　日

① 9×4＝□　② 6×6＝□

③ 7×2＝□　④ 3×1＝□

⑤ 8×4＝□　⑥ 5×2＝□

⑦ 1×4＝□　⑧ 2×3＝□

⑨ 4×8＝□　⑩ 7×7＝□

29 九九⑦

★できた　もんだいには、「た」を　かこう！

1 できた　2 できた

1 つぎの　計算を　しましょう。

月　　日

① 2×2＝□　　② 5×4＝□

③ 8×6＝□　　④ 1×3＝□

⑤ 6×7＝□　　⑥ 3×9＝□

⑦ 8×3＝□　　⑧ 4×6＝□

⑨ 7×1＝□　　⑩ 9×8＝□

2 つぎの　計算を　しましょう。

月　　日

① 6×3＝□　　② 2×7＝□

③ 7×4＝□　　④ 4×1＝□

⑤ 1×6＝□　　⑥ 3×7＝□

⑦ 4×4＝□　　⑧ 2×4＝□

⑨ 3×5＝□　　⑩ 5×7＝□

30 九九⑧

★できた もんだいには、「た」を かこう！

1 できた　2 できた

1 つぎの 計算を しましょう。

月　日

① 4×3＝　② 6×5＝

③ 1×2＝　④ 7×7＝

⑤ 9×3＝　⑥ 2×6＝

⑦ 5×1＝　⑧ 7×3＝

⑨ 3×2＝　⑩ 9×7＝

2 つぎの 計算を しましょう。

月　日

① 1×1＝　② 7×8＝

③ 2×8＝　④ 3×6＝

⑤ 9×2＝　⑥ 4×9＝

⑦ 8×5＝　⑧ 6×9＝

⑨ 9×9＝　⑩ 5×3＝

31 九九⑨

★できた　もんだいには、「た」を　かこう！
1 でき　2 でき

1 つぎの　計算を　しましょう。　　月　　日

① 2×5=
② 3×8=
③ 9×4=
④ 4×7=
⑤ 1×5=
⑥ 6×2=
⑦ 8×7=
⑧ 2×3=
⑨ 5×8=
⑩ 7×6=

2 つぎの　計算を　しましょう。　　月　　日

① 5×6=
② 6×4=
③ 1×7=
④ 2×1=
⑤ 5×9=
⑥ 7×2=
⑦ 4×8=
⑧ 8×1=
⑨ 3×3=
⑩ 8×9=

★できた　もんだいには、「た」を　かこう！

できた 1　できた 2

32 九九⑩

1 つぎの　計算を　しましょう。

月　日

① $7\times3=$ □　② $9\times7=$ □

③ $4\times4=$ □　④ $2\times9=$ □

⑤ $6\times1=$ □　⑥ $3\times4=$ □

⑦ $8\times3=$ □　⑧ $1\times4=$ □

⑨ $9\times3=$ □　⑩ $5\times7=$ □

2 つぎの　計算を　しましょう。

月　日

① $4\times6=$ □　② $2\times2=$ □

③ $7\times8=$ □　④ $9\times5=$ □

⑤ $1\times9=$ □　⑥ $6\times4=$ □

⑦ $5\times4=$ □　⑧ $3\times5=$ □

⑨ $8\times8=$ □　⑩ $7\times4=$ □

答え

1 100までの　たし算の　ひっ算①

1 ①98　②86　③91　④72　⑤56　⑥86　⑦58　⑧90　⑨53　⑩59

2

①

	1	7
＋	6	4
	8	1

②

	4	6
＋	1	8
	6	4

③

	2	1
＋		6
	2	7

④

		8
＋	4	2
	5	0

2 100までの　たし算の　ひっ算②

1 ①65　②78　③63　④51　⑤72　⑥55　⑦87　⑧80　⑨65　⑩80

2

①

	5	7
＋	1	2
	6	9

②

	6	6
＋	2	4
	9	0

③

	6	9
＋		5
	7	4

④

		3
＋	7	9
	8	2

3 100までの　たし算の　ひっ算③

1 ①69　②96　③58　④91　⑤92　⑥95　⑦96　⑧80　⑨23　⑩54

2

①

	6	8
＋	1	6
	8	4

②

	5	4
＋	3	8
	9	2

③

	6	3
＋		7
	7	0

④

		4
＋	5	2
	5	6

4 100までの　ひき算の　ひっ算①

1 ①23　②18　③6　④31　⑤19　⑥25　⑦27　⑧23　⑨16　⑩29

2

①

	7	2
－	5	3
	1	9

②

	8	1
－	7	9
		2

③

	6	0
－	3	2
	2	8

④

	5	6
－		8
	4	8

5 100までの　ひき算の　ひっ算②

1 ①63　②60　③9　④43　⑤38　⑥19　⑦55　⑧29　⑨4　⑩28

2

①

	9	6
－	4	7
	4	9

②

	6	1
－	5	5
		6

③

	4	0
－	3	1
		9

④

	9	2
－		5
	8	7

6 100までの　ひき算の　ひっ算③

1 ①15　②76　③10　④51　⑤28　⑥74　⑦59　⑧18　⑨6　⑩28

2

①

	9	2
－	6	9
	2	3

②

	9	7
－	8	8
		9

③

	8	0
－	7	8
		2

④

	5	0
－		4
	4	6

7 何十の　計算

1 ①130　②130　③120　④170　⑤120　⑥110　⑦150　⑧110　⑨150　⑩140

2 ①40　②90　③60　④70　⑤70　⑥50　⑦90　⑧90　⑨90　⑩40

8 何百の　計算

1 ①800　②900　③800　④500　⑤700　⑥700　⑦900　⑧900　⑨900　⑩1000

2 ①400　②300　③100　④500　⑤100　⑥700　⑦600　⑧400　⑨400　⑩300

9 たし算の　あん算

1 ①20　②40　③60　④70　⑤50　⑥30　⑦90　⑧30　⑨80　⑩60

2 ①21　②35　③65　④83　⑤44　⑥31　⑦92　⑧64　⑨53　⑩72

10 ひき算の　あん算

1 ①13　②78　③31　④65　⑤47　⑥54　⑦29　⑧82　⑨35　⑩16

2 ①17　②29　③66　④39　⑤49　⑥27　⑦59　⑧69　⑨75　⑩27

11 たし算の　ひっ算①

1 ①114　②119　③147　④107　⑤133　⑥162　⑦128　⑧110　⑨101　⑩102

2

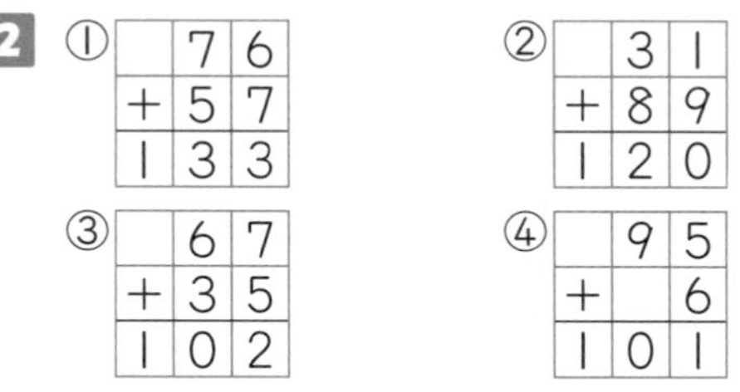

①

	7	6
+	5	7
1	3	3

②

	3	1
+	8	9
1	2	0

③

	6	7
+	3	5
1	0	2

④

	9	5
+		6
1	0	1

12 たし算の　ひっ算②

1 ①119　②118　③111　④107　⑤131　⑥121　⑦124　⑧130　⑨103　⑩102

2

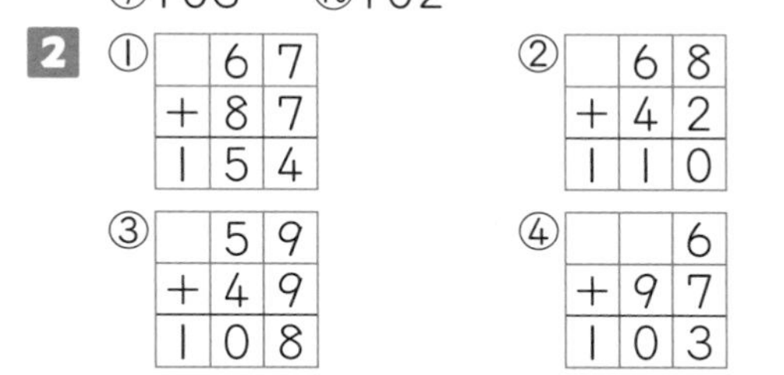

①

	6	7
+	8	7
1	5	4

②

	6	8
+	4	2
1	1	0

③

	5	9
+	4	9
1	0	8

④

		6
+	9	7
1	0	3

13 たし算の　ひっ算③

1 ①118　②156　③149　④109　⑤134　⑥123　⑦143　⑧130　⑨103　⑩103

2

①

	5	7
+	6	9
1	2	6

②

	7	7
+	7	3
1	5	0

③

	6	6
+	3	8
1	0	4

④

	9	3
+		8
1	0	1

14 たし算の　ひっ算④

1 ①115　②172　③123　④107　⑤122　⑥141　⑦131　⑧140　⑨105　⑩104

2

①

	3	7
+	8	4
1	2	1

②

	6	4
+	3	6
1	0	0

③

	8	7
+	1	5
1	0	2

④

		9
+	9	3
1	0	2

15 たし算の　ひっ算⑤

1 ①128　②146　③128　④109　⑤124　⑥153　⑦132　⑧100　⑨104　⑩104

2

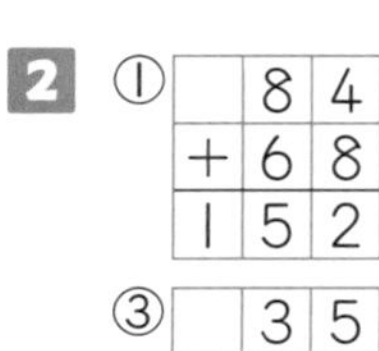

①

	8	4
+	6	8
1	5	2

②

	6	2
+	7	8
1	4	0

③

	3	5
+	6	6
1	0	1

④

	9	6
+		8
1	0	4

16 ひき算の　ひっ算①

1 ①62　②91　③90　④13　⑤66　⑥74　⑦66　⑧49　⑨8　⑩94

2

①

	1	3	2
−		8	4
		4	8

②

	1	0	2
−		8	5
		1	7

③

	1	0	6
−			8
		9	8

④

	1	0	0
−		7	2
		2	8

17 ひき算の　ひっ算②

1 ①71　②65　③60　④71　⑤78　⑥49　⑦69　⑧98　⑨6　⑩47

2

①

	1	4	1
−		8	7
		5	4

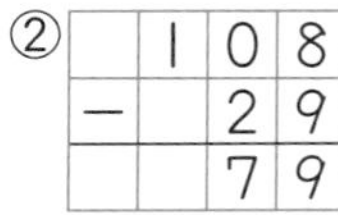

②

	1	0	8
−		2	9
		7	9

③

	1	0	4
−		4	8
		5	6

④

	1	0	0
−			7
		9	3

18 ひき算の　ひっ算③

1 ①91　②72　③90　④81　⑤77　⑥54　⑦47　⑧56　⑨8　⑩97

2

①

	1	2	1
−		7	2
		4	9

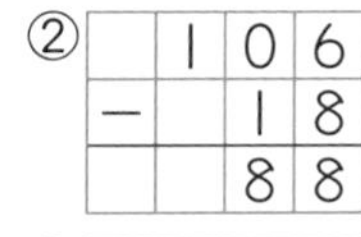

②

	1	0	6
−		1	8
		8	8

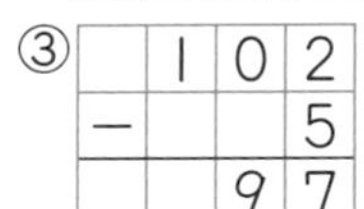

③

	1	0	2
−			5
		9	7

④

	1	0	0
−		1	4
		8	6

19 ひき算の　ひっ算④

1 ①72　②63　③60　④81　⑤73　⑥87　⑦86　⑧98　⑨4　⑩15

2

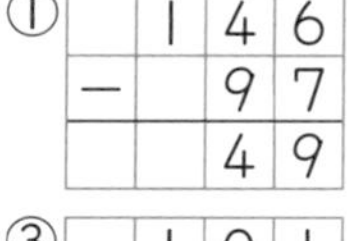

①

	1	4	6
−		9	7
		4	9

②

	1	0	8
−		3	9
		6	9

③

	1	0	1
−		5	3
		4	8

④

	1	0	0
−			2
		9	8

20 ひき算の　ひっ算⑤

1 ①84　②42　③90　④51　⑤79　⑥78　⑦57　⑧49　⑨9　⑩95

2

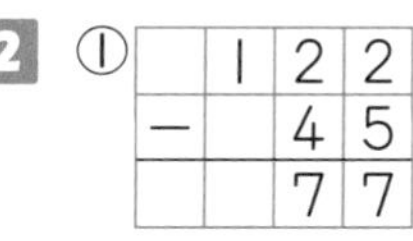

①

	1	2	2
−		4	5
		7	7

②

	1	0	3
−		6	9
		3	4

③

	1	0	3
−			4
		9	9

④

	1	0	0
−		9	3
			7

21 3けたの　数の　たし算の　ひっ算

1 ①279　②577　③396　④492　⑤393　⑥282　⑦390　⑧279　⑨254　⑩674

2

①

	5	3	5
+		4	6
	5	8	1

②

	3	1	5
+		8	0
	3	9	5

③

	4	8	7
+			6
	4	9	3

④

	3	5	3
+			7
	3	6	0

22 3けたの　数の　ひき算の　ひっ算

1 ①512　②747　③219　④668　⑤526　⑥835　⑦405　⑧600　⑨748　⑩406

2

①

	7	7	5
−		2	6
	7	4	9

②

	5	3	1
−		3	1
	5	0	0

③

	3	6	2
−			5
	3	5	7

④

	8	1	3
−			7
	8	0	6

23 九九①

1 ①40 ②10
③18 ④72
⑤35 ⑥6
⑦18 ⑧9
⑨4 ⑩36

2 ①32 ②30
③54 ④14
⑤2 ⑥42
⑦48 ⑧9
⑨8 ⑩15

24 九九②

1 ①42 ②12
③45 ④16
⑤64 ⑥4
⑦27 ⑧30
⑨8 ⑩54

2 ①48 ②28
③10 ④18
⑤12 ⑥20
⑦2 ⑧32
⑨63 ⑩81

25 九九③

1 ①8 ②8
③45 ④36
⑤21 ⑥12
⑦36 ⑧25
⑨12 ⑩6

2 ①1 ②28
③49 ④5
⑤24 ⑥56
⑦3 ⑧27
⑨16 ⑩40

26 九九④

1 ①6 ②20
③24 ④18
⑤7 ⑥56
⑦42 ⑧12
⑨3 ⑩21

2 ①48 ②25
③54 ④72
⑤12 ⑥18
⑦28 ⑧16
⑨10 ⑩9

27 九九⑤

1 ①8 ②45
③32 ④15
⑤54 ⑥12
⑦14 ⑧5
⑨72 ⑩63

2 ①24 ②16
③4 ④27
⑤9 ⑥36
⑦35 ⑧42
⑨64 ⑩8

28 九九⑥

1 ①9 ②40
③7 ④6
⑤24 ⑥63
⑦20 ⑧18
⑨48 ⑩30

2 ①36 ②36
③14 ④3
⑤32 ⑥10
⑦4 ⑧6
⑨32 ⑩49

29 九九⑦

1 ①4 ②20
③48 ④3
⑤42 ⑥27
⑦24 ⑧24
⑨7 ⑩72

2 ①18 ②14
③28 ④4
⑤6 ⑥21
⑦16 ⑧8
⑨15 ⑩35

30 九九⑧

1
①12 ②30
③2 ④49
⑤27 ⑥12
⑦5 ⑧21
⑨6 ⑩63

2
①1 ②56
③16 ④18
⑤18 ⑥36
⑦40 ⑧54
⑨81 ⑩15

31 九九⑨

1
①10 ②24
③36 ④28
⑤5 ⑥12
⑦56 ⑧6
⑨40 ⑩42

2
①30 ②24
③7 ④2
⑤45 ⑥14
⑦32 ⑧8
⑨9 ⑩72

32 九九⑩

1
①21 ②63
③16 ④18
⑤6 ⑥12
⑦24 ⑧4
⑨27 ⑩35

2
①24 ②4
③56 ④45
⑤9 ⑥24
⑦20 ⑧15
⑨64 ⑩28

教科書ぴったりトレーニング

はなまるシール

★ ふろくの「がんばり表」につかおう！
★ はじめに、キミのおとも犬をえらんで、がんばり表にはろう！
★ がくしゅうがおわったら、がんばり表に「はなまるシール」をはろう！
★ あまったシールはじゆうにつかってね。

キミのおとも犬

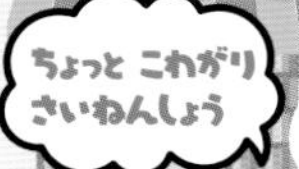

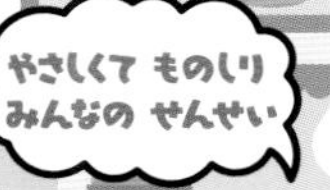

はなまるシール

さんすう

ごほうびシール

教科書ぴったりトレーニング 算数 2年 がんばり表

いつも見えるところに、この「がんばり表」をはっておこう。
この「ぴたトレ」をがくしゅうしたら、シールをはろう！
どこまでがんばったかわかるよ。

シールの中からすきなぴた犬をえらぼう。

おうちのかたへ

がんばり表のデジタル版「デジタルがんばり表」では、デジタル端末でも学習の進捗記録をつけることができます。1冊やり終えると、抽選でプレゼントが当たります。「ぴたサポシステム」にご登録いただき、「デジタルがんばり表」をお使いください。LINE または PC・ブラウザを利用する方法があります。

★ ぴたサポシステムご利用ガイドはこちら ★
https://www.shinko-keirin.co.jp/shinko/news/pittari-support-system

スタート

1. ひょうと グラフ

2～3ページ	4～5ページ
ぴったり1 2	ぴったり3
できたらシールをはろう	できたらシールをはろう

2. 時こくと 時間(1)

❶ 時こくと 時間
❷ 1日の 時間

6～7ページ	8～9ページ	10～11ページ
ぴったり1 2	ぴったり1 2	ぴったり3
できたらシールをはろう	できたらシールをはろう	できたらシールをはろう

3. 2けたの たし算と ひき算

❶ たし算 ❷ ひき算

12～13ページ
ぴったり1 2
できたらシールをはろう

4. たし算の ひっ算

❶ 2けたの たし算
❷ たし算の きまり

14～15ページ	16～17ページ	18～19ページ
ぴったり1 2	ぴったり1 2	ぴったり3
できたらシールをはろう	できたらシールをはろう	できたらシールをはろう

5. ひき算の ひっ算

❶ 2けたの ひき算
❷ たし算と ひき算の かんけい

20～21ページ	22～23ページ	24～25ページ
ぴったり1 2	ぴったり1 2	ぴったり3
できたらシールをはろう	できたらシールをはろう	できたらシールをはろう

6. 長さ(1)

❶ 長さの くらべ方
❷ 長さの あらわし方
❸ 長さの 計算

26～27ページ	28～29ページ	30～31ページ
ぴったり1 2	ぴったり1 2	ぴったり3
できたらシールをはろう	できたらシールをはろう	できたらシールをはろう

7. たし算と ひき算(1)

32～33ページ	34～35ページ
ぴったり1 2	ぴったり3
できたらシールをはろう	できたらシールをはろう

8. 1000までの 数

❶ 100より 大きい 数
❷ 数の 大小
❸ たし算と ひき算

36～37ページ	38～39ページ	40～41ページ
ぴったり1 2	ぴったり1 2	ぴったり3
できたらシールをはろう	できたらシールをはろう	できたらシールをはろう

9. 大きい 数の たし算と ひき算

❶ 答えが 3けたに なる たし算
❷ 3けたの たし算
❸ 100より 大きい 数から ひく ひき算
❹ 3けたの ひき算

42～43ページ	44～45ページ	46～47ページ
ぴったり1 2	ぴったり1 2	ぴったり3
できたらシールをはろう	できたらシールをはろう	できたらシールをはろう

10. 水の かさ

❶ かさの くらべ方
❷ かさの あらわし方
❸ かさの 計算

48～49ページ	50～51ページ	52～53ページ
ぴったり1 2	ぴったり1 2	ぴったり3
できたらシールをはろう	できたらシールをはろう	できたらシールをはろう

11. 三角形と 四角形

❶ 三角形と 四角形
❷ 直角
❸ 長方形と 正方形
❹ 直角三角形
❺ もよう作り

54～55ページ	56～57ページ	58～59ページ
ぴったり1 2	ぴったり1 2	ぴったり3
できたらシールをはろう	できたらシールをはろう	できたらシールをはろう

12. かけ算(1)

❶ かけ算
❷ かけ算と ばい
❸ 5のだんの 九九
❹ 2のだんの 九九
❺ 3のだんの 九九
❻ 4のだんの 九九
❼ きまりを 見つけよう
❽ カードあそび

60～61ページ	62～63ページ	64～65ページ	66～67ページ
ぴったり1 2	ぴったり1 2	ぴったり1 2	ぴったり3
できたらシールをはろう	できたらシールをはろう	できたらシールをはろう	できたらシールをはろう

13. かけ算(2)

❶ 6のだんの 九九
❷ 7のだんの 九九
❸ 8のだんの 九九
❹ 9のだんの 九九
❺ 1のだんの 九九
❻ どんな 計算に なるかな

68～69ページ	70～71ページ	72～73ページ	74～75ページ
ぴったり1 2	ぴったり1 2	ぴったり1 2	ぴったり3
できたらシールをはろう	できたらシールをはろう	できたらシールをはろう	できたらシールをはろう

14. かけ算(3)

❶ かけ算九九の ひょう
❷ 九九を こえた かけ算
❸ かけ算九九を つかって

76～77ページ	78～79ページ	80～81ページ
ぴったり1 2	ぴったり1 2	ぴったり3
できたらシールをはろう	できたらシールをはろう	できたらシールをはろう

15. 分 数

82～83ページ	84～85ページ
ぴったり1 2	ぴったり3
できたらシールをはろう	できたらシールをはろう

16. 時こくと 時間(2)

86～87ページ	88～89ページ
ぴったり1 2	ぴったり3
できたらシールをはろう	できたらシールをはろう

17. 10000までの 数

❶ 1000より 大きい 数の あらわし方

90～91ページ	92～93ページ
ぴったり1 2	ぴったり3
できたらシールをはろう	できたらシールをはろう

18. 長さ(2)

94～95ページ	96～97ページ
ぴったり1 2	ぴったり3
できたらシールをはろう	できたらシールをはろう

19. たし算と ひき算(2)

98～99ページ	100～101ページ
ぴったり1 2	ぴったり3
できたらシールをはろう	できたらシールをはろう

20. しりょうの せいり

102～103ページ
ぴったり1
できたらシールをはろう

21. はこの 形

104～105ページ	106～107ページ
ぴったり1 2	ぴったり3
できたらシールをはろう	できたらシールをはろう

22. 2年の まとめ

108～111ページ
できたらシールをはろう

★プログラミングのプ

112ページ
プログラミング
できたらシールをはろう

ゴール

さいごまでがんばったキミは「ごほうびシール」をはろう！

教科書ぴったりトレーニングの使い方

『ぴたトレ』は教科書にぴったり合わせて使うことができるよ。教科書も見ながら、勉強していこうね。ぴた犬たちが勉強をサポートするよ。

ふだんの学習

ぴったり1 じゅんび

教科書の　だいじな　ところを　まとめて　いくよ。
ねらい で　だいじな　ポイントが　わかるよ。
もんだいに　こたえながら、わかって　いるか
かくにんしよう。　QR コードから「3 分でまとめ動画」が視聴できます。

※QR コードは株式会社デンソーウェーブの登録商標です。

ぴったり2 れんしゅう

「ぴったり１」で　べんきょう
した　ことが　みについて
いるかな？かくにんしながら、
もんだいに　とりくもう。

★できた　もんだいには、「た」を　かこう！★

ぴったり3 たしかめのテスト

「ぴったり１」「ぴったり２」が　おわったら、とりくんで
みよう。学校の　テストの　前に　やっても　いいね。
わからない　もんだいは、ふりかえり を　見て　前に
もどって　かくにんしよう。

実力チェック

- 夏のチャレンジテスト
- 冬のチャレンジテスト
- 春のチャレンジテスト
- 2年 算数のまとめ 学力しんだんテスト

夏休み、冬休み、春休みの
前に　つかいましょう。
学期の　おわりや　学年の
おわりの　テストの　前に
やっても　いいね。

ふだんの　学しゅうが
おわったら、「がんば
り表」に　シールを
はろう。

別冊

丸つけラクラクかいとう

もんだいと　同じ　ところに　赤字で　「答え」が　書
いて　あるよ。もんだいの　答え合わせを　して　みよ
う。まちがえた　もんだいは、下の　てびきを　読んで、
もういちど　見直そう。

おうちのかたへ

本書『教科書ぴったりトレーニング』は、教科書の要点や重要事項をつかむ「ぴったり１ じゅんび」、おさらいをしながら問題に慣れる「ぴったり２ れんしゅう」、テスト形式で学習事項が定着したか確認する「ぴったり３ たしかめのテスト」の３段階構成になっています。教科書の学習順序やねらいに完全対応していますので、日々の学習（トレーニング）にぴったりです。

「観点別学習状況の評価」について

学校の通知表は、「知識・技能」「思考・判断・表現」「主体的に学習に取り組む態度」の３つの観点による評価がもとになっています。

問題集やドリルでは、一般に知識・技能を問う問題が中心になりますが、本書『教科書ぴったりトレーニング』では、次のように、観点別学習状況の評価に基づく問題を取り入れて、成績アップに結びつくことをねらいました。

ぴったり３ たしかめのテスト　チャレンジテスト

- 「知識・技能」を問う問題か、「思考・判断・表現」を問う問題かで、それぞれに分類して出題しています。
- 「知識・技能」では、主に基礎・基本の問題を、「思考・判断・表現」では、主に活用問題を取り扱っています。

発展について

はってん … 学習指導要領では示されていない「発展的な学習内容」を扱っています。

別冊『丸つけラクラクかいとう』について

おうちのかたへ では、次のようなものを示しています。

- 学習のねらいやポイント
- 他の学年や他の単元の学習内容とのつながり
- まちがいやすいことやつまずきやすいところ

お子様への説明や、学習内容の把握などにご活用ください。

教科書ぴったりトレーニング　算数　2年　学校図書版　折込①（ウラ）

算数２年

学校図書版
みんなと学ぶ小学校算数

教科書ぴったりトレーニング

▶３分でまとめ動画

巻末	夏のチャレンジテスト／冬のチャレンジテスト／春のチャレンジテスト／学力しんだんテスト	とりはずしてお使いください
別冊	丸つけラクラクかいとう	

3分でまとめ

がくしゅうび　月　日

1 ひょうと グラフ

ひょうと グラフ

教科書 上12〜17ページ　答え 2ページ

つぎの □ に あてはまる 数(かず)や ことばを 書(か)きましょう。

ねらい ひょうやグラフにせいりして、数をくらべられるようにしよう。 れんしゅう 1→

ひょうと グラフ

数を くらべたり、数の 多(おお)い 少(すく)ないを しらべるには、ひょうや グラフに あらわすと べんりです。

1 家(いえ)に ある やさいの 数を しらべました。

数(かぞ)えまちがいに
ちゅういしよう。

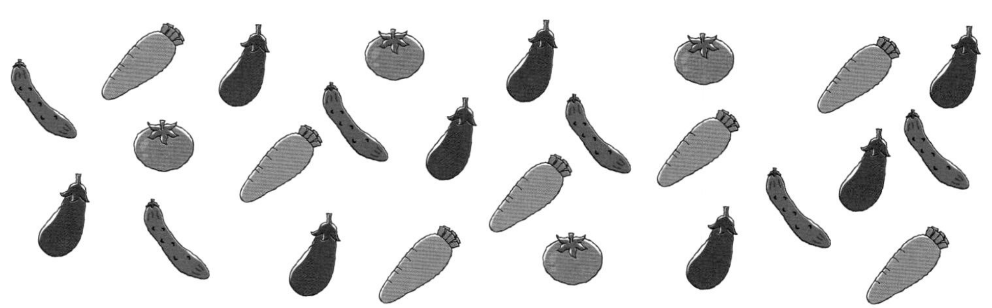

(1) やさいの 数を、下の ひょうに 書きましょう。

(2) やさいの 数を、○を つかって グラフに あらわしましょう。

(3) いちばん 多い やさいは 何(なん)ですか。また、何こですか。

とき方 (1) しるしを つけながら 数えます。

キュウリは □ 本 あります。

やさいの 数

やさい	キュウリ	トマト	ナス	ニンジン
こ数(すう)(こ)	6			

↑うすい 字は なぞろう

(2) 数だけ 下から ○を かきます。

(3) グラフから 読(よ)みとります。

○の 数が いちばん 多いのは、

□ で □ こです。

やさいの 数

○			
○			
○			
○			
○			
○			
キュウリ	トマト	ナス	ニンジン

グラフに あらわすと、
多い 少ないが
くらべやすいね。

がくしゅうび　月　日

★できた　もんだいには、「た」を　かこう！★

できた
1 た

教科書 上12～17ページ　答え 2ページ

1 つぎの　ひょうは、かよさんの　組(くみ)の　8人の、いま　もっている　けしゴムの　こ数を　あらわしています。 教科書 14～15ページ2

もっている　けしゴムの　こ数

名前(なまえ)	たかし	みき	ゆうじ	あき	やすと	えり	けんじ	かな
こ数(こ)	1	2	4	3	2	1	2	3

① ○を　つかって、下の　〔グラフ1〕に　あらわしましょう。

！まちがいちゅうい
② 左から　○の　多い　じゅんに　ならびかえて　〔グラフ2〕に　あらわしましょう。

〔グラフ1〕　もっている　けしゴムの　こ数

たかし	みき	ゆうじ	あき	やすと	えり	けんじ	かな

〔グラフ2〕　もっている　けしゴムの　こ数

ゆうじ	あき						

③ いちばん　多く　もっているのは　だれですか。また、何こ　もっていますか。

名前（　　　　　）

こ数（　　　　　）

④ 何こ　もっている　人が　いちばん　多いですか。

（　　　　　）

1 ①で　グラフを　かくときに、グラフの　よこに　こ数を　1、2、…と　書いておくと、②の　グラフが　かきやすく　なります。

1 ひょうと　グラフ

時間 30 分　／100　ごうかく 80 点

教科書 上12〜18ページ　答え 2ページ

知識・技能　／100点

1 よく出る　1月の　天気を　しらべました。　1つ10点(50点)

1月の　天気

1日	2日	3日	4日	5日	6日	7日	8日	9日	10日	11日
☀	☀	☁	☁	☀	☁	☀	☂	☁	☁	☂
12日	13日	14日	15日	16日	17日	18日	19日	20日	21日	22日
☁	☀	☀	☁	☂	☀	☁	☁	☂	☁	☀
23日	24日	25日	26日	27日	28日	29日	30日	31日		
☁	☀	☂	☂	☁	☀	☃	☂	☃		

☀ 晴(は)れ　☁ くもり　☂ 雨　☃ 雪(ゆき)

① それぞれの　天気の　日数(にっすう)を、ひょうに　書(か)きましょう。

1月の　天気

天気	晴れ	くもり	雨	雪
日数(日)				

② 日数を、○を　つかって、グラフに　あらわしましょう。

1月の　天気

晴れ	くもり	雨	雪

③ いちばん　多(おお)い　天気は　何(なん)ですか。
また、それは　何日ですか。

天気（　　　　）

日数（　　　　）

④ 晴れと　雨とでは、どちらが　何日　多いですか。

（　　　　　　　　）

2 たかおさんの　組(くみ)で、けがについて　しらべるために、けがを　した　場(ば)しょと　けがの　しゅるいを　下のような　カードに　書きました。

③1つ5点、ほか1つ10点(50点)

ろうか	うんどう場	ろうか	教室	うんどう場	うんどう場	教室
切りきず	すりきず	すりきず	うちみ	ねんざ	すりきず	すりきず

うんどう場	うんどう場	うんどう場	ろうか	教室	うんどう場	ろうか
すりきず	切りきず	ねんざ	すりきず	切りきず	ねんざ	切りきず

① けがの　しゅるいごとに、ひょうに　まとめましょう。

けがしらべ

けが	切りきず	すりきず	うちみ	ねんざ
人数(にんずう)(人)				

けがしらべ

② けがの　しゅるいごとに、○を　つかって、グラフに　あらわします。○の　多い　じゅんに　ならべましょう。

③ いちばん　多い　けがは　何ですか。また、それは　何人ですか。

けが（　　　　　）

人数（　　　　　）

できたらスゴイ！

④ けがを　した　場しょごとに　グラフを　あらわしましょう。

けがしらべ

ろうか	うんどう場	教室

⑤ ろうかで　けがを　した　人は　何人ですか。

（　　　　　）

ふりかえり　1が　わからない　ときは、2ページの　1に　もどって　みよう。

① 時こくと 時間

教科書 上20〜23ページ　答え 3ページ

つぎの □ に あてはまる 数を 書きましょう。

ねらい 時こくと時間のちがいがわかるようにしよう。　れんしゅう ① ②→

時こくと 時間

- はりが さしている ときを **時こく**と いいます。
- 時こくと 時こくの 間を **時間**と いいます。
- 長い はりが 1目もり すすむ 時間を、**1分間**と いいます。

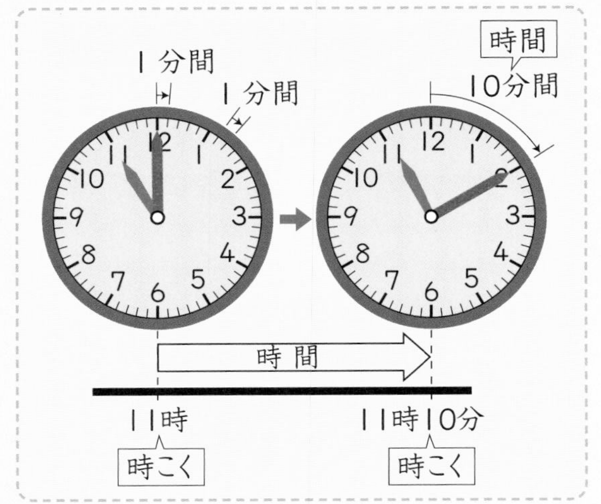

1 家を 出た 時こくは 2時、公園に ついた 時こくは [2]時[25]分です。

家を 出てから、公園に つくまでの 時間は [　　]分間です。

家を 出た。　公園に ついた。

長い はりが 25目もり すすんでいるよ。

ねらい 1時間が何分間かを、おぼえよう。　れんしゅう ① ②→

1時間

長い はりが 1まわりする 時間は、60分間です。

60分間を、**1時間**と いいます。

1時間＝60分間

みじかい はりが 1つの 数字から つぎの 数字まで すすむ 時間が 1時間だよ。

2 5時から 6時までの 時間は、[　　]時間です。

1時間は [　　]分間です。

がくしゅうび　月　日

★できた　もんだいには、「た」を　かこう！★

でき ①　でき ②

教科書 上20～23ページ　答え 3ページ

1 時計(とけい)を　見て　答(こた)えましょう。

教科書 21～23ページ 1

家を　出た。
→

本やに　ついた。
→
本やを　出た。
→

家に　ついた。

① 本やに　ついた　時こくを　答えましょう。

(　　　　)

よくみて
② 本やに　ついてから、本やを　出るまでの　時間は、何(なん)分間ですか。

(　　　　)

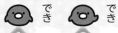

③ 家を　出てから、家に　もどってくるまでの　時間は、何時間ですか。また、それは　何分間ですか。

(　　　時間)、(　　　分間)

2 つぎの □ に　あてはまる　数を　書きましょう。

教科書 21～23ページ 1

① 長い　はりが　1目もり　すすむ　時間は、□分間です。

② みじかい　はりが、1つの　数字から　つぎの　数字まで　すすむ　時間は、□時間です。

③ 長い　はりが　1まわりする　時間は、□分間です。

長い　はりが　1まわりすると、
みじかい　はりは、1つの　数字から
つぎの　数字まで　すすむよ。

1 ② 長い　はりが　何目もり　すすんでいるか　考(かんが)えます。
③ 長い　はりが　ちょうど　1まわりしています。

② 1日の 時間

がくしゅうび 月 日

教科書 上24～26ページ 答え 3ページ

つぎの □に あてはまる ことばを 書きましょう。

ねらい 1日の時間を、午前、午後をつかってあらわせるようにしよう。 れんしゅう 1 2 3 →

1日の 時間

- 午前は 12時間、午後は 12時間 あります。
- 1日は 24時間です。 1日＝24時間
- 午前0時は 午後12時、午後0時は 午前12時とも いいます。また、午後0時は 正午とも いいます。

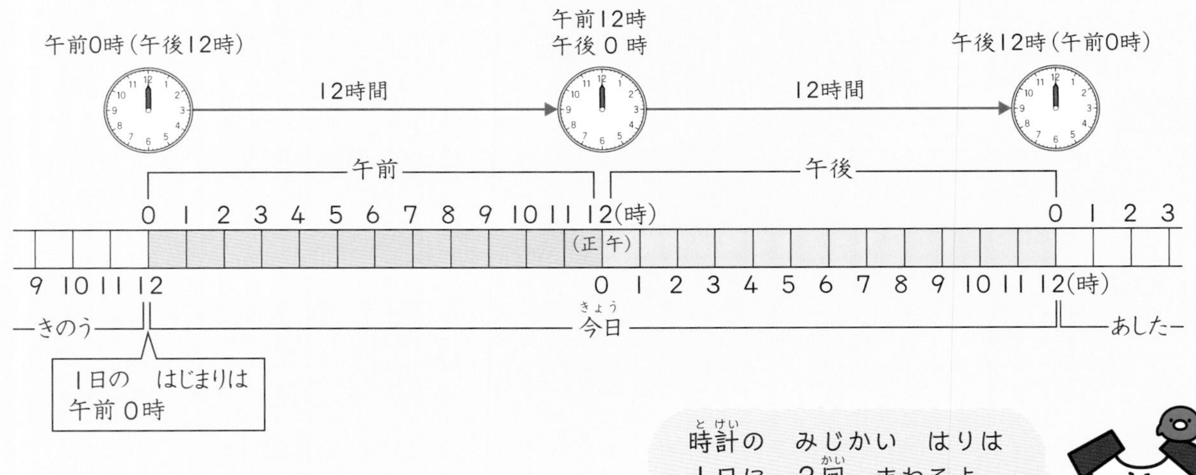

時計の みじかい はりは 1日に 2回 まわるよ。

1 右の 時こくを、午前、午後を つけて 答えましょう。

朝ごはんを 食べた 時こく

とき方 時計の 時こくは、朝の 7時10分です。夜中の 12時(午前0時)から 昼の 12時(午後0時(正午))までが 午前だから、□ 7時10分です。

午前 → 午後

		0	1	2	3	4	5	6	7	8	9	10	11	12 (時)
10	11	12							7時10分					0 1 2 3 4(時)

きのう | 今日 →

がくしゅうび　月　日

★できた　もんだいには、「た」を　かこう！★

でき 1　でき 2　でき 3

教科書　上24～26ページ　答え　3ページ

1 つぎの　時こくを　午前、午後を　つかって　書きましょう。

教科書　24～25ページ 1

① 朝、おきた　時こく

(　　　　　　)

② 学校を　出た　時こく

(　　　　　　)

2 つぎの □ に　あてはまる　午前、午後、正午の　ことばを　書きましょう。

教科書　24～25ページ 1

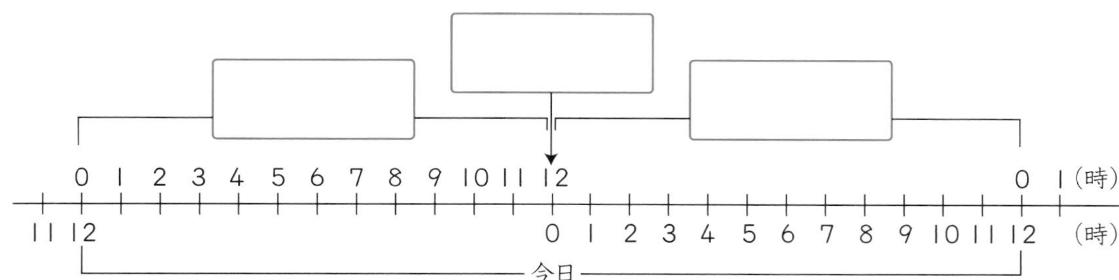

3 つぎの □ に　あてはまる　数(かず)を　書きましょう。

教科書　24～25ページ 1

① 1日＝□時間

よくよんで

② 時計の　みじかい　はりは、1日に □ 回　まわります。

1日の　はじめの　1まわりは　午前で □ 時間、

つぎの　1まわりは　午後で □ 時間　あります。

ヒント　2 1日は　午前と　午後に　分(わ)けられます。

ぴったり3 たしかめのテスト

2 時(じ)こくと 時間(じかん)(1)

教科書 上20〜28ページ 答え 4ページ

知識・技能 ／80点

1 つぎの □ に あてはまる 数(かず)を 書(か)きましょう。 1つ5点(30点)

① 1時間＝□分間(ぷんかん)　② 1日＝□時間

③ 長(なが)い はりが 1まわりする 時間は、□時間です。

④ 1日の はじまりは、午前(ごぜん)□時です。

⑤ 午後(ごご)は □時間 あります。

⑥ 右の 数の線(せん)の ↑の 時こくは □時□分です。

2 よく出る つぎの もんだいに 答(こた)えましょう。 1つ10点(30点)

① あ、いの 時こくは 何(なん)時何分ですか。

あ（　　　　　）
い（　　　　　）

あ

い

② あの 時こくから、いの 時こくまでの 時間は、何分間ですか。

（　　　　　）

3 右の　Ⓐの　時こくから　Ⓘの　時こくまでの　時間は、何時間ですか。　(10点)

Ⓐ

Ⓘ

(　　　　　　)

4 よく出る　つぎの　時こくを　午前、午後を　つかって　書きましょう。　1つ5点(10点)

できたらスゴイ!

① 学校に　ついた　時こく

(　　　　　　)

② 昼(ひる)ごはんを　食(た)べた　時こく

(　　　　　　)

思考・判断・表現　／20点

5 午後10時に　ねて、つぎの　日の　午前7時に　おきました。何時間　ねていましたか。

時計(とけい)に　みじかい　はりを　かいて　答(こた)えましょう。　1つ10点(20点)

(　　　　　　)

ふりかえり　**1**が　わからない　ときは、8ページの　**1**に　もどって　みよう。

がくしゅうび　月　日

3 2けたの　たし算と　ひき算

① たし算
② ひき算

教科書 上30～36ページ　答え 4ページ

つぎの □に　あてはまる　数を　書きましょう。

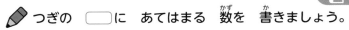

ねらい　2けたのたし算、ひき算のしかたがわかるようにしよう。　れんしゅう ① ②→

たし算の　しかた

2けたの　たし算は　十のくらいどうし、一のくらいどうしを　計算します。

3
21＋14＝35
5

ひき算の　しかた

2けたの　ひき算は　十のくらいどうし、一のくらいどうしを　計算します。

2
35－12＝23
3

1 14＋35の　計算を　します。
14は　10と　4。
35は　[30]と　5。
合わせると、
10の　まとまりが　4こと、（1＋3）
ばらが　[　]こで、[49]。
（4＋5）（40＋9）
14＋35＝[　]

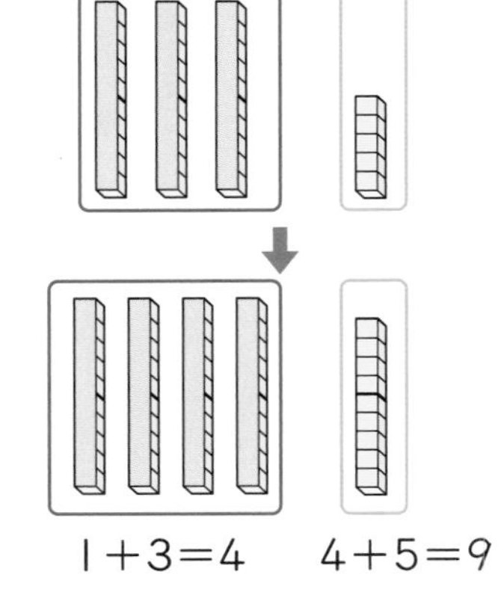

10の
まとまりと
ばらに　分けて
計算しよう。

2 27－12の　計算を　します。
27は　20と　7。
12は　10と　[　]。
ひくと、
10の　まとまりが　1こと、（2－1）
ばらが　[　]こで、[15]。
（7－2）（10＋5）
27－12＝[　]

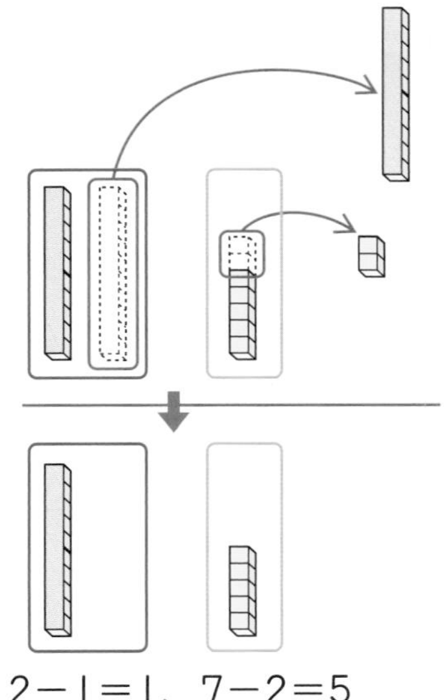

がくしゅうび　月　日

★できた　もんだいには、「た」を　かこう！★

でき 1　でき 2

教科書 上30～36ページ　答え 4ページ

1 つぎの □ に　あてはまる　数を　書きましょう。

教科書 31～33ページ1、34～36ページ1

① 〔13＋24の　計算の　しかた〕

13は　10と　3。24は □ と　4。

10の　まとまりが　合わせて □ こと、

ばらが　合わせて □ こで、□。

13＋24＝□

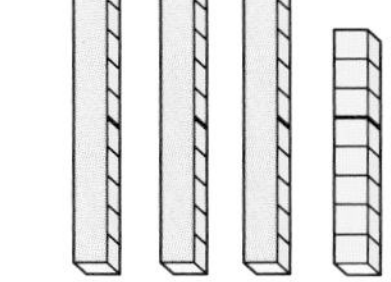

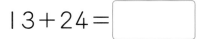

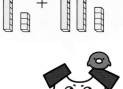

② 〔38－13の　計算の　しかた〕

38は　10の　まとまりが　3こ。

13は　10の　まとまりが □ こ。

10の　まとまりの　3から □ を

ひいて □。

ばらの　8から　3を　ひいて □。

十のくらいが　2、一のくらいが □ で、□。

38－13＝□

！まちがいちゅうい

2 つぎの　計算を　しましょう。

教科書 31～33ページ1、34～36ページ1

① 22＋15　② 14＋32　③ 31＋26

④ 29－14　⑤ 35－11　⑥ 47－36

2 10の　まとまりが　いくつ、ばらが　いくつ　あるかを
考えます。

4 たし算の　ひっ算

① 2けたの　たし算ー(1)

教科書　上38〜41ページ　答え　5ページ

つぎの □ に　あてはまる　数を　書きましょう。

ねらい　2けたのたし算が、ひっ算でできるようにしよう。　れんしゅう ① ② ③ →

ひっ算

　くらいを　たてに　そろえて　書いて
計算することを、**ひっ算**と　いいます。
　たし算の　ひっ算は、同じ　くらいどうしで
計算を　します。

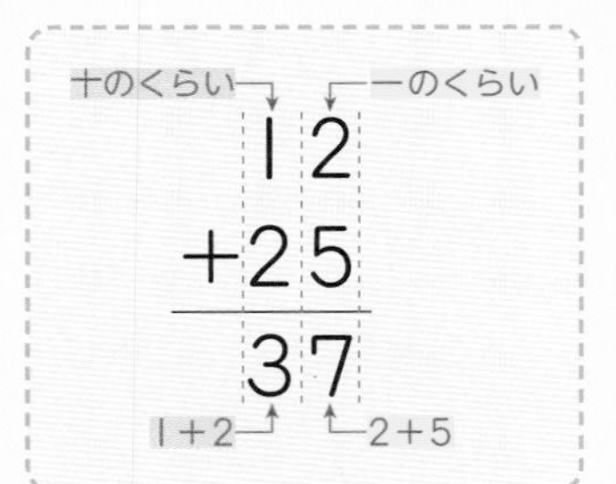

1 つぎの　計算を　ひっ算で　しましょう。

(1)　23＋14　　　　(2)　5＋31

とき方　(1)　たてに　くらいを
　そろえて　書く。

$$\begin{array}{r} 23 \\ +14 \\ \hline \end{array}$$

一のくらいから
計算するよ。

一のくらいは、
3＋4＝□
十のくらいは、
2＋1＝□

$$\begin{array}{r} 23 \\ +14 \\ \hline 37 \end{array}$$

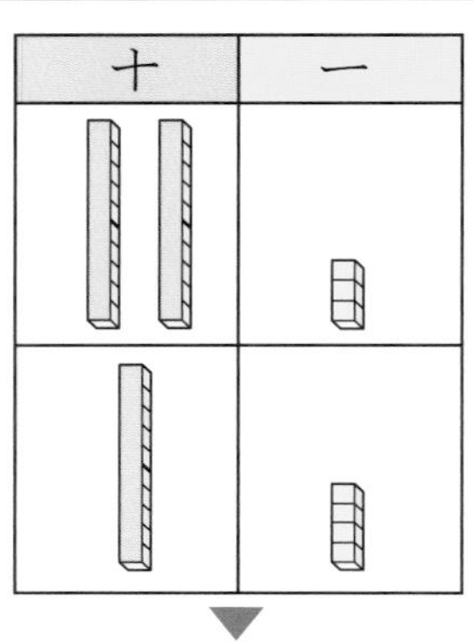

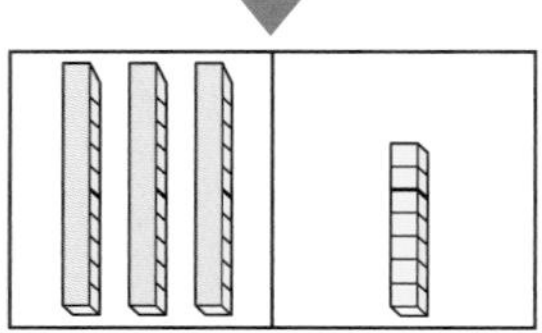

(2)　たてに　くらいを
　そろえて　書く。

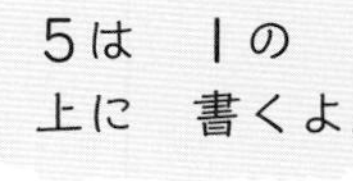

$$\begin{array}{r} 5 \\ +31 \\ \hline \end{array}$$

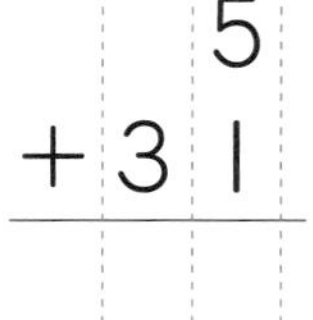

一のくらいは、
5＋1＝□
十のくらいは □。

$$\begin{array}{r} 5 \\ +31 \\ \hline \square \end{array}$$

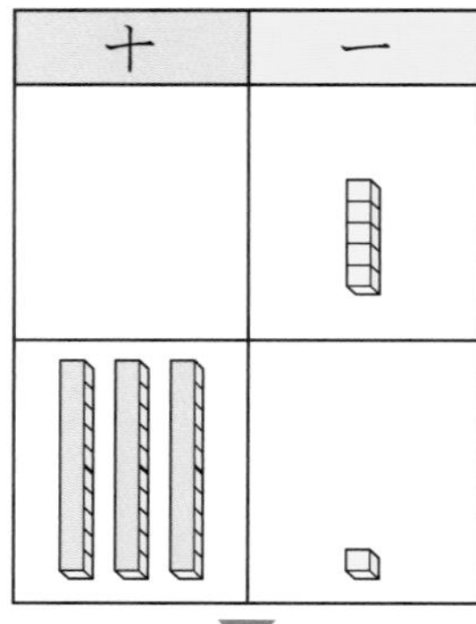

がくしゅうび　月　日

★できた　もんだいには、「た」を　かこう！★

でき 1　でき 2　でき 3

教科書 上38～41ページ　答え 5ページ

1 つぎの　計算を　ひっ算で　しましょう。 教科書 39～40ページ 1

① 15＋34

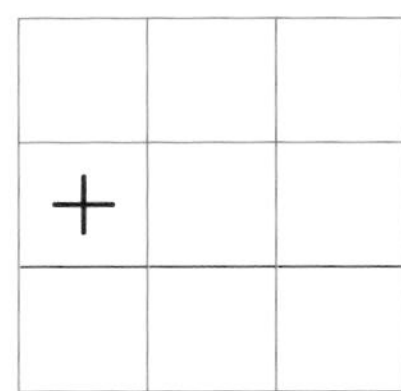

② 26＋42

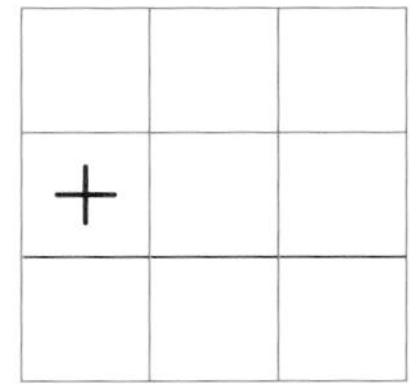

③ 23＋60

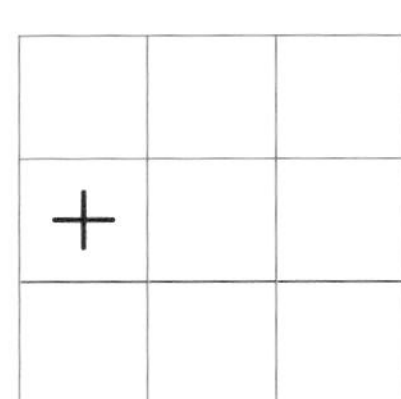

④ 40＋56

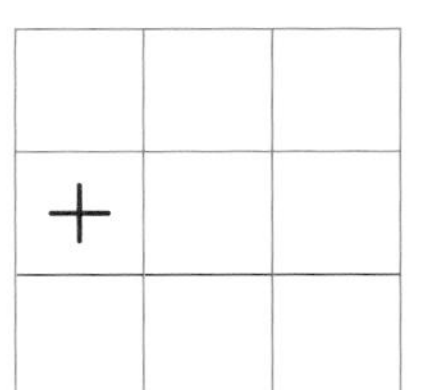

2 つぎの　計算を　ひっ算で　しましょう。 教科書 41ページ 2

! まちがいちゅうい

① 4＋62

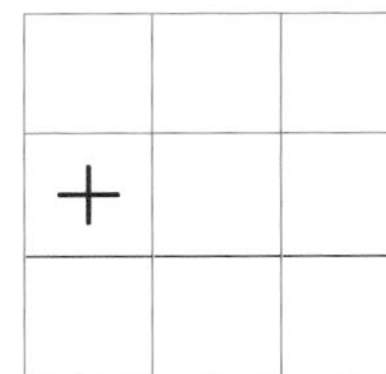

4は　どこに
書くのかな。

② 8＋71

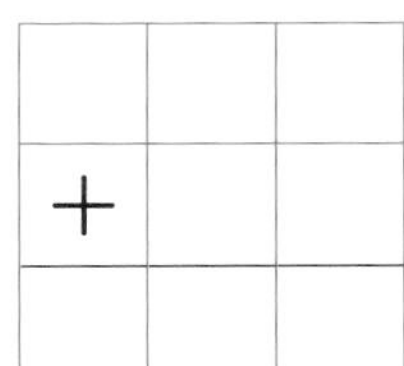

③ 34＋3

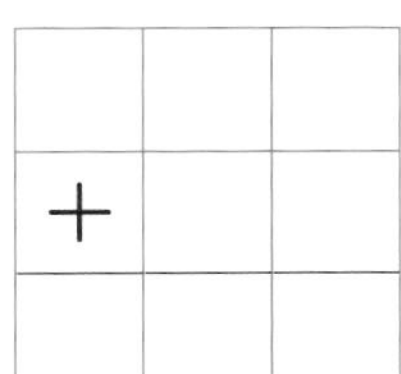

④ 97＋2

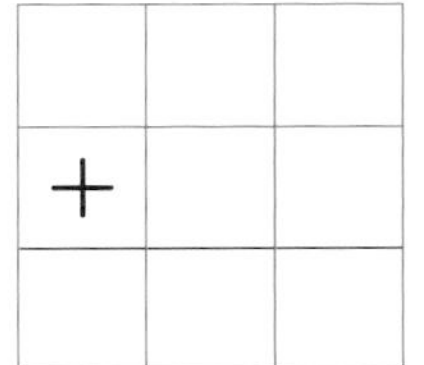

3 池(いけ)に　こいが　32ひき、ふなが　16ぴき　います。
こいと　ふなは　合(あ)わせて　何(なん)びき　いますか。

教科書 39～40ページ 1

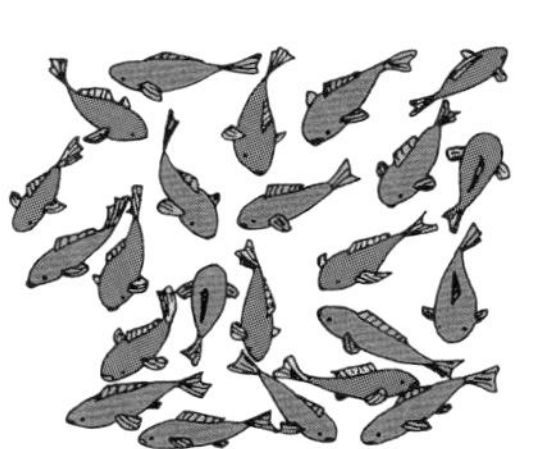

しき

答(こた)え（　　　　　）

1 ③　一のくらいの　計算は、3＋0と　なります。
2 ①　ひっ算で、4は　2の　上に　書きます。

ぴったり1 じゅんび

3分でまとめ

4 たし算の ひっ算

① 2けたの たし算ー(2)
② たし算の きまり

教科書 上42〜48ページ　答え 5ページ

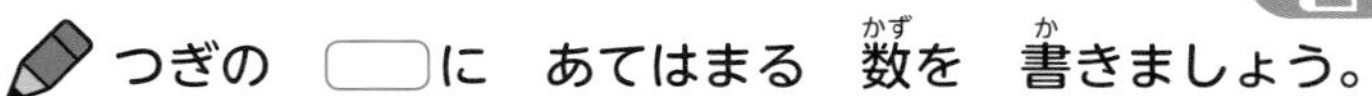

つぎの □ に あてはまる 数を 書きましょう。

ねらい くり上がりのある2けたのたし算が、ひっ算でできるようにしよう。 れんしゅう 1→

10の まとまりが できて、上の くらいに うつすことを、**くり上げる**と いいます。

1 25＋17の ひっ算の しかた

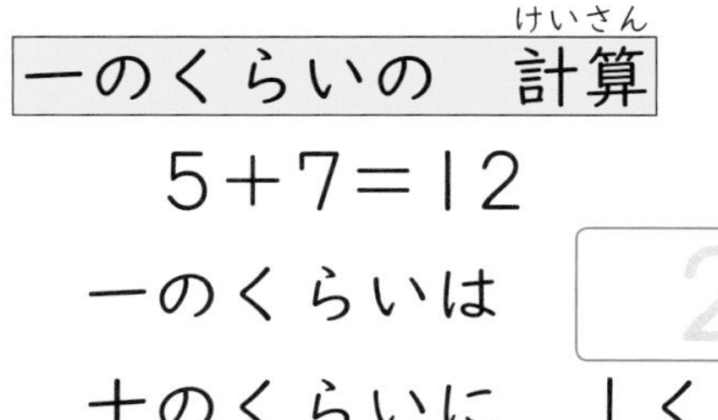

一のくらいの 計算

5＋7＝12

一のくらいは [2]。

十のくらいに 1くり上げる。

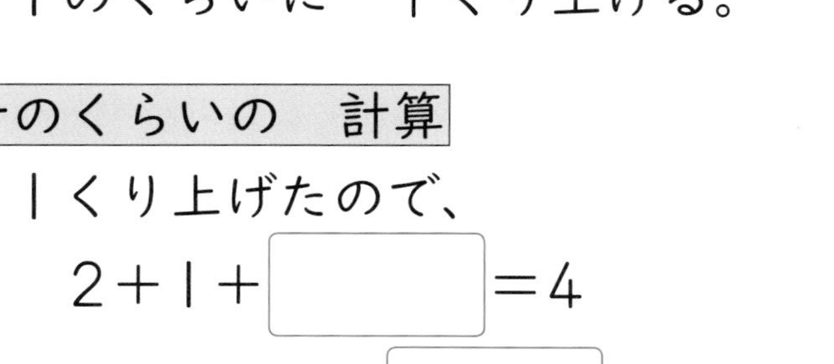

十のくらいの 計算

1くり上げたので、

2＋1＋[ ]＝4

十のくらいは [ ]。

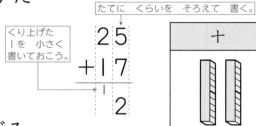

たてに くらいを そろえて 書く。

くり上げた 1を 小さく 書いておこう。

```
  25
+ 17
   2

  25
+ 17
  42
```

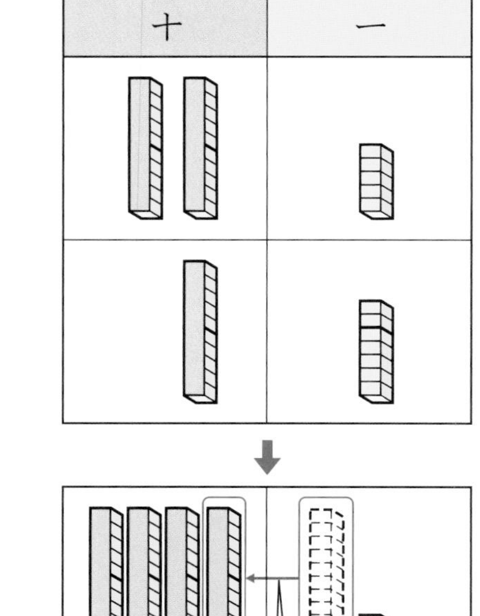

ねらい たし算のきまりをおぼえよう。 れんしゅう 2 3→

・たされる数と たす数を 入れかえて たしても、答えは 同じに なります。

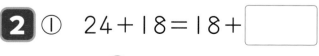

たされる数 たす数 たされる数 たす数
25＋17＝17＋25
答え 42　答え 42

・たす じゅんじょを かえても 答えは 同じに なります。

(18＋6)＋4＝18＋(6＋4)
24　28　10　28

2 ① 24＋18＝18＋[ ]　② 58＋(8＋2)＝58＋[ ]
＝[ ]

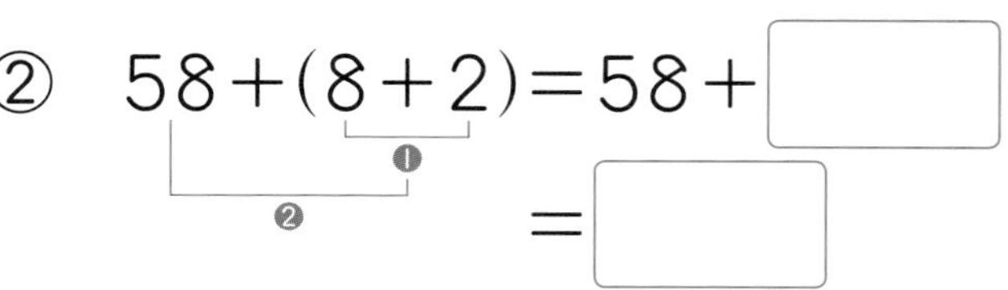

( )は、先に 計算する しるしだよ。

がくしゅうび　　月　　日

★できた　もんだいには、「た」を　かこう！★

できた ① できた ② できた ③

教科書　上42～48ページ　答え　5ページ

1 つぎの　計算を　ひっ算で　しましょう。 教科書　42～45ページ 3・4

① 14＋27

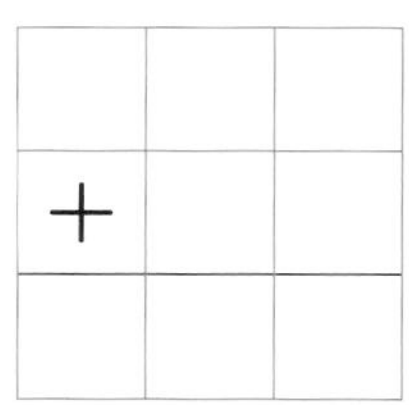

② 58＋19

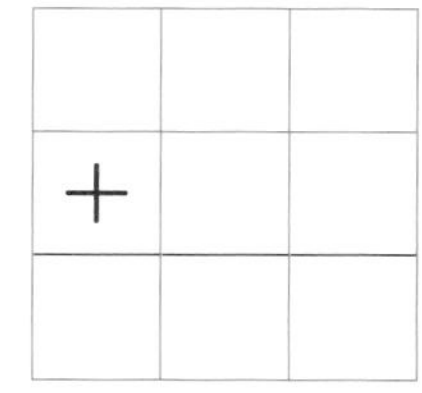

③ 35＋26

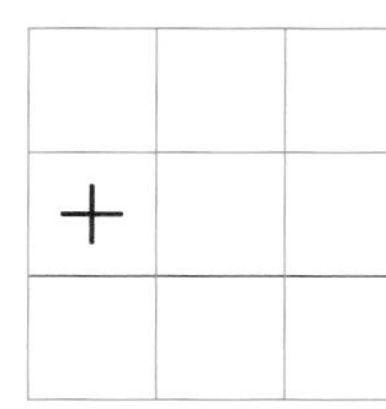

④ 26＋34

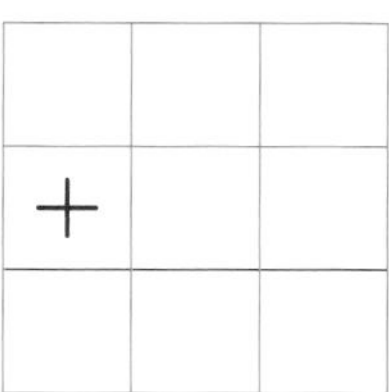

⑤ 65＋9

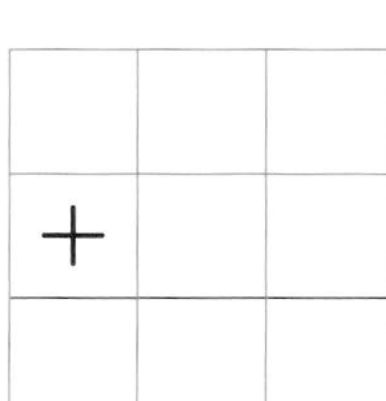

⑥ 8＋42

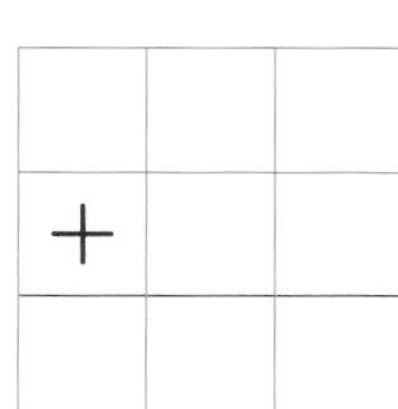

よくみて

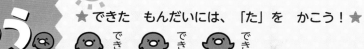

2 答えが　同じに　なる　しきは　どれと　どれですか。
2組（くみ）　見つけましょう。 教科書　47ページ 2

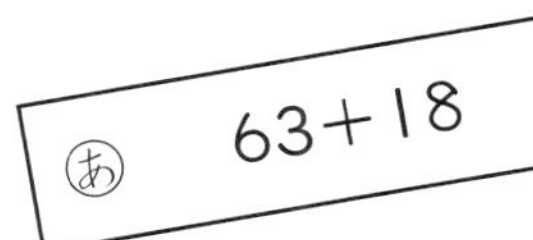

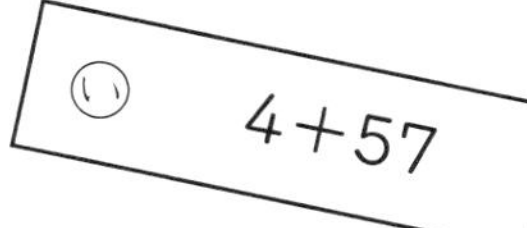

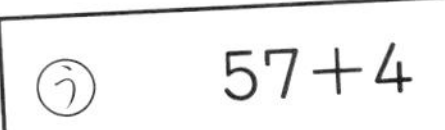

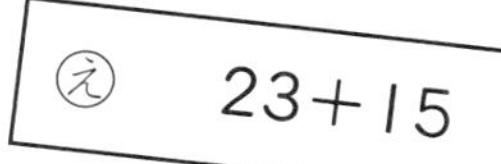

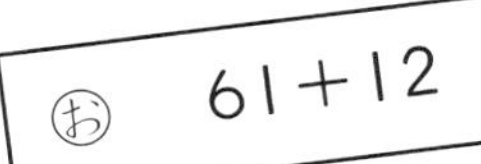

か　15＋23

計算しなくても
わかるよ。

（　　　と　　　）（　　　と　　　）

3 くふうして　計算を　しましょう。 教科書　48ページ 1

① 38＋7＋13　　② 9＋47＋31

ヒント
2 たし算の　きまりを　思（おも）い出しましょう。
3 たす　じゅんじょを　考（かんが）えましょう。

④ たし算の　ひっ算

教科書　上 38～50 ページ　答え　6 ページ

知識・技能　／75点

1 つぎの　ひっ算の　まちがいを　見つけ、正しい　答えを
(　)の　中に　書きましょう。　1つ5点(10点)

①

$$\begin{array}{r} 42 \\ +28 \\ \hline 60 \end{array}$$

(　　　)

②

$$\begin{array}{r} 3 \\ +52 \\ \hline 82 \end{array}$$

(　　　)

2 よく出る　つぎの　計算を　ひっ算で　しましょう。　1つ5点(40点)

① 14＋23　② 20＋58

③ 66＋28　④ 17＋39

⑤ 57＋13　⑥ 24＋36

⑦ 4＋69　⑧ 38＋2

3 答えが 同じに なる しきを 線で むすびましょう。 1つ5点(15点)

25+36	・	・	41+49
49+41	・	・	53+17
17+53	・	・	36+25

4 よく出る くふうして 計算を しましょう。 1つ5点(10点)

① 67+12+8　　② 55+29+15

思考・判断・表現 ／25点

5 公園で 男の子が 28人、女の子が 12人 あそんでいます。子どもは ぜんぶで 何人 いますか。 しき・答え 1つ5点(10点)

しき

答え (　　　)

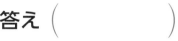

6 かいとさんは シールを 29まい もっています。お兄さんから 8まい、お父さんから 2まい もらいました。
シールは、ぜんぶで 何まいに なりましたか。 しき・答え 1つ5点(10点)

しき

答え (　　　)

できたらスゴイ！

7 答えが 80に なる たし算の しきを つくります。
つぎの □ に あてはまる 数を 書きましょう。 (5点)

60+□=80

ふろくの「計算せんもんドリル」1～3も やって みよう！

2が わからない ときは、14ページの 1に もどって みよう。

① 2けたの　ひき算ー(1)

教科書 上52〜55ページ　答え 7ページ

つぎの □ に　あてはまる　数を　書きましょう。

ねらい　2けたのひき算が、ひっ算でできるようにしよう。　れんしゅう ❶❷❸→

ひき算の　ひっ算

たてに　くらいを　そろえて　書き、
同じ　くらいどうしで　計算を　します。

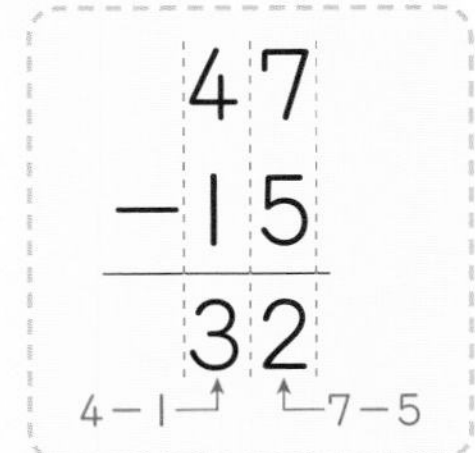

1 つぎの　計算を　ひっ算で　しましょう。

(1) 45−23　　(2) 32−12

とき方　(1) たてに　くらいを　そろえて　書く。

45
−23

↓

一のくらいは、

5−3=□

十のくらいは、

4−2=□

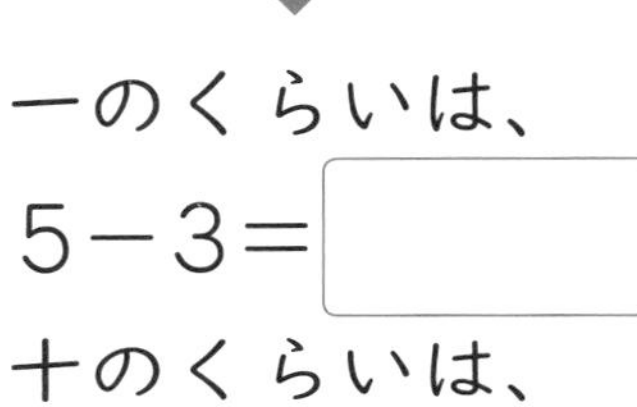

45
−23
22

十　一

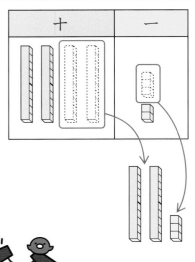

ひっ算の　書き方、
計算の　しかたは
たし算の　ときと　同じだね。

(2) たてに　くらいを　そろえて　書く。

↓

一のくらいは、

2−2=□

十のくらいは、

3−1=□

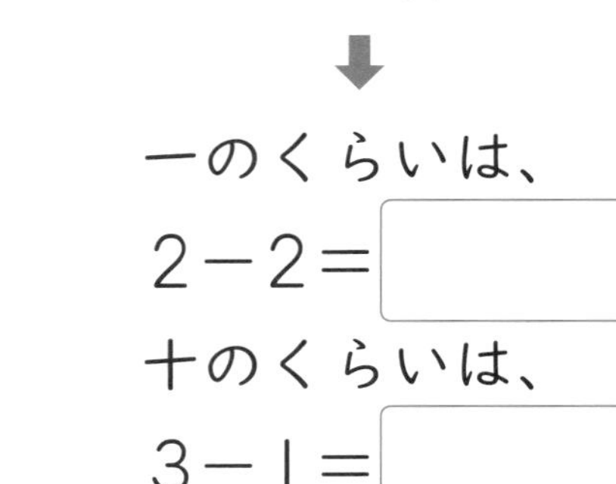

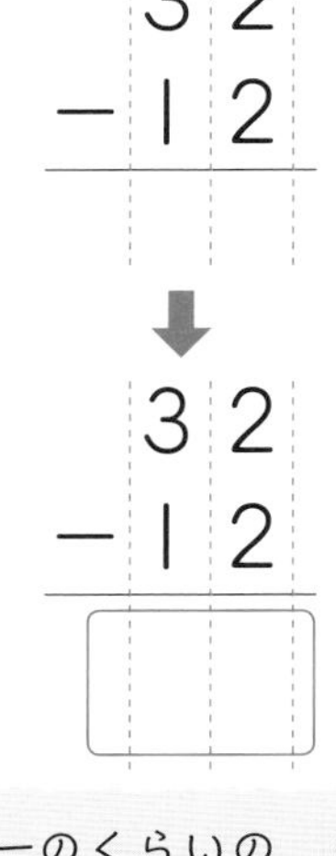

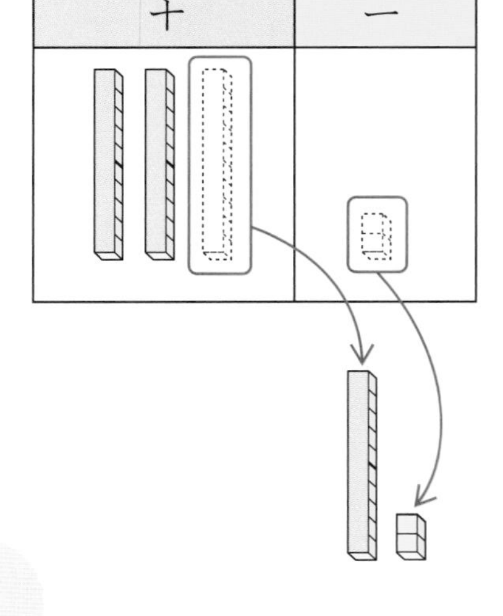

一のくらいの　0を
わすれないでね。

★できた　もんだいには、「た」を　かこう！★

でき 1　でき 2　でき 3

教科書 上52～55ページ　答え 7ページ

1 つぎの　計算を　ひっ算で　しましょう。

教科書 53～54ページ 1

① 38－15

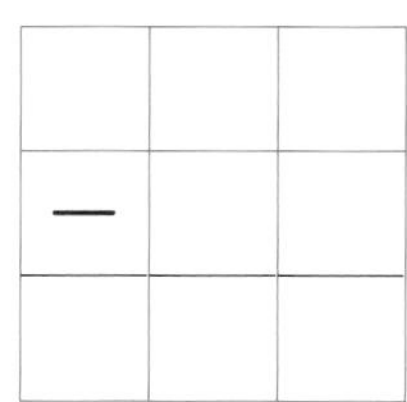

② 76－51

③ 87－76

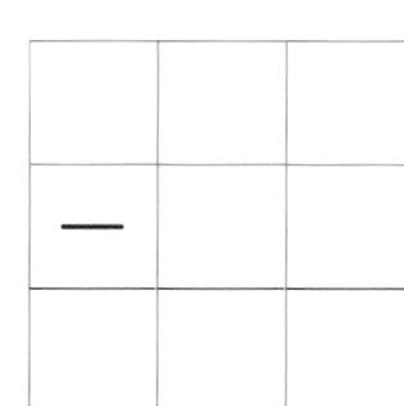

④ 54－23

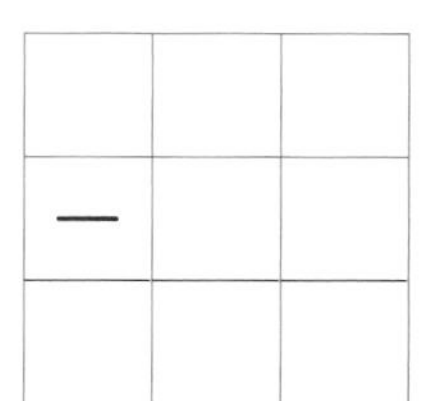

! まちがいちゅうい

2 つぎの　計算を　ひっ算で　しましょう。

教科書 55ページ 2

① 86－36

② 44－41

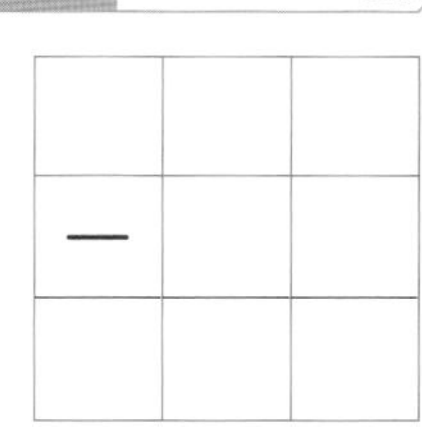

③ 29－5

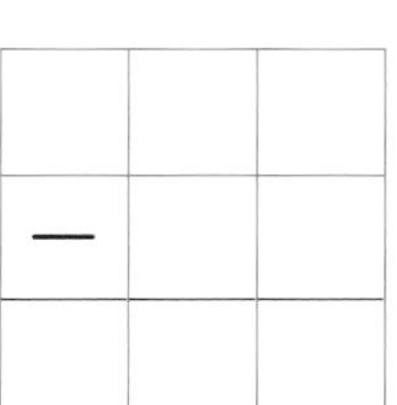

④ 67－7

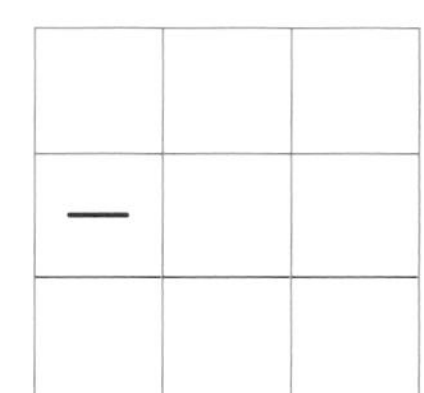

3 いちごが　35こ、みかんが　5こ　あります。いちごは　みかんより　何こ　多いですか。

教科書 55ページ 1

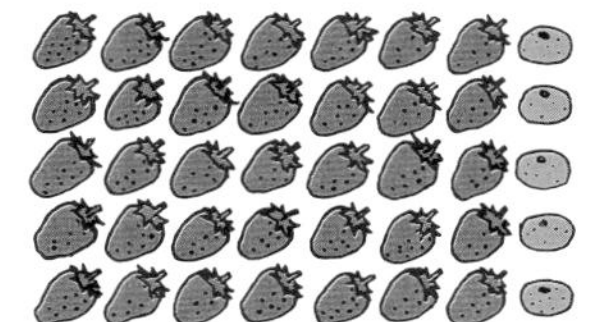

しき

答え（　　　　）

2 ② 答えの　十のくらいの　0は　書きません。
③ ひっ算で、5は　9の　下に　書きます。

がくしゅうび　月　日

5 ひき算の ひっ算

① 2けたの ひき算ー(2)
② たし算と ひき算の かんけい

教科書 上56〜60ページ　答え 7ページ

つぎの □ に あてはまる 数を 書きましょう。

ねらい くり下がりのある2けたのひき算が、ひっ算で計算できるようにしよう。 れんしゅう ① ②→

くり下げる

上の くらいから 1を 下の くらいに うつして 10に することを、**くり下げる**と いいます。

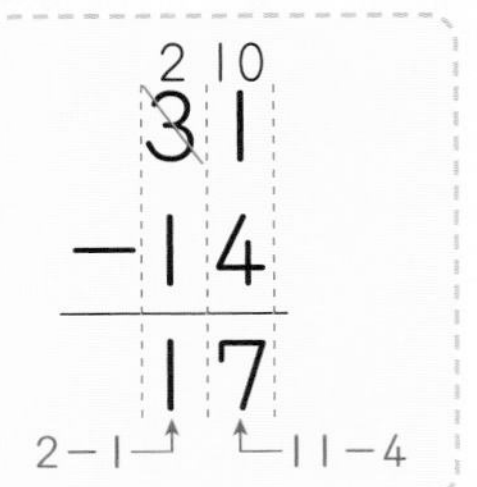

1 42−26を ひっ算で しましょう。

とき方 一のくらいの 計算

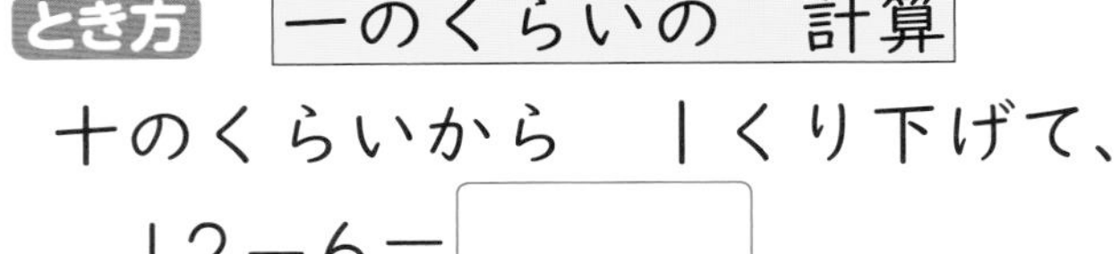

十のくらいから 1くり下げて、

12−6=□

↓

十のくらいの 計算

1くり下げたので、

3−2=□

〈ひっ算〉

	4	2
−		

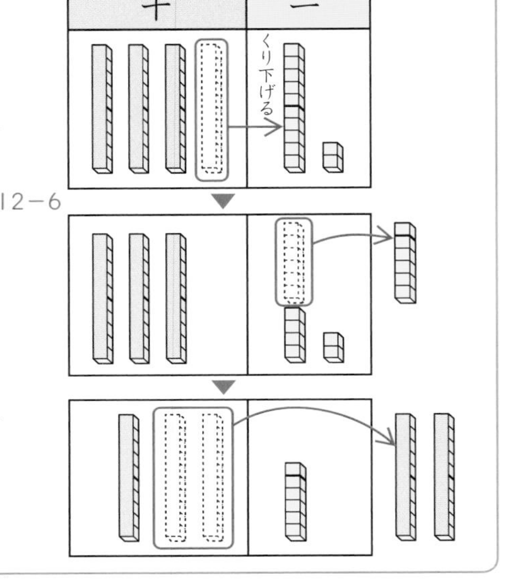

ねらい たし算とひき算のかんけいがわかるようにしよう。 れんしゅう ③→

たし算と ひき算の かんけい

ひき算の 答えに ひく数を たすと、ひかれる数に なります。

ひかれる数　ひく数　答え

43 − 16 = 27

27 + 16 = 43

2 34−15の 計算を して、答えの たしかめも しましょう。

とき方 ひかれる数…　3 4

ひく数………− 1 5

答え…………□

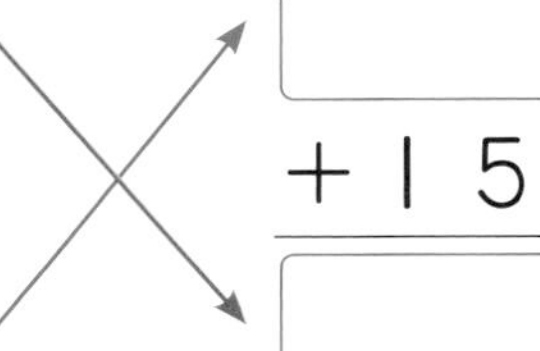

□

＋ 1 5

□

この かんけいは ひき算の 答えの たしかめに つかえるね。

がくしゅうび　月　日

★できた　もんだいには、「た」を　かこう！★

でき ①　でき ②　でき ③

教科書 上56〜60ページ　答え 7ページ

1 つぎの　計算を　ひっ算で　しましょう。

教科書 56〜58ページ 3・4

① 73−25

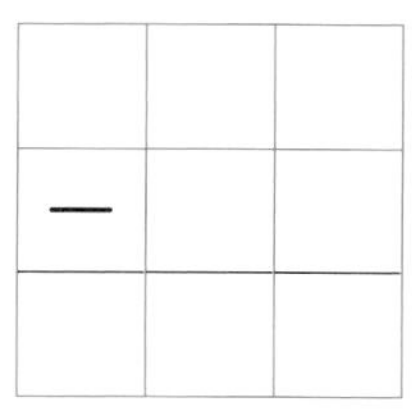

② 61−38

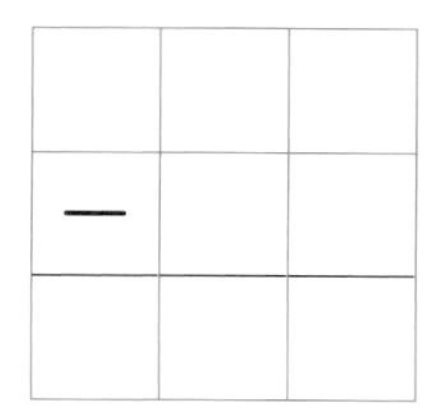

③ 70−51

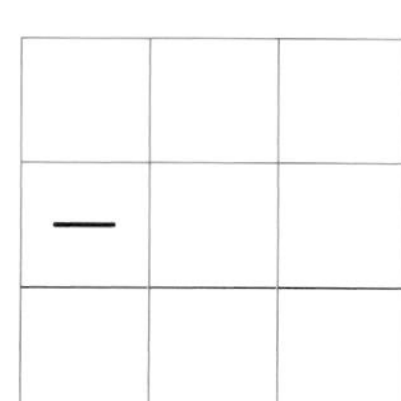

④ 50−14

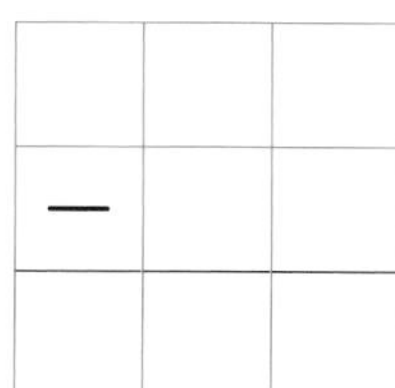

！まちがいちゅうい

⑤ 28−19

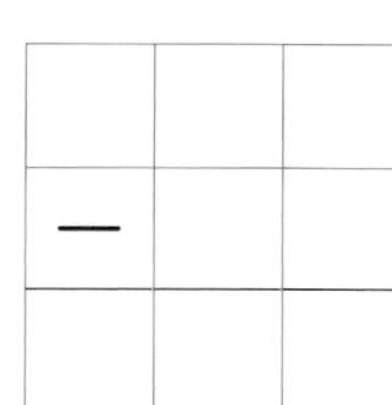

⑥ 80−73

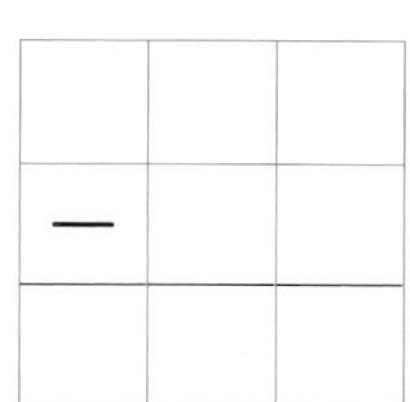

2 つぎの　計算を　ひっ算で　しましょう。

教科書 58ページ 3

① 51−8

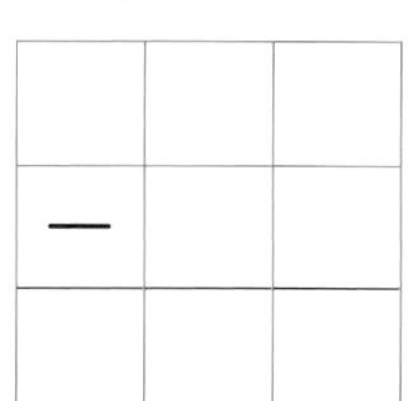

② 30−7

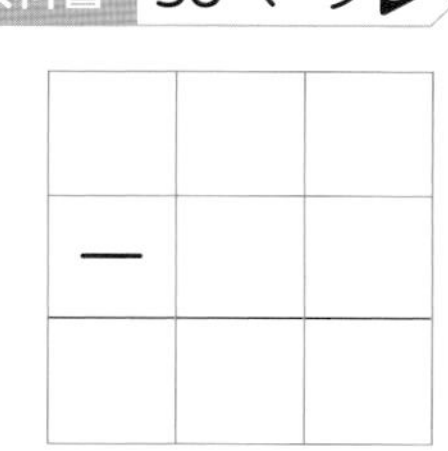

3 つぎの　計算を　しましょう。また、答えの　たしかめも　しましょう。

教科書 60ページ 1

① 93−46

たしかめ

② 54−8

たしかめ

ヒント

1 ③　一のくらいの　計算は、10−1と　なります。

3 たしかめの　しきは、「答え＋ひく数＝ひかれる数」です。

5 ひき算の　ひっ算

教科書　上 52～62 ページ　答え　8 ページ

知識・技能　／60点

1 よく出る　つぎの　ひっ算の　まちがいを　見つけ、正しい　答えを（　）の　中に　書きましょう。　1つ5点(10点)

①
```
  45
 -28
 ---
  27
```
（　　　　）

②
```
  63
 -5
 ---
  13
```
（　　　　）

2 つぎの　計算を　ひっ算で　しましょう。　1つ5点(40点)

① 38－12　　② 97－43

③ 54－35　　④ 81－17

⑤ 60－29　　⑥ 73－66

⑦ 46－8　　⑧ 50－2

3 つぎの　計算の　答えの　たしかめを　しましょう。　1つ5点(10点)

① 50−27＝23　　② 43−9＝34

(　　　)　(　　　)

思考・判断・表現　／40点

4 よく出る りんごが　23こ　ありました。9こ　食(た)べました。
のこりは　何(なん)こに　なりましたか。
しき・答え　1つ5点(10点)

しき

答え (　　　)

5 こうていで、男の子が　35人、女の子が　24人　あそんでいます。
あそんでいる　子どもは、どちらが何人　多(おお)いですか。　しき・答え　1つ5点(10点)

しき

答え (　　　)

できたらスゴイ!

6 虫に　食べられた　数字(すうじ)は何ですか。
□に　あてはまる　数(かず)を書きましょう。　1つ10点(20点)

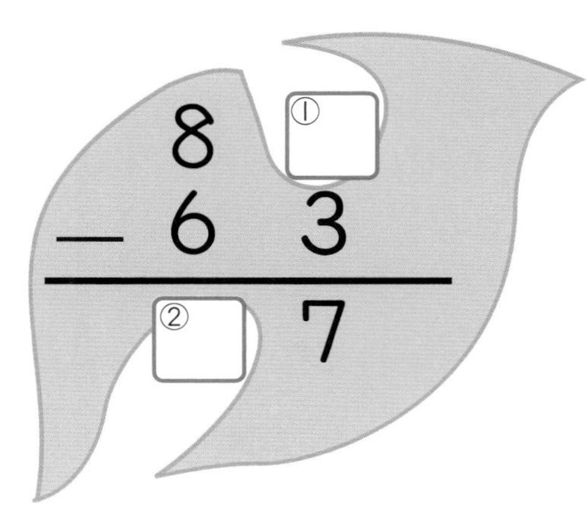

ふろくの「計算せんもんドリル」4～6も　やって　みよう!

ふりかえり　3が　わからない　ときは、22ページの　2に　もどって　みよう。

① 長さの　くらべ方
② 長さの　あらわし方

がくしゅうび　　月　　日

教科書 上64～73ページ　答え 9ページ

つぎの ▢ に　あてはまる　数を　書きましょう。

ねらい　長さのたんい「cm」を知り、つかえるようにしよう。　れんしゅう 1 →

cm（センチメートル）

長さを　はかる　たんいに、センチメートルが　あります。工作用紙の　１目もり分の　長さを、１cmと　書き、１センチメートルと　読みます。

1 テープの　長さを、工作用紙の　目もりで　はかりましょう。

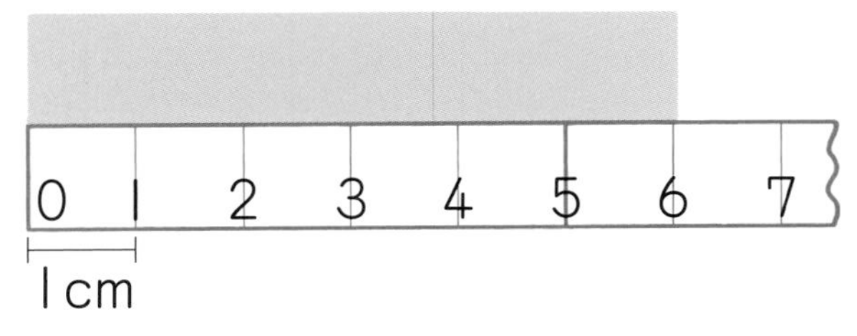

とき方　工作用紙の　１目もり分の　長さは、１cmです。
６目もり分だから　▢6▢ cmです。

ねらい　ものさしをつかって、みじかい長さがはかれるようにしよう。　れんしゅう 1 2 3 4 →

mm（ミリメートル）

１cmを　同じ　長さに、１０こに　分けた　１こ分の　長さを、１mmと　書き、１ミリメートルと　読みます。

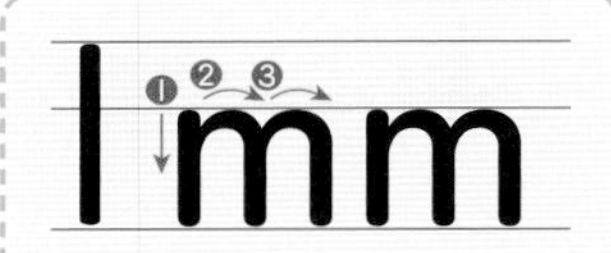

１cm＝１０mm

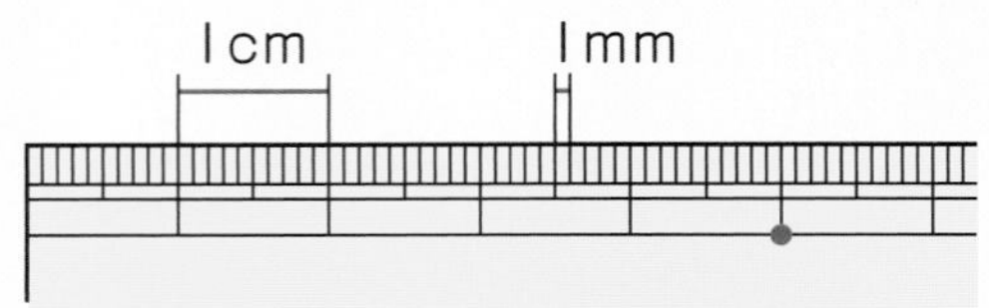

mmも　長さを　はかる　たんいです。ものさしを　つかって　はかろう。

2 線の　長さを　はかりましょう。

とき方　１cmが　４こ分と、１mmが　▢こ分で、▢cm ▢mmです。

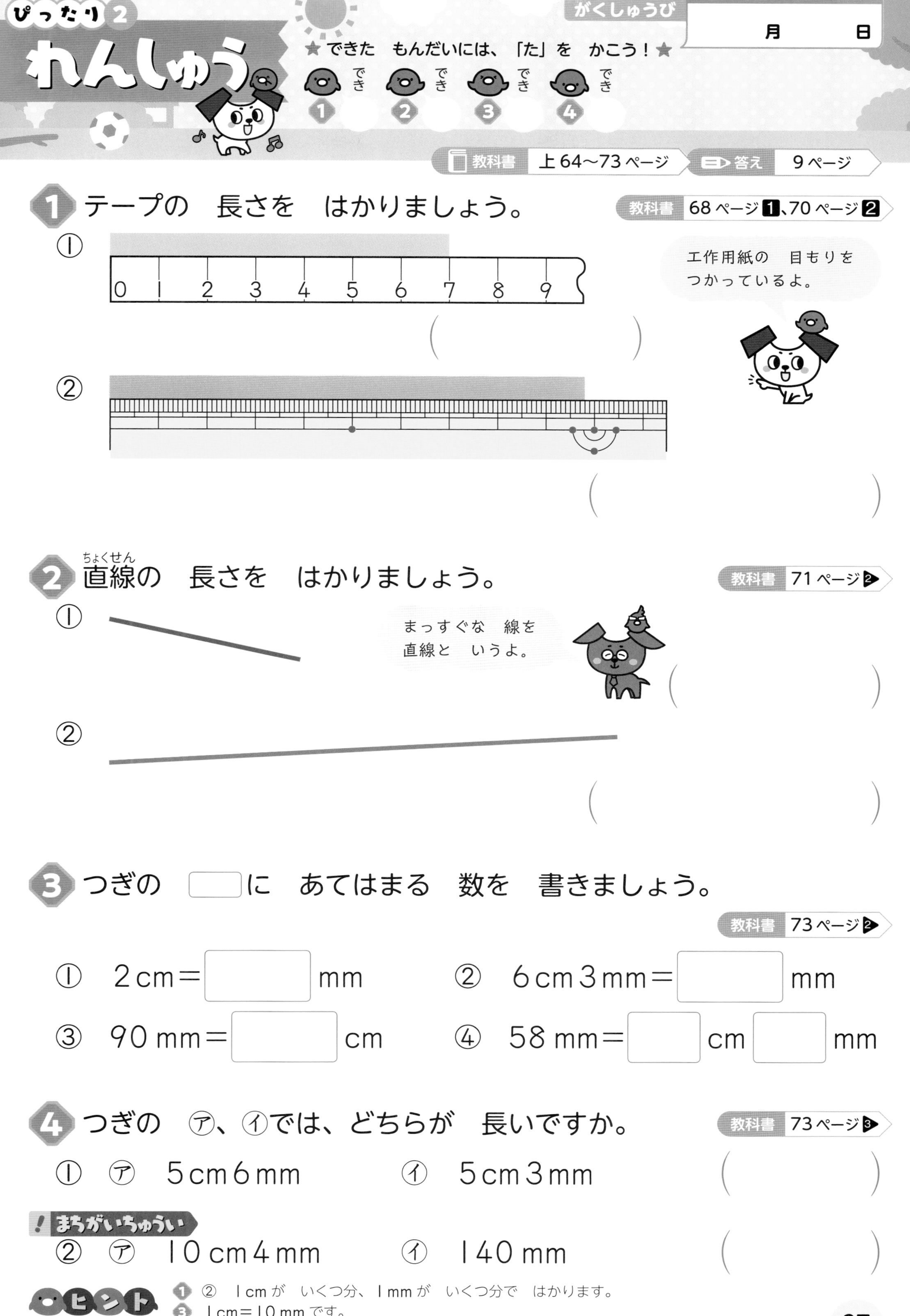

がくしゅうび　月　日

★できた　もんだいには、「た」を　かこう！★

1 でき　2 でき　3 でき　4 でき

教科書 上64〜73ページ　答え 9ページ

1 テープの　長さを　はかりましょう。

教科書 68ページ1、70ページ2

①

(　　　　)

②

(　　　　)

2 直線(ちょくせん)の　長さを　はかりましょう。

教科書 71ページ2

①

(　　　　)

②

(　　　　)

3 つぎの　□に　あてはまる　数を　書きましょう。

教科書 73ページ2

① 2cm＝□mm　　② 6cm3mm＝□mm

③ 90mm＝□cm　　④ 58mm＝□cm□mm

4 つぎの　㋐、㋑では、どちらが　長いですか。

教科書 73ページ3

① ㋐ 5cm6mm　　㋑ 5cm3mm　　(　　　　)

！まちがいちゅうい

② ㋐ 10cm4mm　　㋑ 140mm　　(　　　　)

ヒント

1 ②　1cmが　いくつ分、1mmが　いくつ分で　はかります。

3 1cm＝10mmです。

がくしゅうび　月　日

③ 長さの 計算

教科書 上74～75ページ　答え 9ページ

つぎの □ に あてはまる 数を 書きましょう。

ねらい 長さの計算ができるようにしよう。 れんしゅう ① ②→

長さの 計算

長さは、同じ たんいの 数どうしを たしたり、ひいたりすると 計算することが できます。

1 5cm8mm＋1cm6mm の 計算を しましょう。

とき方 〔考え方1〕

たんいを mm にして 考えます。

5cm8mm は、58mm。

1cm6mm は、[16] mm。

58mm＋16mm＝□ mm

〔考え方2〕

	cm	mm
	5	8
＋	1	6
	[7]	[4]

5cm8mm＋1cm6mm＝□ cm □ mm

くり上がりに
気をつけよう。

2 8cm5mm－2cm7mm の 計算を しましょう。

とき方 〔考え方1〕

たんいを mm にして 考えます。

8cm5mm は、85mm。

2cm7mm は、□ mm。

85mm－27mm＝□ mm

〔考え方2〕

	cm	mm
	8	5
－	2	7
	□	□

8cm5mm－2cm7mm
＝□ cm □ mm

くり下がりが
あるよ。

れんしゅう

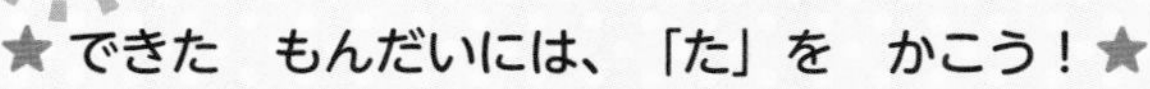

がくしゅうび　月　日

★できた　もんだいには、「た」を　かこう！★

でき 1　でき 2

教科書 上74～75ページ　答え 9ページ

1 ㋐と　㋑の　線の　長さを　くらべましょう。

教科書 74～75ページ 1

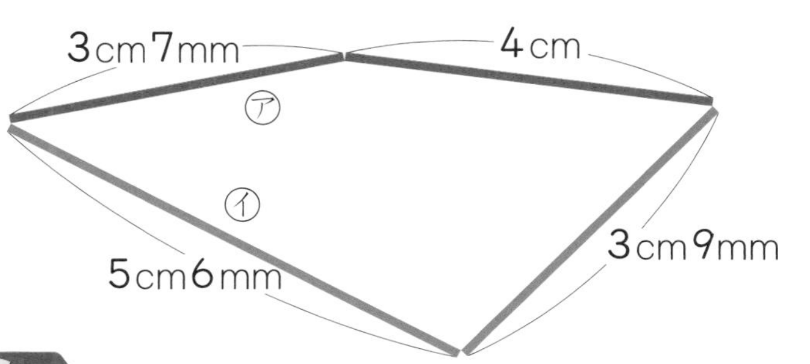

答えは　○cm△mm と あらわそう。

まちがいちゅうい

① ㋐の　線の　長さは　どれだけですか。

しき

答え（　　　　）

② ㋑の　線の　長さは　どれだけですか。

しき

答え（　　　　）

③ ㋐と　㋑の　線の　長さの　ちがいは　どれだけですか。

しき

答え（　　　　）

2 つぎの　長さの　計算を　しましょう。

教科書 75ページ 2

① 8cm＋14cm　　② 2cm6mm＋4cm7mm

③ 15cm－9cm　　④ 4cm1mm－3cm5mm

ヒント

1 ① 同じ　たんいの　数どうしを　計算します。
③ 長い　方から　みじかい　方を　ひきます。

6 長さ(ながさ)(1)

教科書 上 64〜77 ページ　答え 10 ページ

知識・技能　／90点

1 よく出る　つぎの　テープの　長さを　はかりましょう。　1つ5点(10点)

① 何(なん) cm 何 mm ですか。

(　　　　)

② 何 mm ですか。

(　　　　)

2 つぎの　長さの　直線(ちょくせん)を　かきましょう。　1つ10点(20点)

① 6 cm

② 3 cm 2 mm

3 よく出る　つぎの　□に　あてはまる　たんいを　書(か)きましょう。　1つ10点(20点)

① はがきの　よこの　長さ　10 □

② 教科書(きょうかしょ)の　あつさ　5 □

4 つぎの □ に　あてはまる　数(かず)を　書きましょう。　1つ5点(10点)

① 5cm7mm＝□mm

② 96mm＝□cm□mm

できたらスゴイ!

5 長い　じゅんに　ならべましょう。　(10点)

6cm2mm　　5cm9mm　　65mm

(　　　→　　　→　　　)

6 よく出る　つぎの　計算(けいさん)を　しましょう。　1つ5点(20点)

① 8cm＋16cm　　② 5cm4mm＋3cm7mm

③ 13cm7mm－5mm　　④ 9cm4mm－8cm7mm

思考・判断・表現　　／10点

7 正しく　長さを　はかっているのは　どれですか。　(10点)

あ 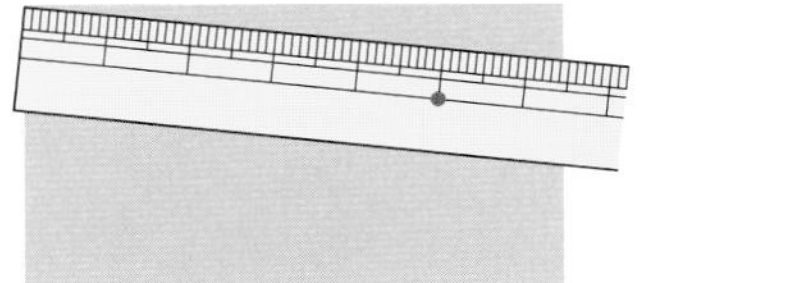

い 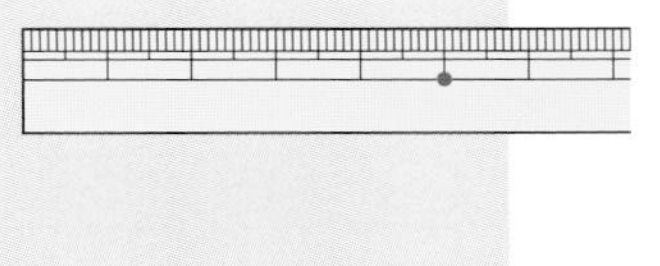

う 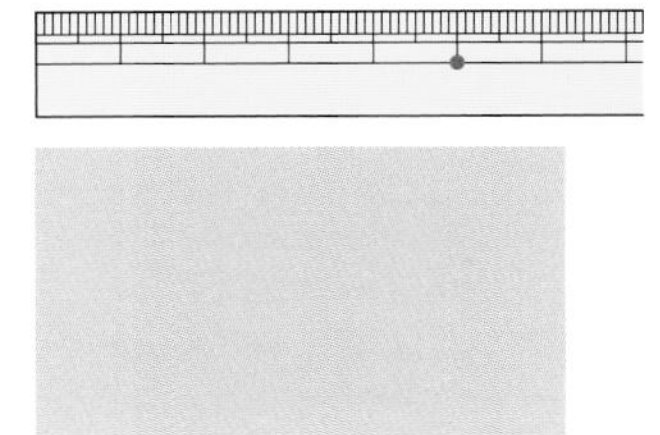

え 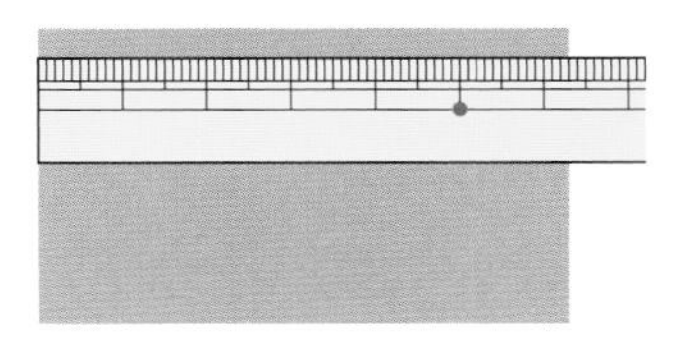

(　　　)

ふりかえり　1が　わからない　ときは、26ページの　2に　もどって　みよう。

7 たし算と　ひき算(1)

たし算と　ひき算(1)

がくしゅうび　　月　　日

教科書　上79〜84ページ　答え　10ページ

つぎの □ に　あてはまる　数を　書きましょう。

ねらい　文しょうもんだいが、図をかいてとけるようにしよう。　れんしゅう 1 2 3→

図を　つかって　考える

もんだい文の　とおりに　図に　あらわすと、かんけいが　わかりやすくなり、どんな　計算に　なるか　わかります。

1 りんごあめが　25こ、メロンあめが　43こ　あります。

(1)　あめは、ぜんぶで　何こ　ありますか。

(2)　ちがいは　何こですか。

とき方　(1)　図に　あらわします。

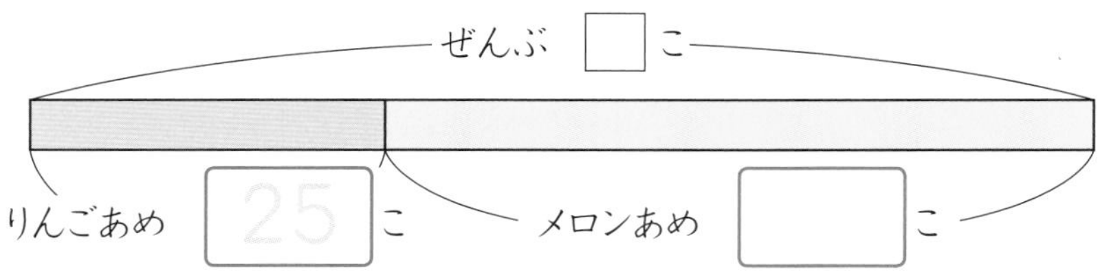

わからない　数は　□で　書こう。

合わせた　数は　たし算で　もとめるから、

しき　25＋□＝□　　　答え □ こ

(2)　図に　あらわします。

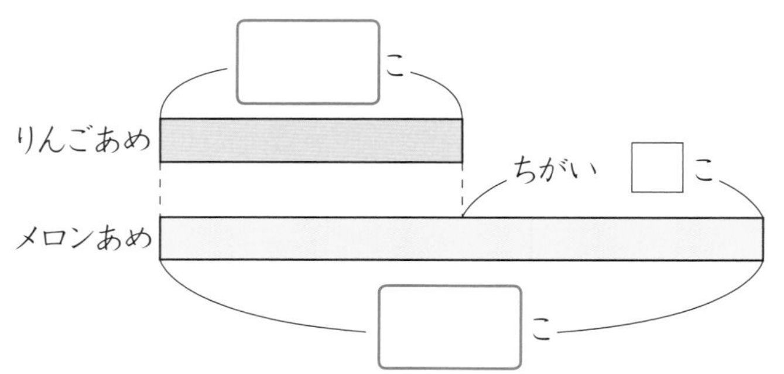

ちがいを　もとめるときは　テープを　2本　つかおう。

ちがいは　ひき算で　もとめるから、

しき　□−25＝□　　　答え □ こ

がくしゅうび　　月　　日

★できた　もんだいには、「た」を　かこう！★

教科書　上79～84ページ　答え　10ページ

1 子どもが　24人　あそんでいました。19人　かえりました。
のこりは　何人に　なりましたか。
図を　かんせいさせて　答えましょう。　教科書　81ページ2

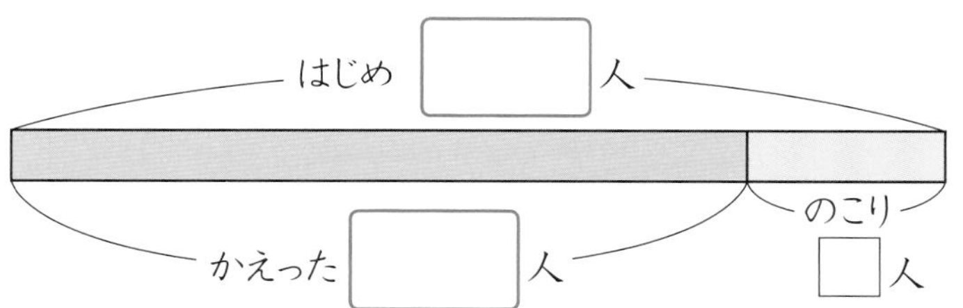

しき　　　　　　　　　　答え（　　　　）

2 りんごが　26こ、みかんが
31こ　あります。
ちがいは　何こですか。
図を　かんせいさせて
答えましょう。　教科書　82ページ3

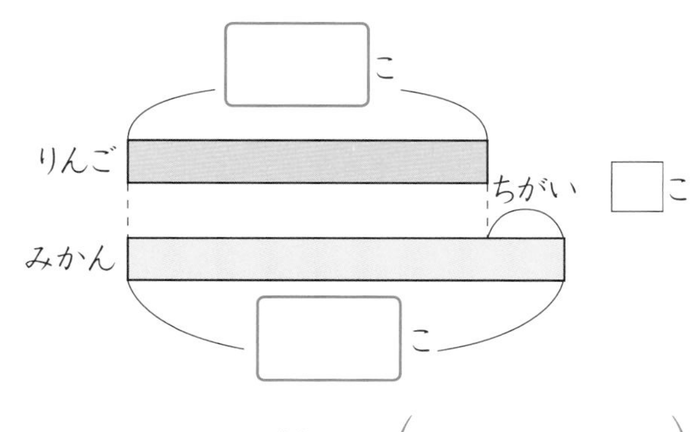

しき　　　　　　　　　　答え（　　　　）

よくよんで

3 わたしは、いちごを　16こ　食べました。お兄さんは、わたしより
8こ　多く　食べました。
お兄さんは、何こ　食べましたか。
図を　かんせいさせて　答えましょう。　教科書　83ページ1

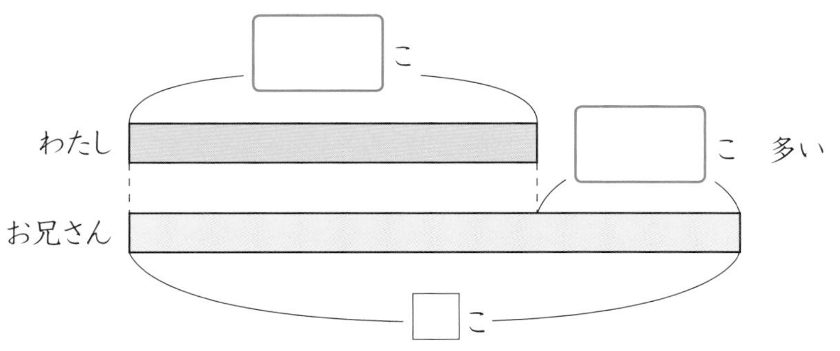

図を　かくと
わかりやすいね。

しき　　　　　　　　　　答え（　　　　）

ヒント
1 のこりの　人数は　ひき算で　もとめます。
3 多い方の　こ数は　たし算で　もとめます。

7 たし算と　ひき算(1)

教科書　上 79～85 ページ　答え　11 ページ

思考・判断・表現　／100点

1 よく出る　えんぴつが　27 本、ボールペンが　15 本　あります。ぜんぶで　何本　ありますか。

① つぎの　図の　□に　あてはまる　数を　書きましょう。　1つ5点(10点)

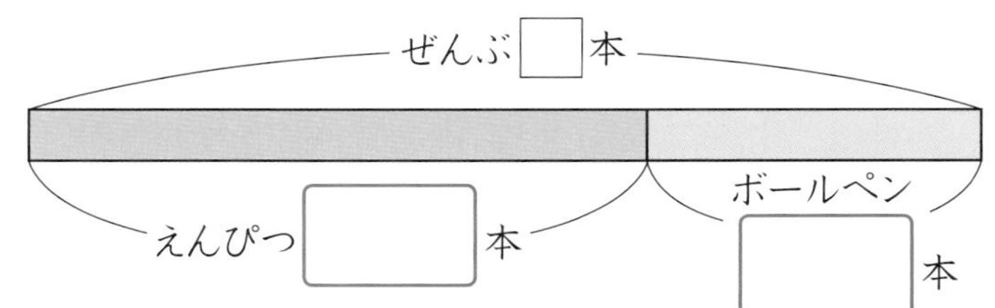

② しきと　答えを　書きましょう。　しき・答え　1つ5点(10点)

しき

答え（　　　）

2 クッキーが　31 まい　ありました。そのうち　14 まい食べました。
のこりは　何まいですか。

① つぎの　図の　□に　あてはまる　数を　書きましょう。　1つ5点(10点)

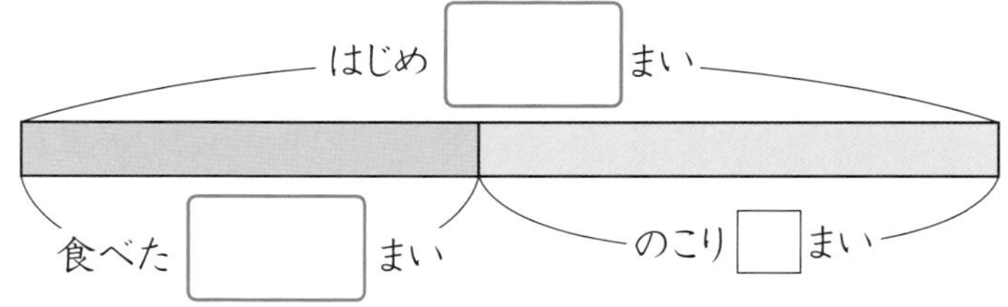

② しきと　答えを　書きましょう。　しき・答え　1つ5点(10点)

しき

答え（　　　）

3 よく出る わたしは、シールを　32まい　もっています。
ゆりさんは、わたしより　7まい　少(すく)ないと　いっています。
ゆりさんは、何まい　もっていますか。

① つぎの　図の　□に　あてはまる　数を　書きましょう。　1つ5点(10点)

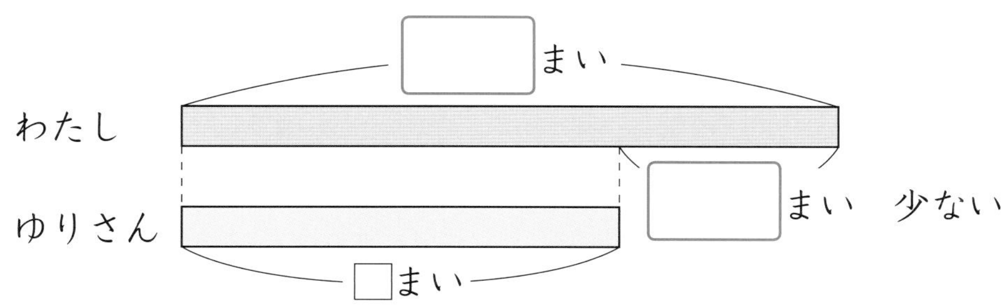

② しきと　答えを　書きましょう。　しき・答え　1つ10点(20点)

しき

答え（　　　　）

できたらスゴイ！

4 ドーナツが　23こ　あります。9まいの　ふくろに　ドーナツを　1こずつ　入れたとき、のこりの　ドーナツは　何こですか。

① つぎの　図の　□に　あてはまる　数を　書きましょう。　1つ5点(10点)

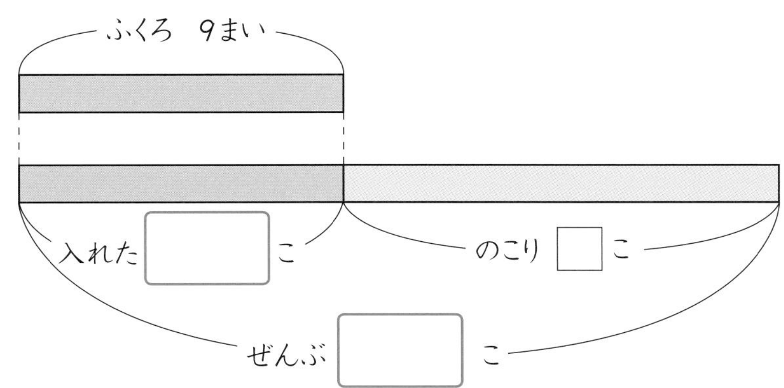

② しきと　答えを　書きましょう。　しき・答え　1つ10点(20点)

しき

答え（　　　　）

1が　わからない　ときは、32ページの　1に　もどって　みよう。

① 100より 大きい 数

教科書 上86〜94ページ　答え 11ページ

つぎの □ に あてはまる 数を 書（か）きましょう。

ねらい 100より大きい数を読（よ）んだり、書いたりできるようにしよう。 れんしゅう 1 2 3 4 →

100より 大きい 数

二百と 四十と 五を 合（あ）わせた 数を、245と 書き、二百四十五と 読みます。

245の 2の ところを、百（ひゃく）のくらいと いいます。

二百	四十	五

百のくらい	十のくらい	一のくらい
2	4	5

1 ○は 何（なん）こ ありますか。

とき方 100が 4こで □。

□と 20と 8で □。

四百二十八と 読むよ。

ねらい 千という数をりかいしよう。 れんしゅう 3 →

1000

100を 10こ あつめた 数を、1000と 書き、千（せん）と 読みます。

2 1000は 900より いくつ 大きい 数ですか。

とき方 1目もりが 10の 数の線（せん）を かいてみます。

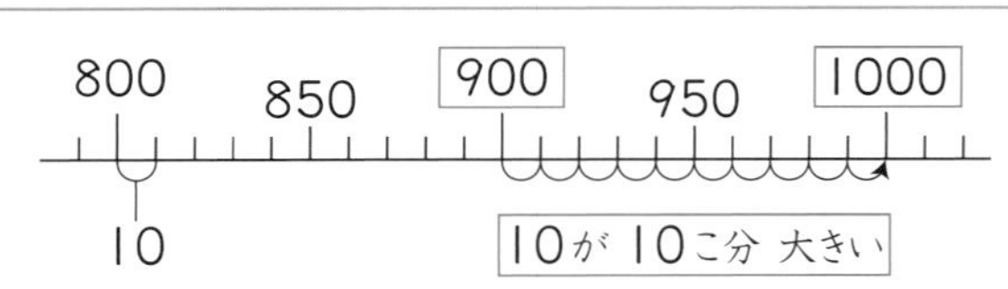

10が 10こ分（ぶん） 大きいから、1000は 900より □ 大きい 数です。

がくしゅうび　月　日

★できた　もんだいには、「た」を　かこう！★

でき 1　でき 2　でき 3　でき 4

教科書 上86～94ページ　答え 11ページ

1 つぎの　もんだいに　答えましょう。 教科書 90ページ2、91ページ2・3

① つぎの　数を　読みましょう。

(1) 685　(　　　　)

(2) 307　(　　　　)

② つぎの　数を　数字で　書きましょう。

(1) 七百十三　(　　　　)

(2) 三百六十　(　　　　)

2 つぎの　□に　あてはまる　数を　書きましょう。 教科書 91ページ4

① 100を　9こと　10を　3こ　合わせた　数は　□。

② 506は、100を　□こと　1を　□こ　合わせた　数。

よくみて

3 つぎの　□に　あてはまる　数を　書きましょう。 教科書 93ページ2

① ─177─178─□─□─181─

② ─480─□─□─510─520─

③ ─980─□─990─995─□─

4 つぎの　□に　あてはまる　数を　書きましょう。 教科書 94ページ4

① 680は、10を　□こ　あつめた　数。

② □は、10を　29こ　あつめた　数。

10が　10こで
100だったね。

ヒント

3 2つ　つづいた　数から　いくつずつ　ふえているか　考えます。

4 ① 680は　600と　80です。600は　10が　60こです。

8 1000までの 数(かず)

② 数の 大小

③ たし算(ざん)と ひき算

がくしゅうび 月 日

教科書 上95〜96ページ　答え 12ページ

つぎの □ に あてはまる 数や 記(き)ごうを 書(か)きましょう。

ねらい >や<をつかって、数の大小があらわせるようにしよう。　れんしゅう ①→

数の 大小

>や <は、大小を あらわす しるしです。

$5>4$　5は、4より 大きい。

$4<5$　4は、5より 小さい。

※大きさが 同(おな)じときは、＝を つかいます。 5＝5（5は、5と 同じ 大きさ。）

大 > 小

1 つぎの □ に あてはまる >か <を 書きましょう。

645 □ 637

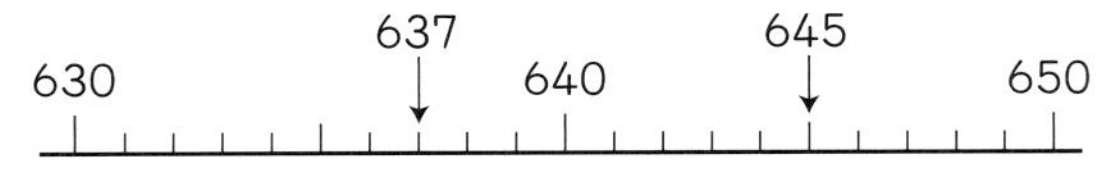

とき方 くらいを そろえる ひょうに まとめると、

百のくらいは □ で 同じ。

十のくらいは 4と 3で、$4>3$ だから、

645 □ 637

百のくらい	十のくらい	一のくらい
6	4	5
6	3	7

百のくらいから しらべていきます。

ねらい 何(なん)十のたし算、ひき算ができるようにしよう。　れんしゅう ②③→

何十の たし算、ひき算

10が いくつ分(ぶん) あるかで 考(かんが)えます。

$40+70=110$
10が、$4+7=11$

$120-40=80$
10が、$12-4=8$

2 30+90を 計算(けいさん)しましょう。

とき方 30は 10が 3こ分、90は 10が □ こ分。

10が、3+9＝□ こ分だから、30+90＝□

★できた もんだいには、「た」を かこう！★

がくしゅうび　月　日

教科書 上95～96ページ　答え 12ページ

1 つぎの □ に あてはまる >か <を 書きましょう。

教科書 95ページ 1

① 201 □ 189

180　190　200　210

② 402 □ 420

400　410　420　430

③ 898 □ 889

870　880　890　900

よくみて

④ 666 □ 669

650　660　670　680

2 つぎの 計算を しましょう。

教科書 96ページ 2

① 60＋70　② 90＋50

③ 30＋80　④ 80＋80

⑤ 130－70　⑥ 140－50

⑦ 110－60　⑧ 180－90

3 切手（きって）が 120まい あります。30まい つかいました。のこりは 何（なん）まいですか。

教科書 96ページ 1

しき

答（こた）え（　　　　）

ヒント
1 百のくらいの 数字（すうじ）から じゅんに 大きさを くらべていきます。
2 10が いくつ分 あるかで 考えます。

8 1000までの 数(かず)

教科書 上86〜98ページ 答え 12ページ

知識・技能 ／80点

1 えんぴつは 何本(なんぼん) ありますか。 (5点)

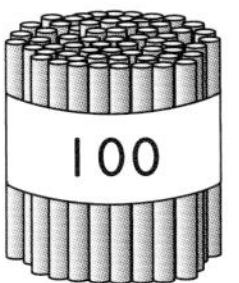

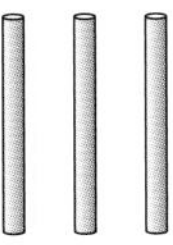

(　　　　　)

2 よく出る 830について、□に あてはまる 数を 書(か)きましょう。 □1つ5点(20点)

① 100を □ こと 10を □ こ 合(あ)わせた 数です。

② 800より □ 大きい 数です。

③ 10を □ こ あつめた 数です。

3 つぎの 計算(けいさん)を しましょう。 1つ5点(20点)

① 60＋50　　② 90＋80

③ 150－70　　④ 120－70

4 よく出る　つぎの □ に　あてはまる　数を　書きましょう。

□1つ5点(20点)

①
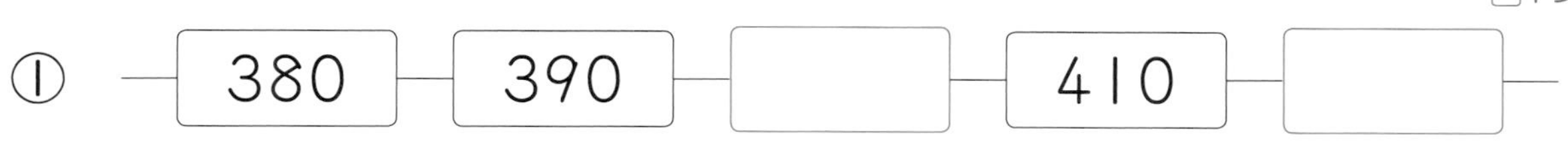

②

5 よく出る　↑の　ところの　数を □ に　書きましょう。
また、593 を　あらわす　目もりに　↑を　かきましょう。

1つ5点(15点)

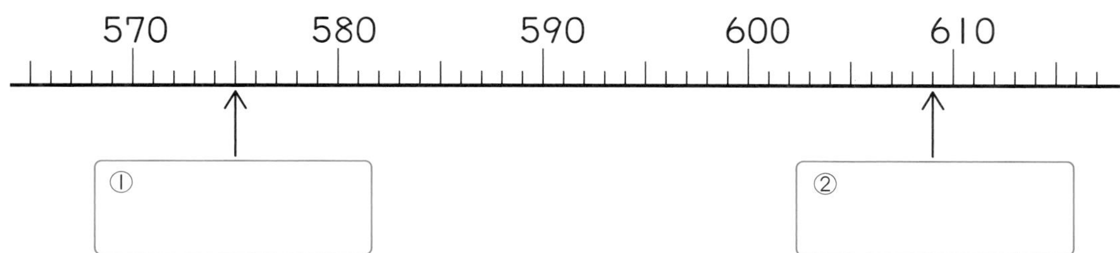

思考・判断・表現　／20点

6 赤い　色紙(いろがみ)が　80 まい、青い　色紙が　70 まい　あります。
色紙は、合わせて　何まい　ありますか。

しき・答え　1つ5点(10点)

しき

答え(こたえ)（　　　　）

できたらスゴイ！

7 インクで　よごれた　数字(すうじ)は　いくつですか。
あてはまる　数字を　ぜんぶ　答えましょう。

(10点)

227	<	22●

（　　　　）

① 答え(こた)が 3けたに なる たし算
② 3けたの たし算

教科書 上100〜106ページ 答え 13ページ

つぎの □に あてはまる 数を 書(か)きましょう。

ねらい 答えが3けたになるたし算ができるようにしよう。 れんしゅう 1→

答えが 3けたに なる たし算

十のくらいや 百のくらいに くり上げる たし算も これまでと 同(おな)じように ひっ算(さん)で できます。

1 89＋53を ひっ算で しましょう。

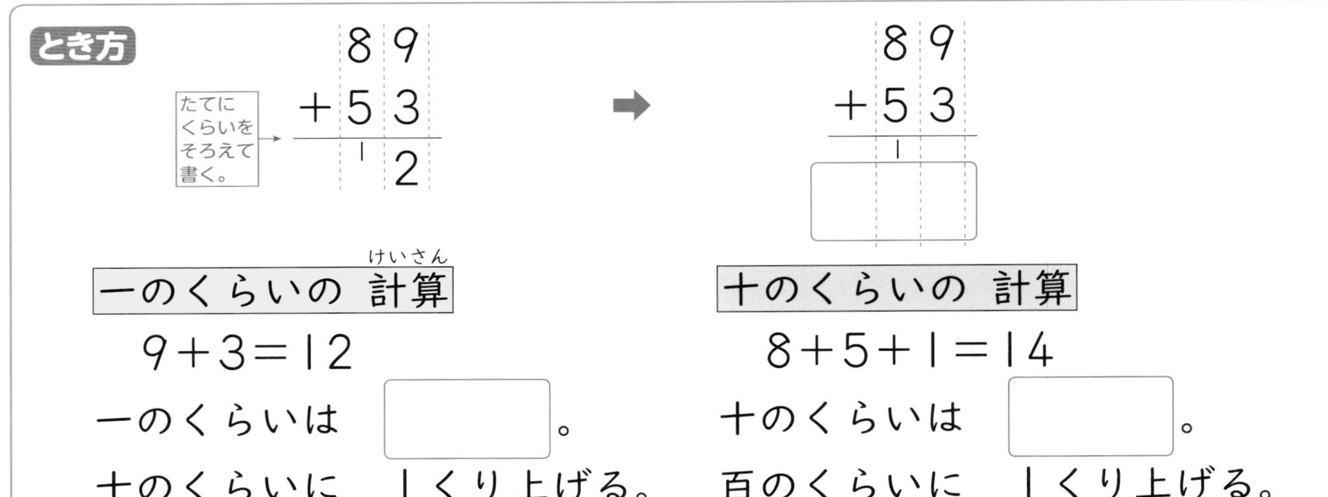

とき方
89
＋53
1
2
たてに くらいを そろえて 書く。
89
＋53
1
一のくらいの 計算(けいさん)
9＋3＝12
一のくらいは □。
十のくらいに 1くり上げる。
十のくらいの 計算
8＋5＋1＝14
十のくらいは □。
百のくらいに 1くり上げる。

ねらい 3けたのたし算ができるようにしよう。 れんしゅう 2 3→

3けたの たし算

数が 大きくなっても、くらいを そろえて 書けば、たし算は これまでと 同じように ひっ算で できます。

$$\begin{array}{r} 243 \\ +\ 16 \\ \hline 259 \end{array}$$

2 358＋23を ひっ算で しましょう。

とき方 一のくらいの 計算 8＋3＝11

一のくらいは □。

十のくらいに 1くり上げる。

十のくらいの 計算 5＋2＋1＝□

百のくらいは □。

ひっ算の しかたは 2けたの ときと 同じだね。

$$\begin{array}{r} 358 \\ +\ 23 \\ \hline 1 \end{array}$$

↓

$$\begin{array}{r} 358 \\ +\ 23 \\ \hline 381 \end{array}$$

★できた　もんだいには、「た」を　かこう！★

①でき　②でき　③でき

教科書　上100～106ページ　　答え　13ページ

1 つぎの　計算を　ひっ算で　しましょう。

教科書　101～104ページ 1・2

① 93＋41

② 72＋80

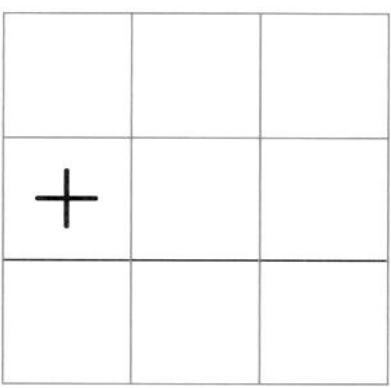

③ 56＋87

くり上げた
1を　小さく
書いておこう。

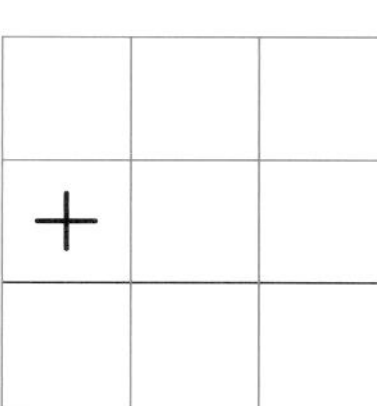

④ 85＋19

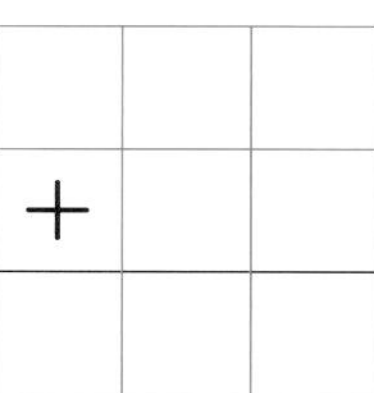

⑤ 63＋57

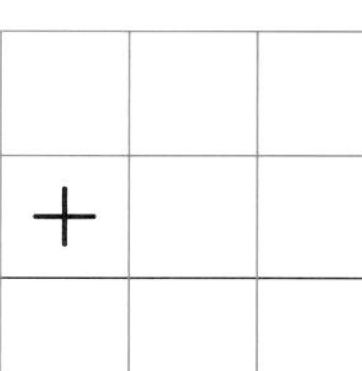

⑥ 24＋76

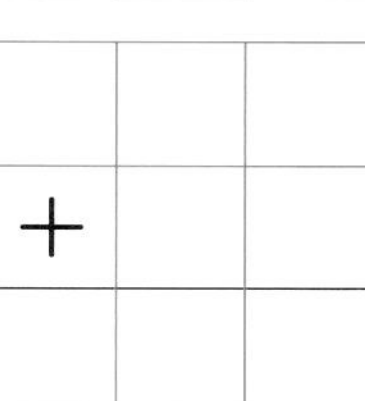

！まちがいちゅうい

⑦ 8＋95

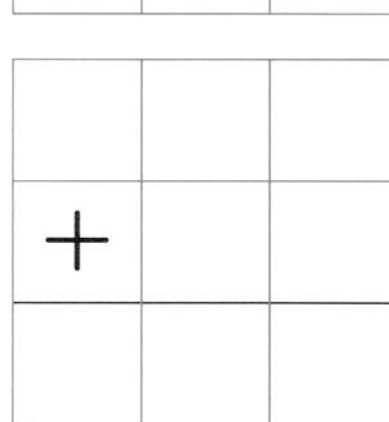

⑧ 96＋4

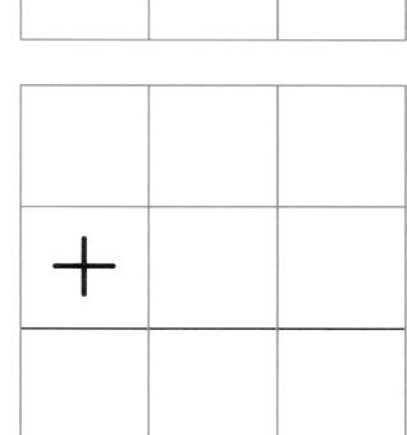

2 つぎの　計算を　しましょう。

教科書　105ページ 1

① 300＋500　　② 200＋800

3 つぎの　計算を　ひっ算で　しましょう。

教科書　106ページ 2

① 157＋8

② 463＋7

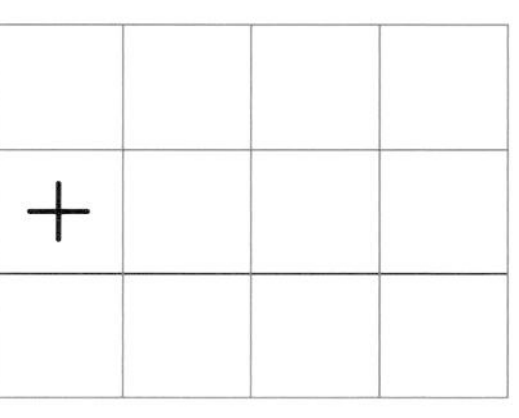

③ 312＋69

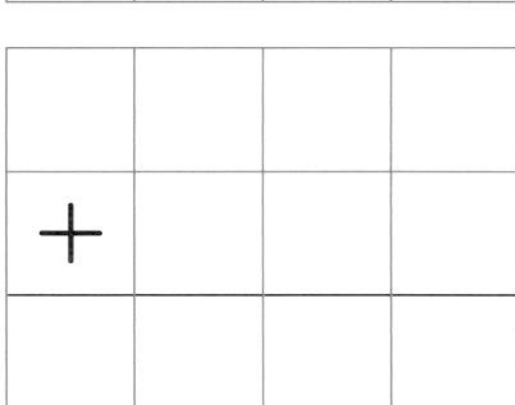

④ 838＋26

ヒント
1 ③～⑧　くり上がりが　2回（かい）　あります。
2 100の　まとまりが　いくつ　あるかで　考（かんが）えます。

9 大きい 数(かず)の たし算(ざん)と ひき算

③ 100より 大きい 数から ひく ひき算
④ 3けたの ひき算

教科書 上107〜113ページ　答え 13ページ

つぎの □に あてはまる 数を 書(か)きましょう。

ねらい 100より大きい数からひく、ひき算ができるようにしよう。 れんしゅう 1 2 3 →

100より 大きい 数から ひく ひき算

大きい 数の ひき算も、くらいごとに 分(わ)けて 計算(けいさん)すれば、ひっ算で できます。

1 117−43を ひっ算で しましょう。

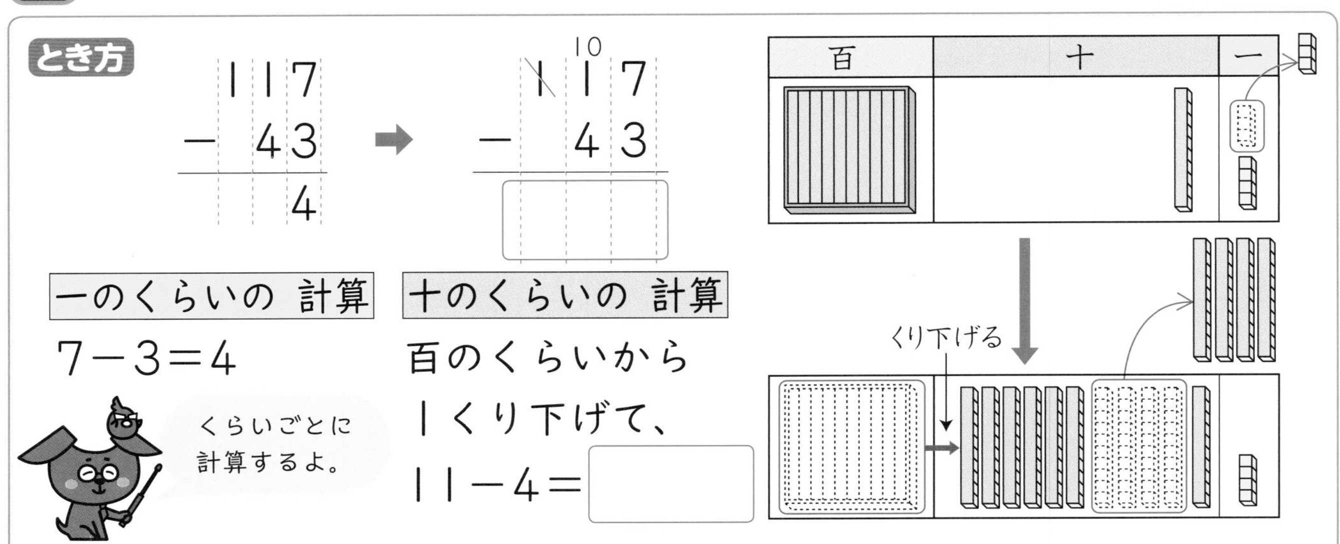

とき方
117
− 43
4
10
117
− 43
一のくらいの 計算
7−3=4
十のくらいの 計算
百のくらいから
1くり下げて、
11−4=
くらいごとに
計算するよ。
百
十
一
くり下げる

ねらい 十のくらいが0で、十のくらいからくり下げられないひき算ができるようにしよう。 れんしゅう 1 →

十のくらいから くり下げることが できないときの ひき算

十のくらいから 1くり下げることが できないときは、百のくらいから 十のくらいへ 1くり下げて、さらに、十のくらいから 一のくらいへ 1くり下げます。

2 104−58を ひっ算で しましょう。

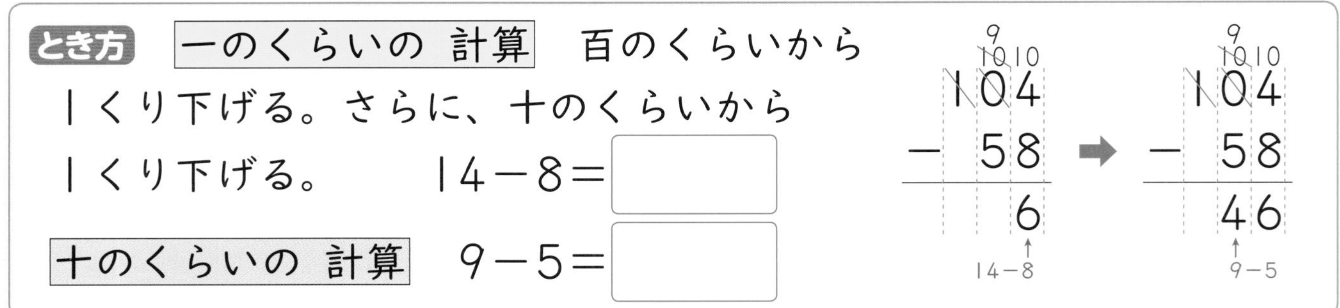

とき方
一のくらいの 計算 百のくらいから
1くり下げる。さらに、十のくらいから
1くり下げる。 14−8=
十のくらいの 計算 9−5=
9
1010
104
− 58
6
14−8
9
1010
104
− 58
46
9−5

★できた　もんだいには、「た」を　かこう！★

教科書 上107～113ページ　答え 13ページ

1 つぎの　計算を　ひっ算で　しましょう。

教科書 107～111ページ 1・2・3

① 158－76

② 132－70

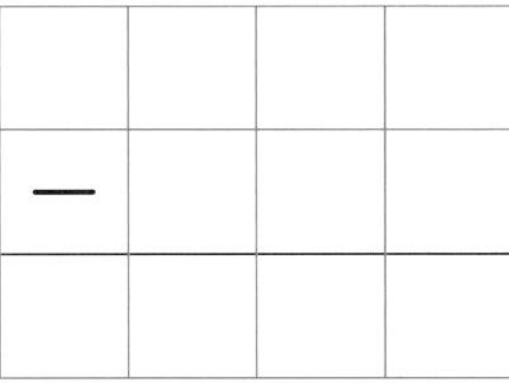

③ 165－87

④ 130－53

⑤ 107－42

⑥ 105－89

⑦ 100－38

！まちがいちゅうい

⑧ 103－8

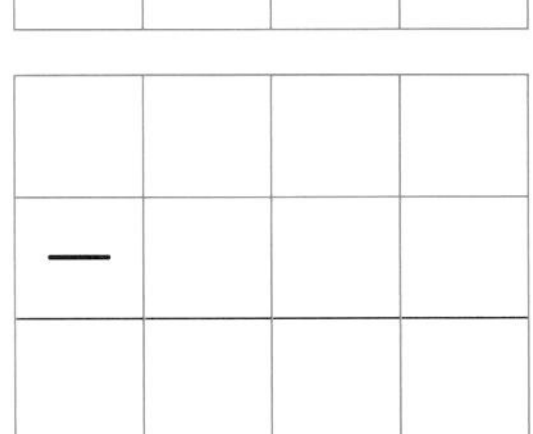

2 つぎの　計算を　しましょう。

教科書 112ページ 2

① 900－600　　② 1000－300

100が
10－3＝7こで…

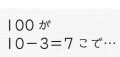

3 つぎの　計算を　ひっ算で　しましょう。

教科書 113ページ 2

① 728－4

② 563－9

③ 275－25

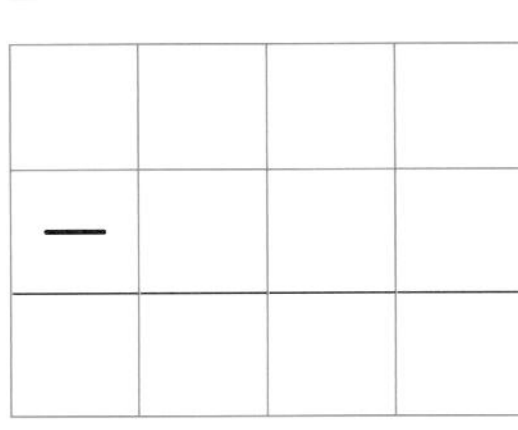

④ 350－46

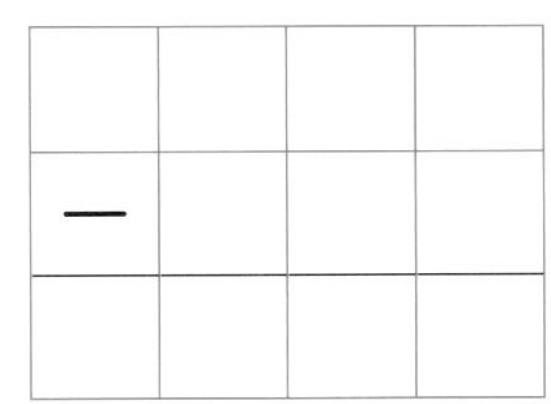

同じ
くらいどうし
計算しよう。

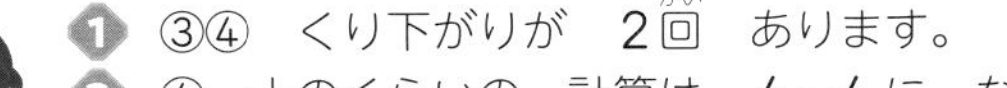

1 ③④　くり下がりが　2回　あります。
3 ④　十のくらいの　計算は、4－4に　なります。

9 大きい 数(かず)の たし算(ざん)と ひき算

教科書 上100～115ページ　答え 14ページ

知識・技能　／80点

1 つぎの □ に あてはまる 数を 書(か)きましょう。　□1つ2点(10点)

〔126－59 の 計算(けいさん)の しかた〕

```
  126
－ 59
```

❶ 一のくらいは、十のくらいから
　1くり下げて、□－9＝□

❷ 十のくらいは、百のくらいから
　1くり下げて、□－5＝□

❸ 答(こた)えは、□。

2 よく出る つぎの ひっ算の まちがいを 見つけ、正しい 答えを ( )の 中に 書きましょう。　1つ5点(10点)

①
```
  73
＋27
  90
```
(　　　　)

②
```
  103
－ 25
   88
```
(　　　　)

3 つぎの 計算を しましょう。　1つ5点(20点)

① 100＋600　　② 500＋20

③ 800－700　　④ 1000－900

4 つぎの　計算を　ひっ算で　しましょう。　1つ5点(40点)

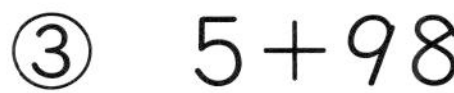

① 64＋85　② 78＋96

③ 5＋98　④ 283＋9

⑤ 148－54　⑥ 173－96

⑦ 102－53　⑧ 362－25

思考・判断・表現　／20点

5 よく出る 125円の　ボールペンと、59円の　えんぴつを　買(か)います。合(あ)わせて　何円(なんえん)に　なりますか。

しき・答え　1つ5点(10点)

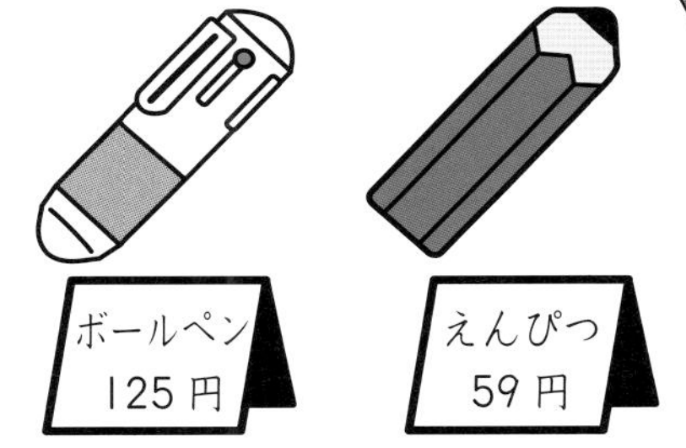

しき

答え（　　　）

できたらスゴイ!

6 答えが　1000に　なる　何百＋何百の　計算を　2つ　書きましょう。

計算　1つ5点(10点)

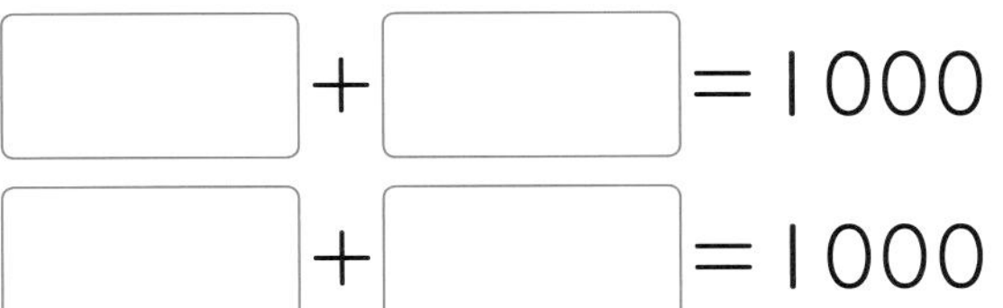

□＋□＝1000

□＋□＝1000

ふりかえり　1が　わからない　ときは、44ページの　1に　もどって　みよう。

→この　本の　おわりに　ある　「夏の　チャレンジテスト」を　やって　みよう！

←ふろくの　「計算せんもんドリル」8、11〜22も　やって　みよう！

10 水の　かさ

① かさの　くらべ方(かた)
② かさの　あらわし方ー(1)

教科書 上122～128ページ　答え 14ページ

つぎの □ に　あてはまる　数(かず)を　書(か)きましょう。

ねらい　かさのたんい「L」を知(し)り、つかえるようにしよう。　れんしゅう ①→

L(リットル)

かさを　あらわす　たんいに、
（かさ＝水などの　りょうの　こと）

リットルが　あります。

|リットルを　|Lと　書きます。

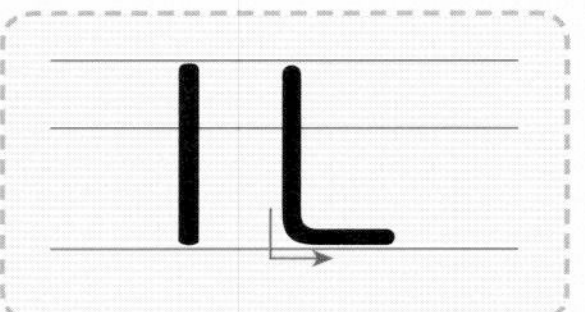

1 なべの　水の　かさを　|Lますで　はかりました。何(なん)Lですか。

とき方　|Lます 3 ばい分(ぶん)だから、
□ Lです。

|Lます　|ぱい分が
|Lだね。

ねらい　かさのたんい「dL」を知り、つかえるようにしよう。　れんしゅう ①②③→

dL(デシリットル)

|デシリットルは、|Lを　同(おな)じように
|0こに　分(わ)けた　|こ分の　かさです。

|デシリットルを、|dLと　書きます。

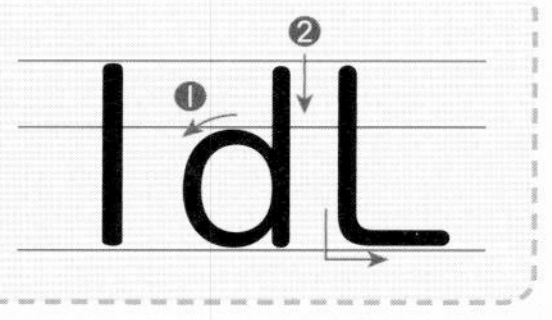

|L＝|0dL

2 水の　かさは　何(なん)L何dLですか。

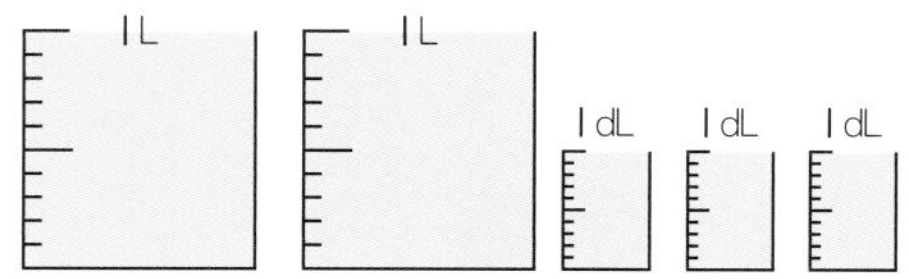
|L
|L
|dL
|dL
|dL

|dLますで
23ばい分に
なるよ。

とき方　|Lます　2はい分で　2L、|dLます　3ばい分で
3dLだから、合(あ)わせて、□ L □ dLです。

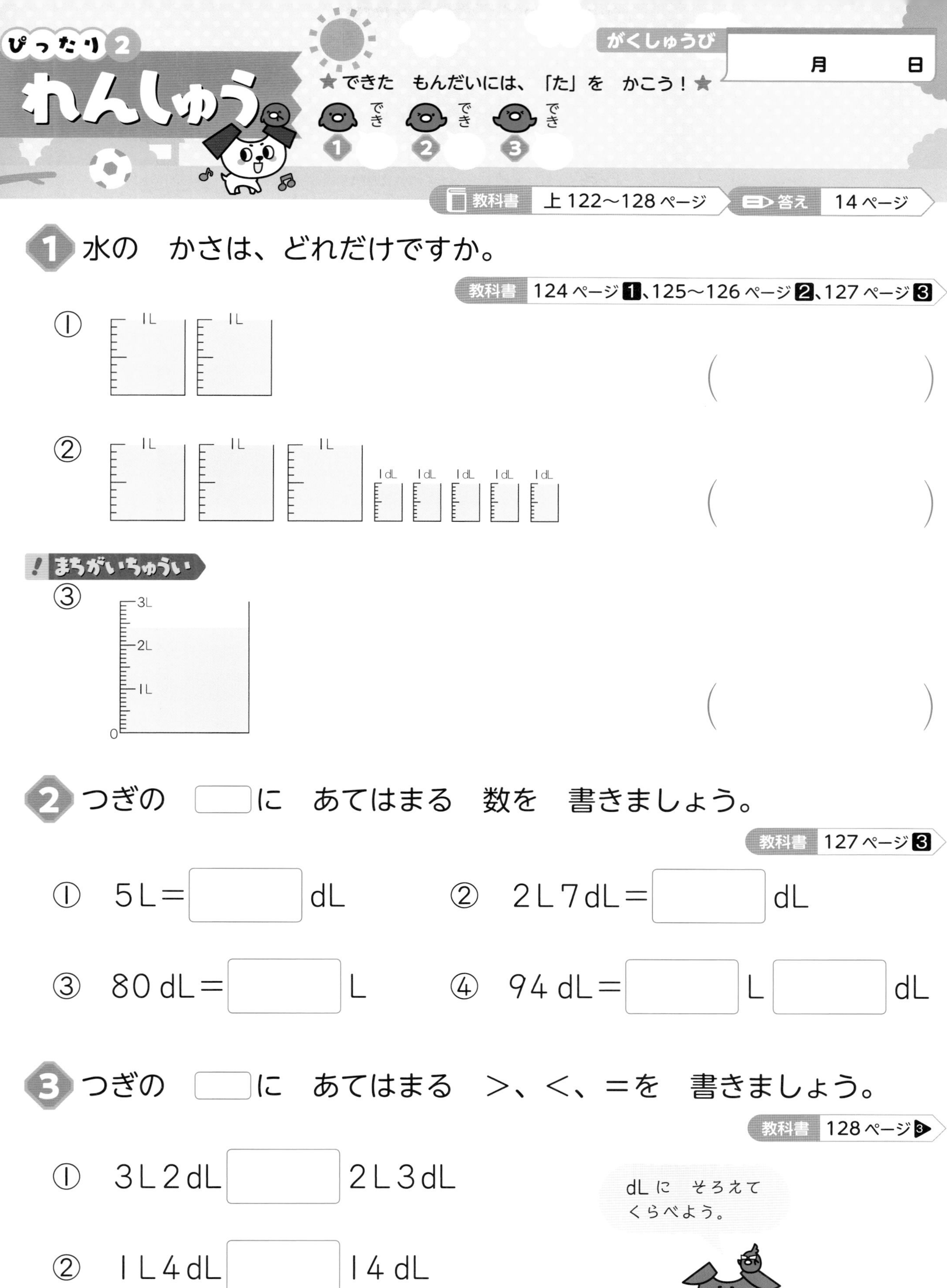

ぴったり 2
れんしゅう
がくしゅうび
月
日
★できた もんだいには、「た」を かこう！★
でき
1
でき
2
でき
3
教科書 上 122〜128 ページ
答え 14 ページ
1 水の かさは、どれだけですか。
教科書 124 ページ 1、125〜126 ページ 2、127 ページ 3
①
1L
1L
（　　　）
②
1L
1L
1L
1dL
1dL
1dL
1dL
1dL
（　　　）
まちがいちゅうい
③
3L
2L
1L
0
（　　　）
2 つぎの □ に あてはまる 数を 書きましょう。
教科書 127 ページ 3
① 5L＝□dL
② 2L7dL＝□dL
③ 80dL＝□L
④ 94dL＝□L□dL
3 つぎの □ に あてはまる ＞、＜、＝を 書きましょう。
教科書 128 ページ 3
① 3L2dL □ 2L3dL
② 1L4dL □ 14dL
③ 60dL □ 6L3dL
dL に そろえて
くらべよう。

ヒント

1 ③ ますの 1目もりは 1dL を あらわします。

2 1L＝10dL です。

ぴったり1
じゅんび

がくしゅうび　　月　　日

10 水の かさ
② かさの あらわし方―(2)
③ かさの 計算

教科書 上129～130ページ　答え 15ページ

つぎの □に あてはまる 数を 書きましょう。

ねらい かさのたんい「mL」を知り、つかえるようにしよう。 れんしゅう ①→

mL(ミリリットル)

1mL

Lや dLより 少ない かさを あらわす たんいに、ミリリットルが あります。

1ミリリットルを 1mLと 書きます。

1L＝1000mL　　1dL＝100mL

1 1000mLは 何dLですか。

1mLを 1ccと いうことも あるよ。

とき方　1000mL＝□L、1L＝□dL

だから、1000mL＝□dLです。

ねらい かさのたし算やひき算ができるようにしよう。 れんしゅう ②③→

かさの 計算

かさは たんいを そろえると 計算することが できます。

1L 7dL＋3L 2dL＝4L 9dL　（7＋2＝9、1＋3＝4）

2 2L7dL＋3L4dL を 計算しましょう。

とき方 〔考え方1〕

たんいを dLにします。

2L7dLは、27dL。

3L4dLは、34 dL。

27dL＋34dL＝□dL

〔考え方2〕

	L	dL
	2	7
＋	3	4
	□	□

2L7dL＋3L4dL

＝□L □dL

長さの 計算の ときと にているね。

★できた　もんだいには、「た」を　かこう！★

教科書　上129～130ページ　答え　15ページ

1 つぎの □ に　あてはまる　数を　書きましょう。

教科書　129ページ4

① 1L＝□mL

② 4dL＝□mL

③ 1000mL＝□L＝□dL

L、dL、mL の
かんけいを　おぼえよう。

2 びんに、1L4dL の　ジュースが　入っています。コップには、3dL の　ジュースが　入っています。

教科書　130ページ1

① ジュースは　合わせて　何L何dLに　なりますか。

しき

答え（　　　　）

② びんと　コップの　ジュースの　かさの　ちがいは　何L何dLですか。

しき

答え（　　　　）

3 つぎの　計算を　しましょう。

教科書　130ページ▶

① 4L＋2L

② 3L6dL＋4L7dL

③ 7L9dL－5L6dL

！まちがいちゅうい

④ 6L1dL－5L7dL

ヒント

3 Lの　数どうし、dLの　数どうしを　たしたり　ひいたりします。
くり上がり、くり下がりに　気をつけます。

⑩ 水の　かさ

教科書　上 122～132 ページ　答え　15 ページ

知識・技能　／70点

1 水の　かさは　どれだけですか。　1つ5点(15点)

①
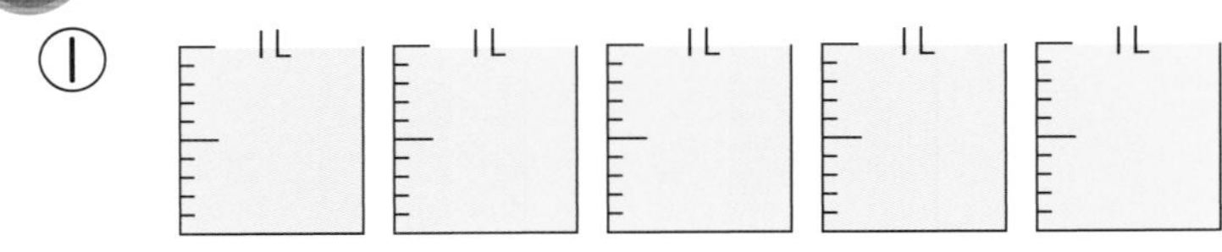

(　　　　　L)

②
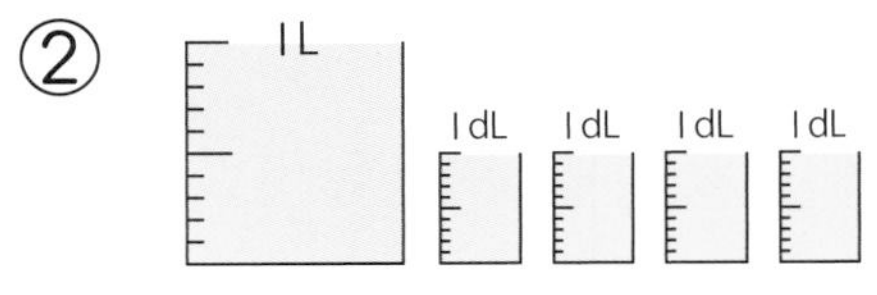

(　　　L　　　dL)

③
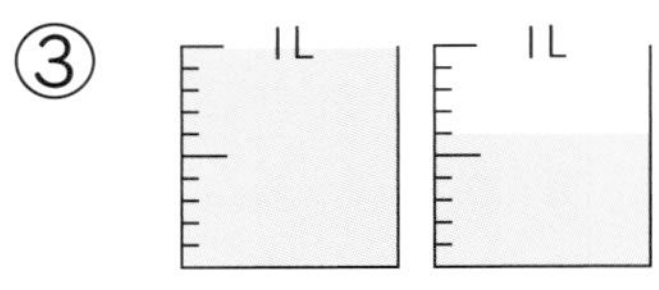

(　　　L　　　dL)

2 よく出る　つぎの □ に　あてはまる　数(かず)を　書(か)きましょう。　1つ5点(25点)

① 4L＝□dL　　② 2L8dL＝□dL

③ 43dL＝□L□dL

④ 2dL＝□mL　　⑤ 600mL＝□dL

3 つぎの □ に　あてはまる　＞、＜、＝を　書きましょう。　1つ5点(10点)

① 16dL □ 1L5dL　　② 1000mL □ 1L3dL

4 よく出る　つぎの　計算を　しましょう。　1つ5点(20点)

① 2L＋6L2dL　　② 3L5dL＋1L5dL

③ 7dL－4dL　　④ 4L3dL－1L9dL

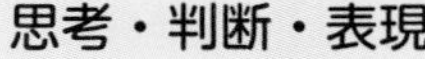

／30点

5 2つの　なべに、水が　入っています。　しき・答え　1つ5点(20点)

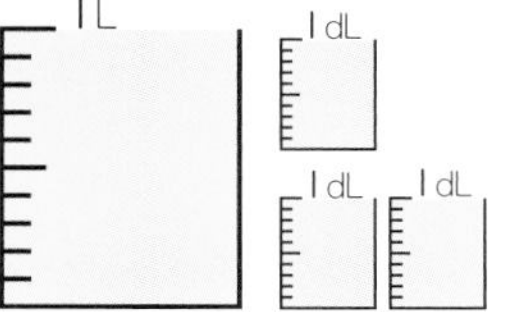

い

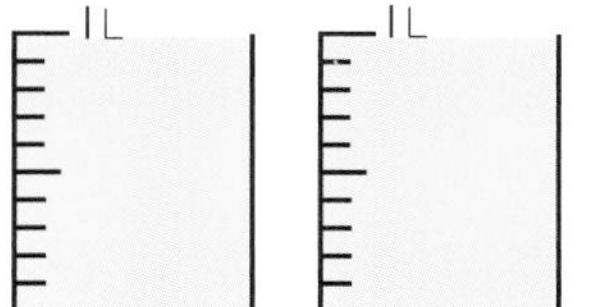

① 合わせると、何L何dLに　なりますか。

しき

答え（　　　　）

② ちがいは、どれだけですか。

しき

答え（　　　　）

できたらスゴイ！

6 あ、い、うの　3つの　入れものに、水が　入っています。

あ

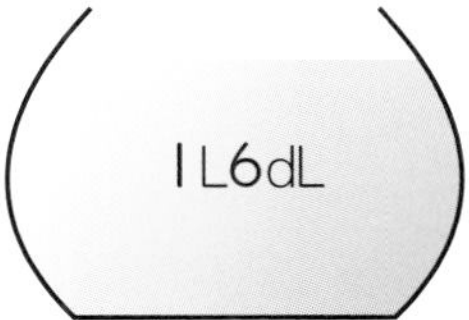

い

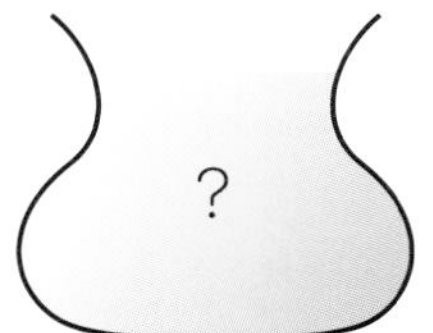

う

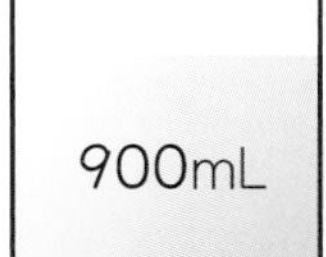

水の　かさの　多い　じゅんに　ならべると、あ→い→うと
なります。

いの　かさは、つぎの 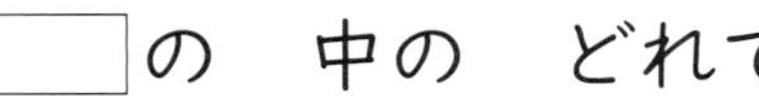 の　中の　どれですか。　(10点)

9L　　13dL　　800mL　　2L1dL

（　　　　）

ふりかえり　1が　わからない　ときは、48ページの　2に　もどって　みよう。

11 三角形と　四角形

① 三角形と　四角形
② 直角

教科書 上134〜141ページ　答え 16ページ

つぎの □ に　あてはまる　数や　記ごうを　書きましょう。

ねらい 三角形と四角形がどんな形かわかるようにしよう。 れんしゅう ①②③→

三角形と　四角形

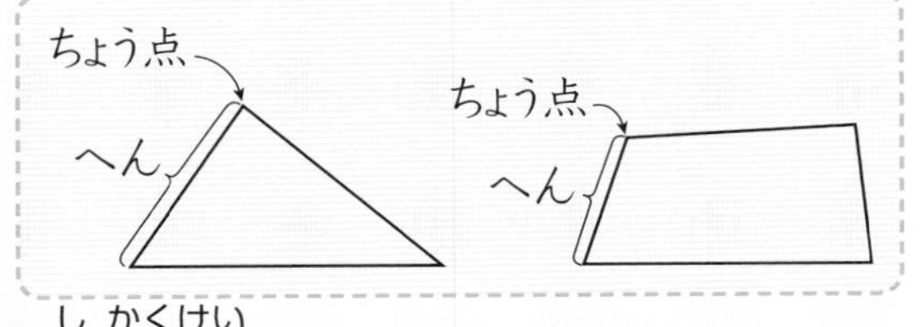

３本の　直線で　かこまれた　形を、三角形と　いいます。
４本の　直線で　かこまれた　形を、四角形と　いいます。
三角形や　四角形の　まわりの　直線を　**へん**と　いい、かどの　点を　**ちょう点**と　いいます。

1 三角形や　四角形には、へんや　ちょう点が　それぞれ　いくつ　ありますか。

とき方 右の　図を　見て　答えましょう。

・三角形の　へんは　[3]本、
　ちょう点は　[　　]こです。
・四角形の　へんは　[　　]本、
　ちょう点は　[　　]こです。

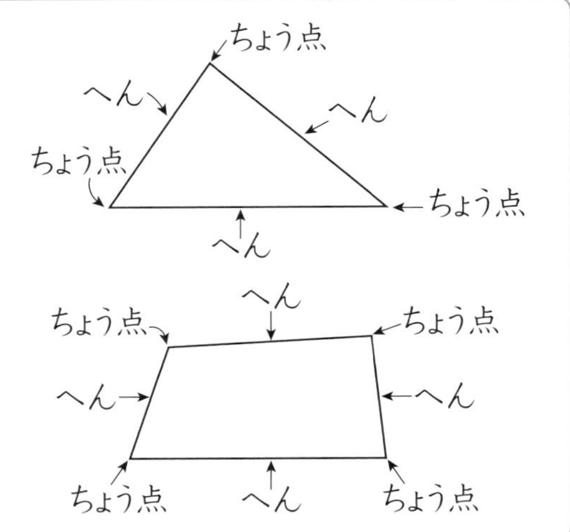

ねらい 直角の形がわかるようになろう。 れんしゅう ④→

直角

右のように　紙を　おって　できた　かどの　形を、直角と　いいます。

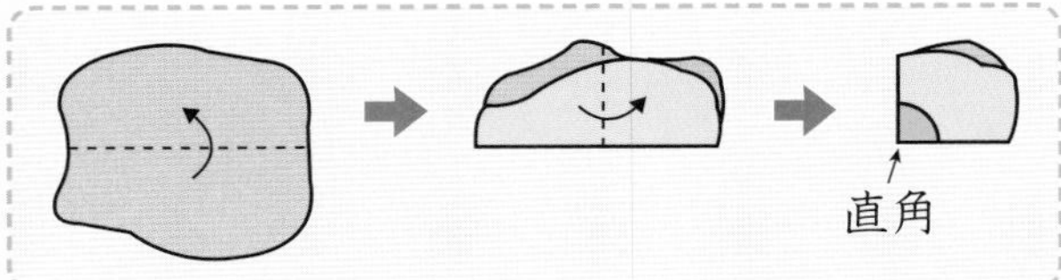

2 右の　三角形で、直角の　かどは　どれですか。

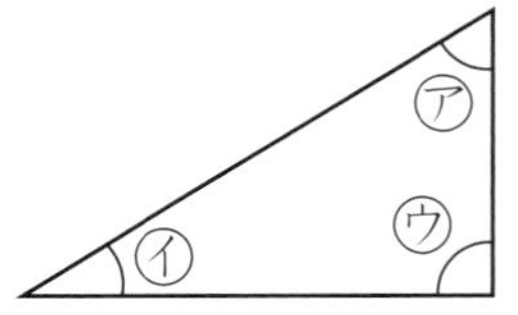

とき方 三角じょうぎの　直角の　かどを　あてて　たしかめましょう。[　　]です。

がくしゅうび　月　日

★できた　もんだいには、「た」を　かこう！★

でき 1　でき 2　でき 3　でき 4

教科書 上134〜141ページ　答え 16ページ

まちがいちゅうい

1 三角形と　四角形を　見つけましょう。

教科書 137ページ 2

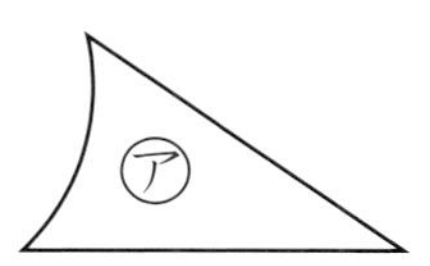

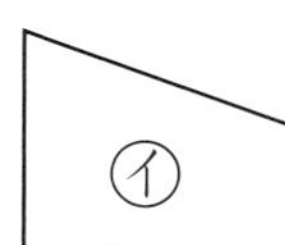

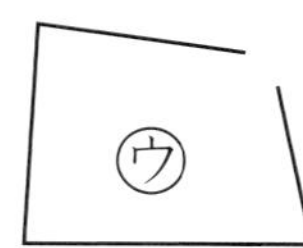

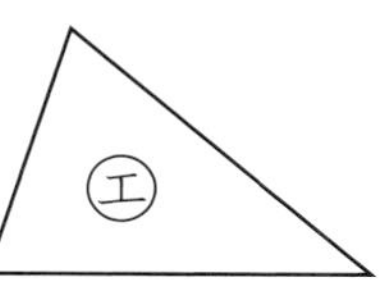

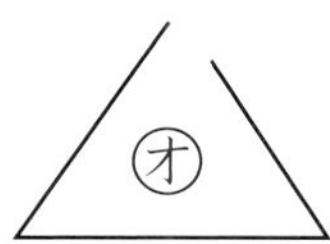

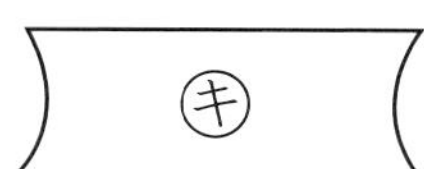

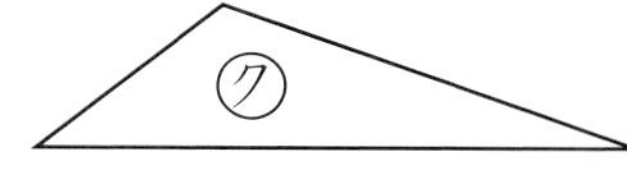

三角形（　　　　　　）

四角形（　　　　　　）

2 点と　点を　直線で　むすんで、三角形と　四角形を　2つずつ　かきましょう。

教科書 138ページ 1

3 右の　四角形に　1本の　直線を　引(ひ)いて、2つの　三角形を　作(つく)りましょう。

教科書 139ページ 3

ちょう点と　ちょう点を
むすんでみよう。

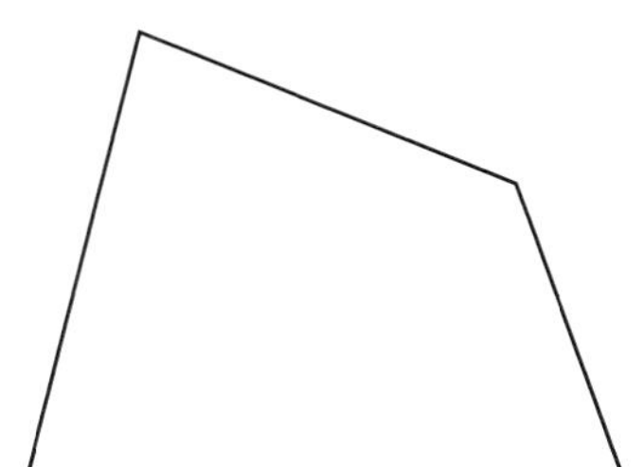

4 右の　点を　つかって、直角が　ある　形を　かいてみましょう。

教科書 141ページ 2

ヒント

1 直線で　かこまれている　形を　さがします。三角形は　3本の　直線で、四角形は　4本の　直線で　かこまれています。

つぎの □ に あてはまる 記ごうを 書きましょう。

ねらい 長方形と正方形のとくちょうがわかるようになろう。 れんしゅう 1 2 →

長方形と 正方形

☆ 4つの かどが すべて 直角に なっている 四角形を、**長方形**と いいます。
長方形の むかい合っている へんの 長さは、同じです。

☆ 4つの かどが すべて 直角で、4つの へんの 長さが すべて 同じに なっている 四角形を、**正方形**と いいます。

1 長方形は どれですか。正方形は どれですか。

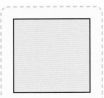

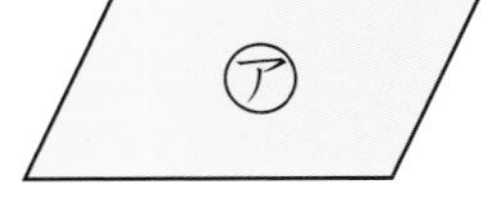

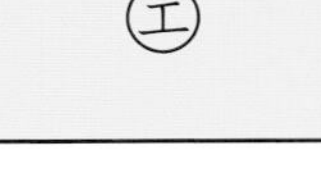

かどの 形と へんの 長さを しらべよう。

とき方 4つの かどが 直角なのは、イと、□ で、このうち、4つの へんの 長さが 同じなのは、□ です。
長方形は □、正方形は □ です。

ねらい 直角三角形のとくちょうがわかるようになろう。 れんしゅう 1 3 →

直角三角形

直角の かどが ある 三角形を、**直角三角形**と いいます。

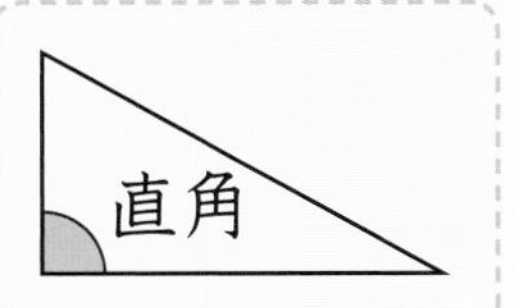

2 直角三角形は どれですか。

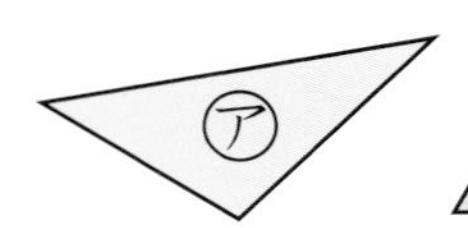

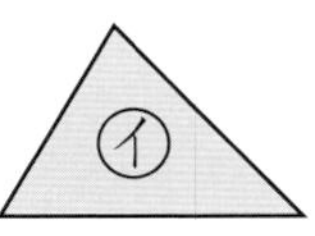

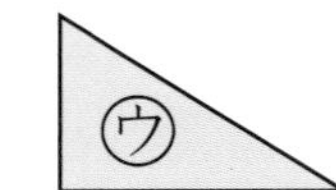

とき方 直角の かどが ある □ が 直角三角形です。

がくしゅうび　月　日

★できた　もんだいには、「た」を　かこう！★

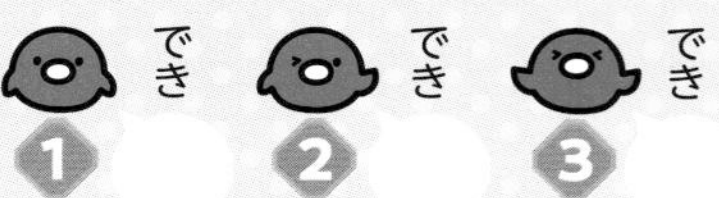

教科書　上142～146ページ　答え　16ページ

よくよんで

1 つぎの　□に　あてはまる　形の　名前(なまえ)を　書きましょう。

教科書　142ページ1、145ページ1

① 4つの　かどが　すべて　直角に　なっている　四角形を　□と　いいます。

② 直角の　かどが　ある　三角形を　□と　いいます。

2 正方形について　答(こた)えましょう。

教科書　143ページ2

① あ、いに　あてはまる　数(かず)を　書きましょう。

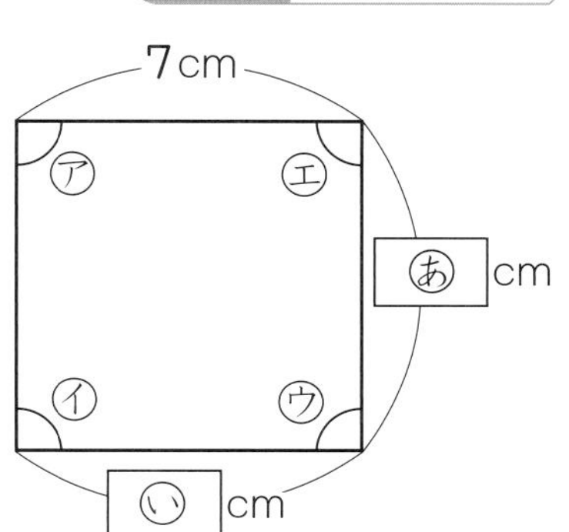

あ（　　　）　い（　　　）

② 直角の　かどは　どれですか。ぜんぶ　書きましょう。

（　　　　　）

正方形は　4つの　へんの　長さが　同じだったね。

3 つぎの　形を　かきましょう。

教科書　144ページ3、145ページ2

① へんの　長さが、3cmと　5cmの　長方形。

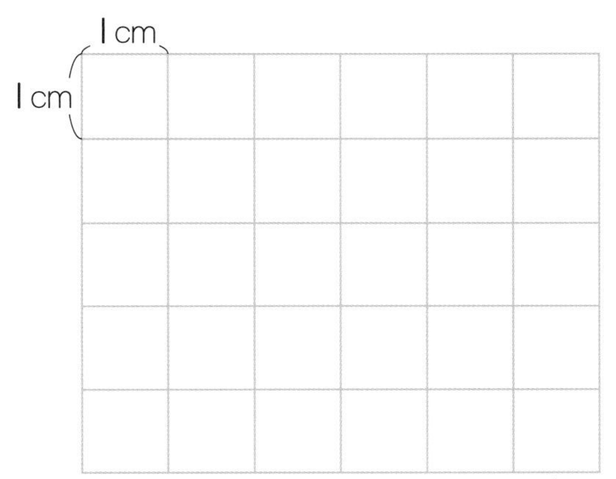

② 2cmと　4cmの　へんの　間(あいだ)に　直角の　かどが　ある　直角三角形。

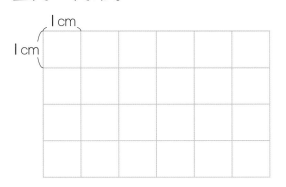

1cm
1cm

ヒント
2 正方形の　とくちょうを　考(かんが)えます。
3 ②　まず、2cmの　へんを　引(ひ)いてみよう。

11 三角形と　四角形

時間30分　／100　ごうかく80点

教科書　上134〜148ページ　答え　17ページ

知識・技能　／60点

1 つぎの　□に　あてはまる　ことばや　数を　書きましょう。
□1つ5点(30点)

①

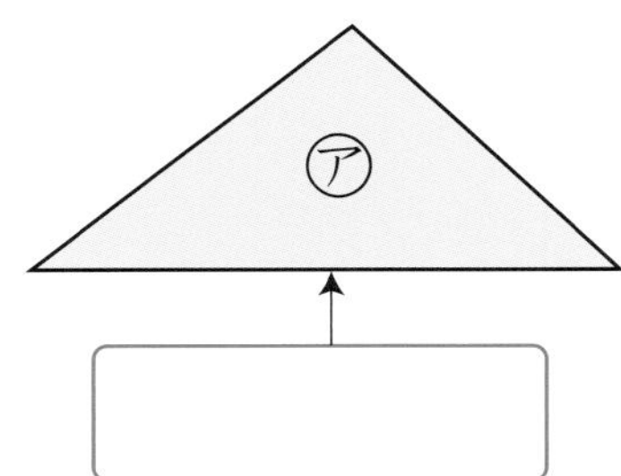

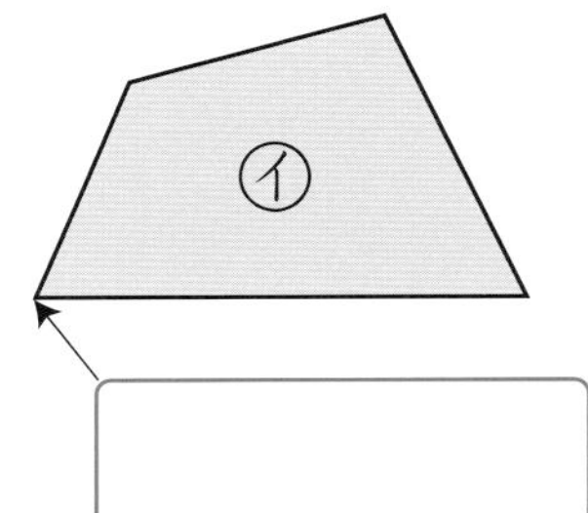

② 三角形には、へんが　□本、
四角形には、へんが　□本　あります。

③ 三角形には、ちょう点が　□こ、
四角形には、ちょう点が　□こ　あります。

2 よく出る　つぎの　形を　かきましょう。
1つ10点(20点)

① へんの　長さが　6cmと　4cmの　長方形。

② 1つの　へんの　長さが　5cmの　正方形。

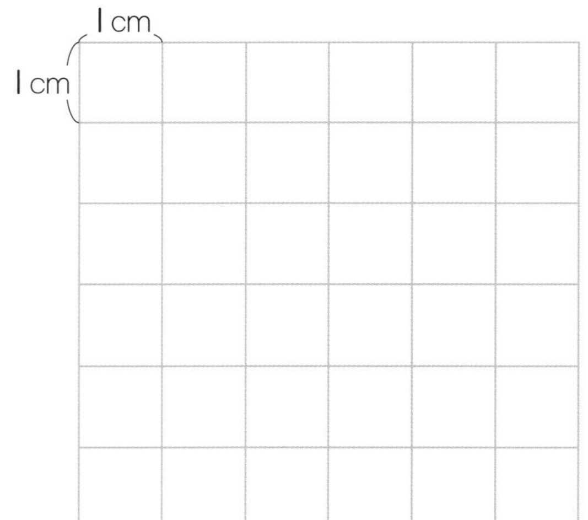

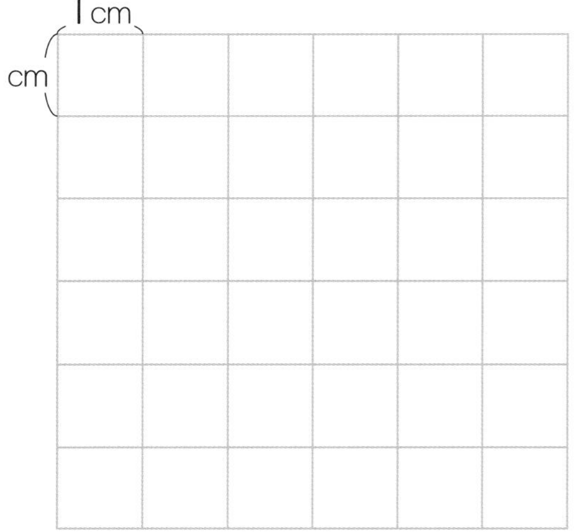

3 直角三角形は　どれですか。ぜんぶ　書きましょう。 (10点)

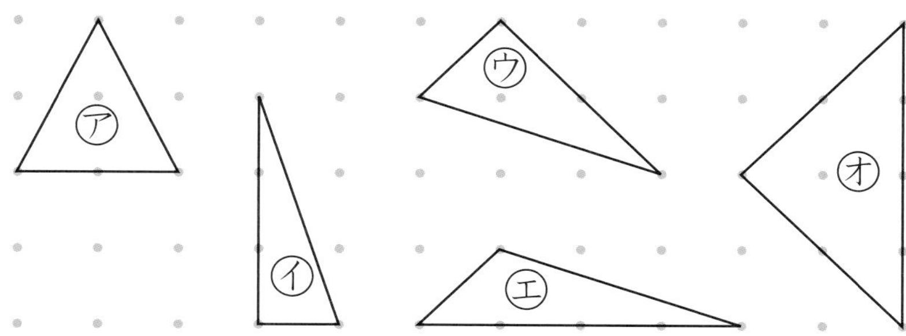

（　　　　　　　　）

思考・判断・表現 ／40点

4 よく出る 長方形に　１本の　直線を　引いて、つぎの　形を　作りましょう。 1つ10点(20点)

① 2つの　直角三角形

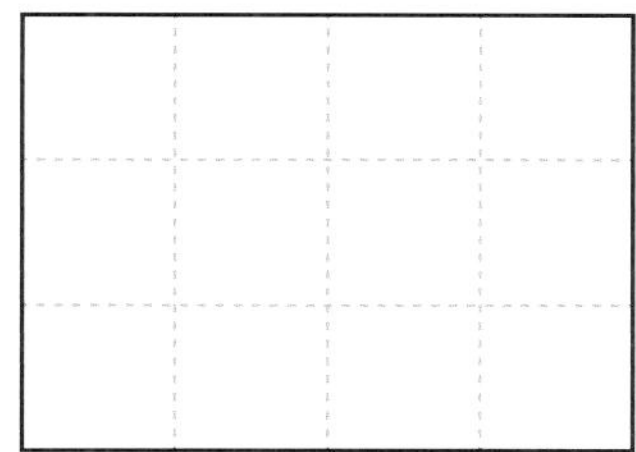

② 正方形と　長方形

5 つぎの　もんだいに　答えましょう。 1つ10点(20点)

① 三角形を　ぜんぶ　見つけましょう。

（　　　　　　　　）

できたらスゴイ!

② 四角形を　ぜんぶ　見つけましょう。

（　　　　　　　　）

ア　イ　ウ　エ　オ　カ　キ

ふりかえり　**1**が　わからない　ときは、54 ページの　**1**に　もどって　みよう。

がくしゅうび　月　日

12 かけ算(1)

① かけ算
② かけ算と　ばい

教科書 下2〜10ページ　答え 17ページ

つぎの □ に あてはまる 数を 書きましょう。

ねらい かけ算のしきであらわせるようにしよう。　れんしゅう 1 2 3 4 →

かけ算

りんごの　ぜんぶの　数は、1ふくろに 2こずつ　3ふくろ分で、6こです。

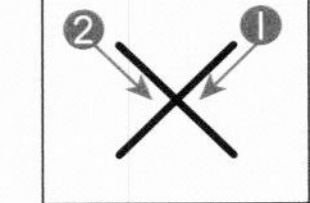

このことを　しきで　2×3＝6と　書いて、「二　かける　三は　六」と　読みます。

2	×	3	＝	6
1つ分の 数		いくつ分		ぜんぶの 数

2+2+2 と 同じだね。

このような　計算を　**かけ算**と　いいます。

1 ドーナツの　ぜんぶの　数を　あらわす　しきを　書きましょう。

とき方　1さらに　3こずつ　4さら分で □ こ　あるので、

3 × □ ＝ □
（1つ分の 数）（いくつ分）（ぜんぶの 数）

ねらい 「何ばい」というあらわし方を知り、つかえるようにしよう。　れんしゅう 4 →

何ばい

ある数の　1こ分、2こ分、3こ分の　ことを、
ある数の　**1ばい**、**2ばい**、**3ばい**とも　いいます。

2 **1**の　ドーナツは、3この　何ばいですか。

とき方　3この　4さら分なので、3この □ ばいです。

がくしゅうび　月　日

★できた　もんだいには、「た」を　かこう！★

できた ①　できた ②　できた ③　できた ④

教科書 下2〜10ページ　答え 17ページ

1 ぜんぶで　いくつ　ありますか。
かけ算の　しきで　書きましょう。

教科書 7ページ 2

①

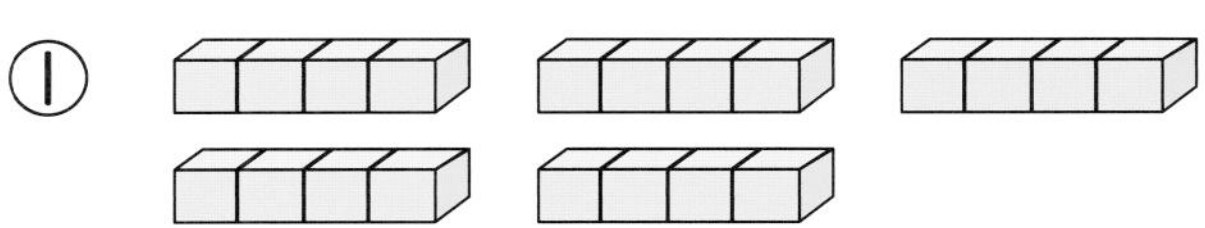

□×□＝□

②

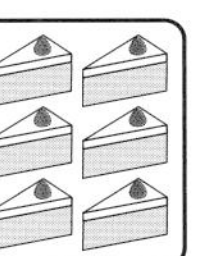

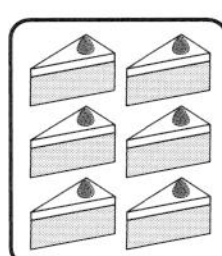
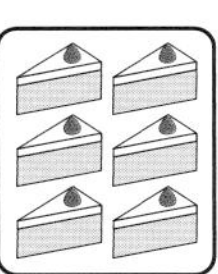

（　　　　）

2 1はこに　ペンが　3本ずつ　入って
います。5はこでは、ペンは　何本に
なりますか。

教科書 8ページ 3

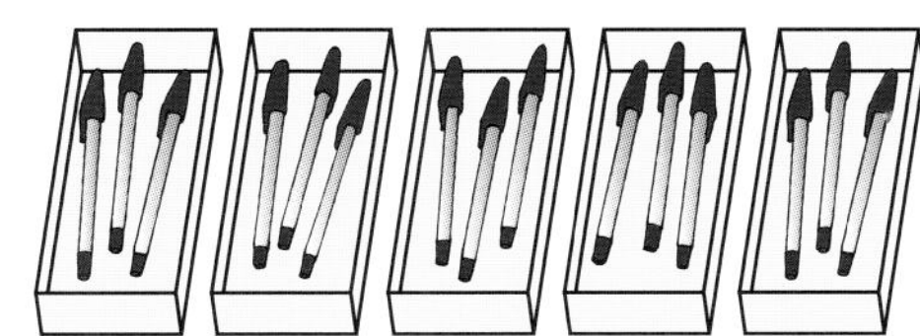

①　かけ算の　しきに　あらわしましょう。

（　　　　）

②　たし算の　しきに　あらわしましょう。

（　　　　）

よくよんで

3 あめが　8こ　あります。同じ
数ずつ　ふくろに　入れます。
どんな　入れ方が　あるか、かけ算の　しきで　あらわしましょう。

教科書 9ページ 4

2こずつだと
どうなるかな。

（　　　　）

4 右の　テープの　長さは、2cm の
テープの　長さの　何ばいですか。
また、何 cm ですか。

2cm　2cm　2cm

教科書 10ページ 1

ばい（　　　　）　長さ（　　　　）

ヒント

① かけ算の　しきは、1つ分の　数×いくつ分＝ぜんぶの　数です。
①の　1つ分は　4こ、4こが　5つ分と　考えます。

ぴったり1 じゅんび

がくしゅうび　月　日

12 かけ算(1)

③ 5のだんの　九九
④ 2のだんの　九九

教科書 下11～14ページ　答え 18ページ

つぎの □ に あてはまる 数を 書きましょう。

ねらい 5のだん、2のだんの九九をおぼえて、つかえるようにしよう。 れんしゅう 1 2 3 4 →

5のだんの　九九

5×1＝ 5	……	五一が	5
5×2＝10	……	五二	10
5×3＝15	……	五三	15
5×4＝20	……	五四	20
5×5＝25	……	五五	25
5×6＝30	……	五六	30
5×7＝35	……	五七	35
5×8＝40	……	五八	40
5×9＝45	……	五九	45

2のだんの　九九

2×1＝ 2	……	二一が	2
2×2＝ 4	……	二二が	4
2×3＝ 6	……	二三が	6
2×4＝ 8	……	二四が	8
2×5＝10	……	二五	10
2×6＝12	……	二六	12
2×7＝14	……	二七	14
2×8＝16	……	二八	16
2×9＝18	……	二九	18

↑ このような　いい方を　九九と　いいます。

1 つぎの　かけ算を　しましょう。

(1)　5×4　　(2)　5×6　　(3)　2×5　　(4)　2×7

とき方　(1)(2)　5のだんの　九九を　つかいます。

(1)　五四　20だから、　5×4＝□

(2)　五六　[30]だから、5×6＝□

(3)(4)　2のだんの　九九を　つかいます。

(3)　二五　10だから、　2×5＝□

(4)　二七　□だから、2×7＝□

声に　出して
何回も
れんしゅうしよう。

★できた　もんだいには、「た」を　かこう！★

教科書　下11〜14ページ　答え　18ページ

1 つぎの　かけ算を　しましょう。　教科書　11〜12ページ 1・2

① 5×6　② 5×1　③ 5×9

④ 5×4　⑤ 5×5　⑥ 5×8

2 つぎの　かけ算を　しましょう。　教科書　13〜14ページ 1・2

① 2×6　② 2×9　③ 2×7

④ 2×3　⑤ 2×2　⑥ 2×8

よくよんで

3 1ふさに　バナナが　5本ずつ
ついています。　教科書　11ページ 1

① 3ふさ分(ぶん)では、バナナは　何本に　なりますか。

しき

答え(こたえ)（　　　　）

② 1ふさ　ふえると、バナナは　何本　ふえますか。

（　　　　）

4 1この　かびんに　花が　2本ずつ　入っています。
花びんは　8こ　あります。

花は　ぜんぶで　何本　ありますか。

しき

答え（　　　　）

ヒント

3 ① 1つ分の　数は　5、いくつ分は　3に　なります。
4 1つ分の　数は　2、いくつ分は　8に　なります。

つぎの □ に あてはまる 数を 書きましょう。

ねらい 3のだん、4のだんの九九をおぼえて、つかえるようにしよう。 れんしゅう ❶❷❸❹→

3のだんの 九九

3×1＝ 3	……	三一が（さんいち）	3（さん）
3×2＝ 6	……	三二が（さんに）	6（ろく）
3×3＝ 9	……	三三が（さざん）	9（く）
3×4＝12	……	三四（さんし）	12（じゅうに）
3×5＝15	……	三五（さんご）	15（じゅうご）
3×6＝18	……	三六（さぶろく）	18（じゅうはち）
3×7＝21	……	三七（さんしち）	21（にじゅういち）
3×8＝24	……	三八（さんぱ）	24（にじゅうし）
3×9＝27	……	三九（さんく）	27（にじゅうしち）

4のだんの 九九

4×1＝ 4	……	四一が（しいち）	4（し）
4×2＝ 8	……	四二が（しに）	8（はち）
4×3＝12	……	四三（しさん）	12（じゅうに）
4×4＝16	……	四四（しし）	16（じゅうろく）
4×5＝20	……	四五（しご）	20（にじゅう）
4×6＝24	……	四六（しろく）	24（にじゅうし）
4×7＝28	……	四七（ししち）	28（にじゅうはち）
4×8＝32	……	四八（しは）	32（さんじゅうに）
4×9＝36	……	四九（しく）	36（さんじゅうろく）

1 つぎの かけ算を しましょう。

(1) 3×4　(2) 3×8　(3) 4×3　(4) 4×7

とき方 (1)(2) 3のだんの 九九を つかいます。

(1) 三四 12 だから、 3×4＝□

(2) 三八 [24] だから、3×8＝□

(3)(4) 4のだんの 九九を つかいます。

(3) 四三 12 だから、 4×3＝□

(4) 四七 □ だから、4×7＝□

九九は あんきしよう。

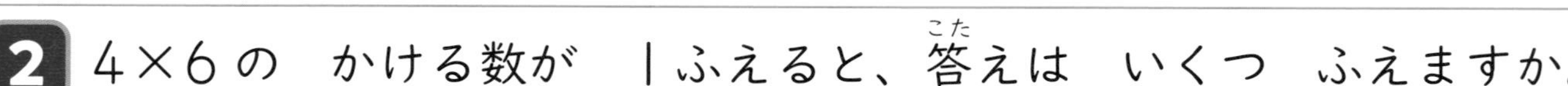

2 4×6の かける数が 1ふえると、答えは いくつ ふえますか。

とき方 4のだんの 答えは [4] ずつ ふえるから、□ ふえます。

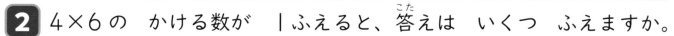

かけられる数		かける数		答え
4	×	6	＝	24
		↓1ふえる		↓□ふえる
4	×	7	＝	28

★できた　もんだいには、「た」を　かこう！★

教科書　下 15〜20 ページ　答え　18 ページ

1 つぎの　かけ算を　しましょう。　教科書　15〜16 ページ 1・2

① 3×2　② 3×9　③ 3×7

④ 3×1　⑤ 3×3　⑥ 3×4

2 つぎの　かけ算を　しましょう。　教科書　17〜18 ページ 1・2

① 4×9　② 4×4　③ 4×2

④ 4×8　⑤ 4×5　⑥ 4×6

よくみて

3 かける数が　1ふえると、答えは　いくつ　ふえますか。
つぎの □ に　あてはまる　数を　書きましょう。

教科書　15 ページ 1、17 ページ 1

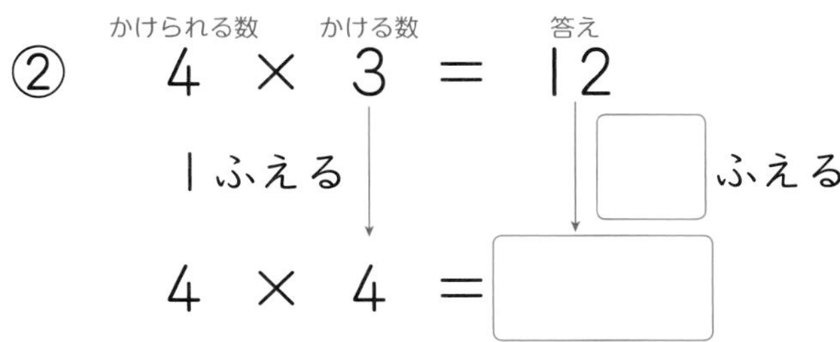

①
かけられる数　かける数　答え
3 × 5 = 15
1ふえる　□ ふえる
3 × 6 = □
②
かけられる数　かける数　答え
4 × 3 = 12
1ふえる　□ ふえる
4 × 4 = □

4 つぎの □ に　あてはまる　数を　書きましょう。　教科書　19 ページ 1

2×4の　答えと　3×4の　答えを
たすと、2×4＝8、3×4＝□ だから、
□ に　なります。

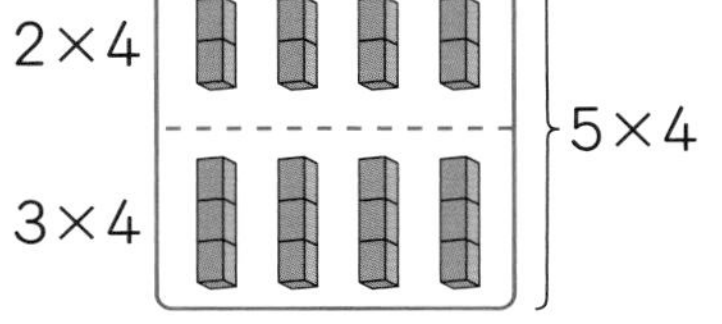

これは、5×□ の　答えと　同じ（おな）に　なります。

ヒント　③ かける数が　1ふえると、答えは　かけられる数だけ　ふえます。

⑫ かけ算(1)

教科書 下2〜21ページ　答え 19ページ

知識・技能　／60点

1 よく出る かけ算の　しきに　あらわしましょう。　1つ10点(20点)

①  

(　　　　　　　)

② 4cm の　5ばい

(　　　　　　　)

2 つぎの　□に　あてはまる　数を　書きましょう。　1つ5点(10点)

① 8×□ の　答えは、8＋8＋8 の　答えと　同じです。

② 3のだんの　九九では、かける数が　1ふえると、答えは □ずつ　ふえます。

3 よく出る つぎの　かけ算を　しましょう。　1つ5点(30点)

① 4×8　　② 2×6

③ 5×7　　④ 4×4

⑤ 3×8　　⑥ 5×9

思考・判断・表現　／40点

4 どちらの　答えが　大きいですか。　1つ5点(10点)

① あ 4×5
い 3×5

(　　　)

② あ 5×3
い 4×7

(　　　)

5 よく出る　きゅうりが　1ふくろに　3本ずつ　入っています。

① 8ふくろでは、何本に　なりますか。　しき・答え　1つ5点(10点)

しき

答え (　　　)

② ①の　ときより　1ふくろ　ふえると、きゅうりは　何本に　なりますか。　(5点)

(　　　)

できたらスゴイ！

6 右の　絵を　見て、かけ算の　もんだいを　作って　ときましょう。　もんだい・しき・答え　1つ5点(15点)

もんだい

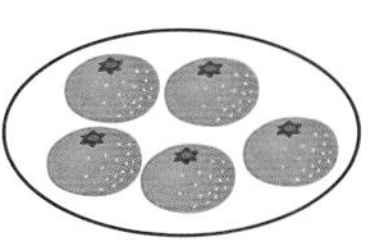
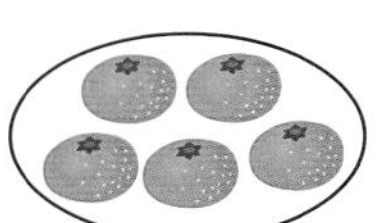
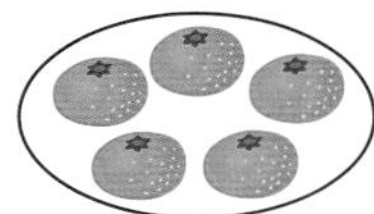
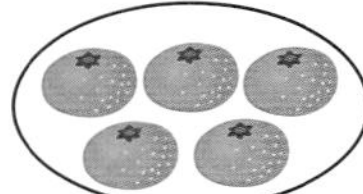

しき

答え (　　　)

1が　わからない　ときは、60ページの　1に　もどって　みよう。

ぴったり1 じゅんび

13 かけ算(2)

① 6のだんの　九九
② 7のだんの　九九

がくしゅうび　月　日

教科書 下23〜28ページ　答え 20ページ

つぎの □ に　あてはまる　数を　書きましょう。

ねらい　6のだん、7のだんの九九をおぼえて、つかえるようにしよう。　れんしゅう ❶❷❸❹→

6のだんの　九九

6×1＝ 6	……	六一が（ろくいち）　6（ろく）
6×2＝12	……	六二（ろくに）　12（じゅうに）
6×3＝18	……	六三（ろくさん）　18（じゅうはち）
6×4＝24	……	六四（ろくし）　24（にじゅうし）
6×5＝30	……	六五（ろくご）　30（さんじゅう）
6×6＝36	……	六六（ろくろく）　36（さんじゅうろく）
6×7＝42	……	六七（ろくしち）　42（しじゅうに）
6×8＝48	……	六八（ろくは）　48（しじゅうはち）
6×9＝54	……	六九（ろっく）　54（ごじゅうし）

7のだんの　九九

7×1＝ 7	……	七一が（しちいち）　7（しち）
7×2＝14	……	七二（しちに）　14（じゅうし）
7×3＝21	……	七三（しちさん）　21（にじゅういち）
7×4＝28	……	七四（しちし）　28（にじゅうはち）
7×5＝35	……	七五（しちご）　35（さんじゅうご）
7×6＝42	……	七六（しちろく）　42（しじゅうに）
7×7＝49	……	七七（しちしち）　49（しじゅうく）
7×8＝56	……	七八（しちは）　56（ごじゅうろく）
7×9＝63	……	七九（しちく）　63（ろくじゅうさん）

1 つぎの　かけ算を　しましょう。

(1)　6×7　　　(2)　7×4

とき方　(1)　六七 [42] だから、6×7＝□

(2)　七四 □ だから、7×4＝□

2 7×2の　答えを　くふうして　もとめます。

・7のだんの　答えは　7ずつ　ふえます。

7×1＝　7
7×2＝□　（□ふえる）

・7は　2と　5に　分けられるから、

2×2と　□×2の　答えを　合わせて、

7×2＝□
4+10

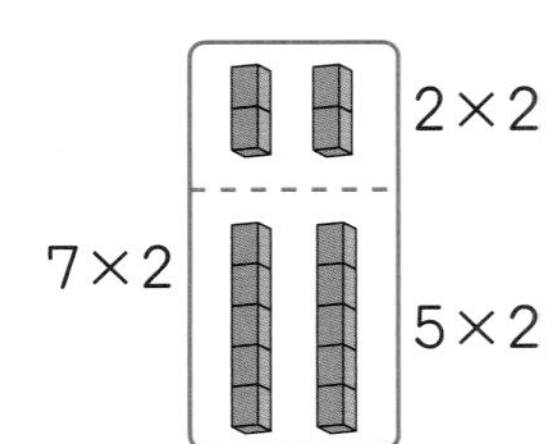

がくしゅうび　月　日

★できた　もんだいには、「た」を　かこう！★

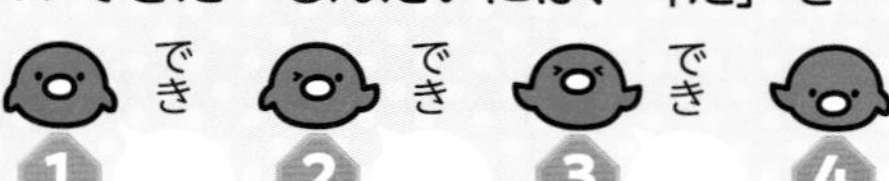

教科書 下23～28ページ　答え 20ページ

1 つぎの　かけ算を　しましょう。 教科書 24～26ページ 1・2

① 6×5　② 6×2　③ 6×8

④ 6×3　⑤ 6×9　⑥ 6×6

2 つぎの　かけ算を　しましょう。 教科書 27～28ページ 1・2

① 7×9　② 7×7　③ 7×6

④ 7×2　⑤ 7×8　⑥ 7×5

よくよんで

3 つぎの □ に　あてはまる　数を　書きましょう。 教科書 24～25ページ 1、27ページ 1

① 6×4の　答えは、6×3の　答えより □ ふえます。

② 7×5の　答えに　7を　たすと、7×□の　答えに　なります。

4 つぎの □ に　あてはまる　数を　書きましょう。 教科書 27ページ 1

7は　4と □ に　分けられるから、
7×3の　答えは、4×3と □×3の　答えを　合わせて　もとめられます。

7×3　4×3　3×3

ヒント
3 ① かける数が　3から　4へ　1ふえているから　答えは……。
4 かけられる数を　2つに　分けて　答えを　もとめます。

がくしゅうび　　月　　日

13 かけ算(2)

③ 8のだんの　九九　④ 9のだんの　九九
⑤ 1のだんの　九九

教科書　下 29～33 ページ　答え　20 ページ

つぎの ☐ に　あてはまる　数を　書きましょう。

ねらい　8のだん、9のだん、1のだんの九九をおぼえて、つかえるようにしよう。　れんしゅう ①②③④→

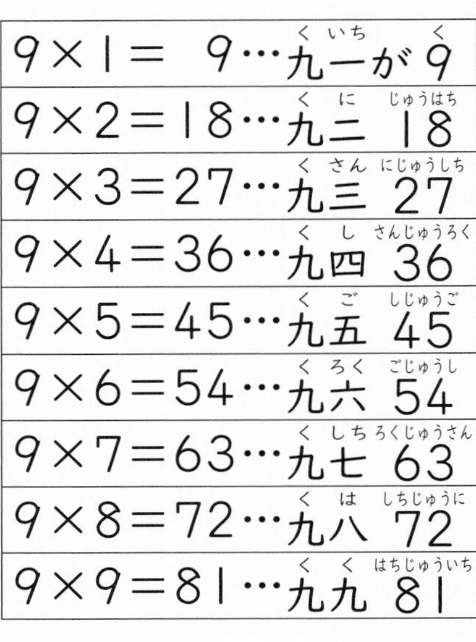

8のだんの　九九
8×1＝　8…八一が8
8×2＝16…八二 16
8×3＝24…八三 24
8×4＝32…八四 32
8×5＝40…八五 40
8×6＝48…八六 48
8×7＝56…八七 56
8×8＝64…八八 64
8×9＝72…八九 72

9のだんの　九九
9×1＝　9…九一が9
9×2＝18…九二 18
9×3＝27…九三 27
9×4＝36…九四 36
9×5＝45…九五 45
9×6＝54…九六 54
9×7＝63…九七 63
9×8＝72…九八 72
9×9＝81…九九 81

1のだんの　九九
1×1＝1…一一が1
1×2＝2…一二が2
1×3＝3…一三が3
1×4＝4…一四が4
1×5＝5…一五が5
1×6＝6…一六が6
1×7＝7…一七が7
1×8＝8…一八が8
1×9＝9…一九が9

1 つぎの　かけ算を　しましょう。

(1)　8×7　　(2)　9×6　　(3)　1×4

とき方　九九を　つかって　答えを　もとめます。

(1)　八七　56 だから、　8×7＝☐

(2)　九六 ☐ だから、　9×6＝☐

(3)　一四が ☐ だから、1×4＝☐

2 9×2の　答えに　9×3の　答えを　たします。
9に　どんな　数を　かけた　数と　同じに　なりますか。

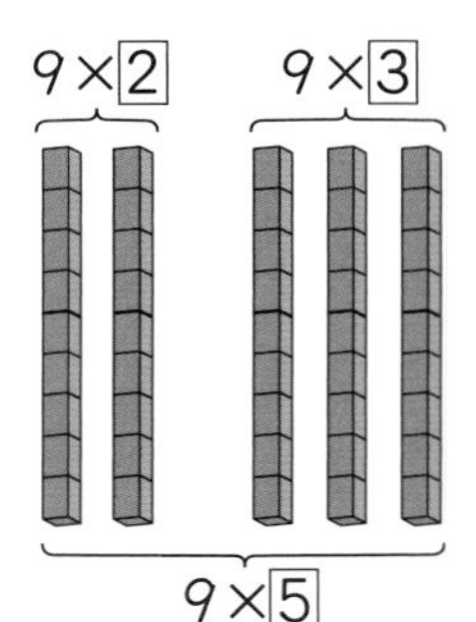

とき方　2と　3で ☐ だから、
9に ☐ を　かけた　数と　同じに　なります。

がくしゅうび　月　日

★できた　もんだいには、「た」を　かこう！★

できた ❶　できた ❷　できた ❸　できた ❹

教科書 下29〜33ページ　答え 20ページ

1 つぎの　かけ算を　しましょう。

教科書 29〜30ページ 1・2

① 8×8　② 8×2　③ 8×5

④ 8×7　⑤ 8×4　⑥ 8×6

2 つぎの　かけ算を　しましょう。

教科書 31〜32ページ 1・2

① 9×1　② 9×4　③ 9×6

④ 9×3　⑤ 9×8　⑥ 9×7

3 つぎの　かけ算を　しましょう。

教科書 33ページ 1

① 1×5　② 1×3　③ 1×8

よくよんで

4 つぎの　□に　あてはまる　数を　書きましょう。

教科書 29ページ 1、30ページ 3

① 8×6の　答えは、5×6の　答えと　□×6の　答えを　たした　数と　同じです。

② 8×6の　答えは、8×2の　答えと　8×□の　答えを　たした　数と　同じです。

この　きまりを　つかえば、九九を　わすれても　答えが　もとめられるね。

4 ① かけられる数を　2つに　分けて　考えます。
② かける数を　2つに　分けて　考えます。

⑥ どんな 計算に なるかな

教科書 下34ページ　答え 21ページ

つぎの □ に あてはまる 数や ことば、記ごうを 書きましょう。

ねらい どんな計算をして、もんだいをとけばよいか、わかるようにしよう。 れんしゅう ①②③④→

文しょうもんだいの とき方

文しょうもんだいを とくときは、わかっている ことは 何か、たずねている ことは 何かを はっきりさせます。

かんたんな 図を かくと わかりやすく なります。

1 |さらに ケーキが 3こずつ のっています。
4さらでは、ケーキは 何こに なりますか。

とき方 ① もんだいを せいりします。

わかっている こと → |さらの ケーキの 数…□こ
さらの 数…4さら

たずねている こと → 4 さら分の ケーキの 数

② ○を つかって、かんたんな 図を かきます。

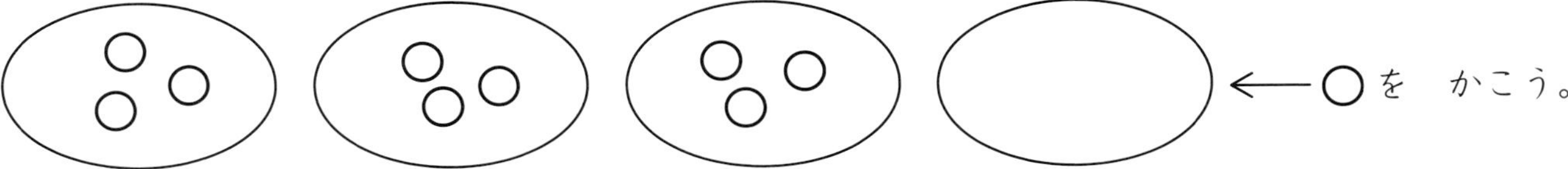

③ 同じ 数ずつの ものが 何こか あるときの、ぜんぶの 数を もとめる 計算だから、しきは □算に なります。

④ しき 3□4=□

答え □こ

たし算かな、かけ算かな。

1 |はこに　シュークリームが　6こずつ　入っています。
4はこでは、シュークリームは、何こに　なりますか。

教科書　34ページ 1

しき

答え（　　　　）

2 はこに　どらやきが　8こ　入っています。
6こ　食べると、何こ　のこりますか。

教科書　34ページ 1

しき

答え（　　　　）

3 プリンが、はこの　中に　7こ、さらの　上に　5こ　あります。
プリンは、ぜんぶで　何こ　ありますか。

教科書　34ページ 1

しき

答え（　　　　）

！まちがいちゅうい

4 9人に　花を　あげます。
|人に　2本ずつ　あげるには、花は　ぜんぶで　何本
いりますか。

教科書　34ページ 1

しき

図を　かいてみよう。

答え（　　　　）

ヒント
2 「のこりは　いくつ」の　もんだいです。
4 「ぜんぶで　何本」と　聞いていますが、たし算とは　かぎりません。

⑬ かけ算(2)

教科書 下 23～36 ページ　答え 21 ページ

知識・技能　／65点

1 よく出る　つぎの　かけ算を　しましょう。　1つ5点(40点)

① 7×3　② 6×9

③ 1×6　④ 9×5

⑤ 6×4　⑥ 8×3

⑦ 9×9　⑧ 8×6

2 よく出る　つぎの　□に　あてはまる　数を　書きましょう。　1つ5点(15点)

① 6のだんでは、かける数が　1ふえると、答えは
□ずつ　ふえます。

② 7×5の　答えは、7×4の　答えより　□　大きく
なります。

③ 8×3と　8×5の　答えを　たすと、8×□の　答えと
同じに　なります。

3 つぎの　□に　あてはまる　>、<、＝を　書きましょう。　1つ5点(10点)

① 6×6□8×5　② 7×9□9×6

がくしゅうび　　月　　日

思考・判断・表現　　／35点

できたらスゴイ！

4 5×2は、あめの　ぜんぶの　数を　あらわす　しきです。
　この　しきが　あらわしている　ばめんは　つぎの　㋐、㋑の　どちらですか。　(5点)

㋐

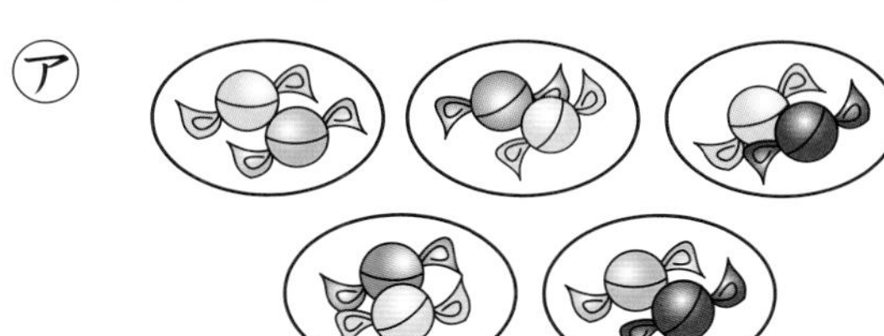

㋑

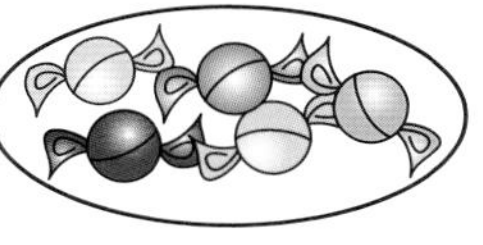

(　　　　)

5 ✿の　数を　くふうして　もとめましょう。　しき・答え　1つ5点(10点)

しき

答え(　　　　)

6 つぎの　①、②の　文を　しきに　あらわしましょう。　1つ10点(20点)

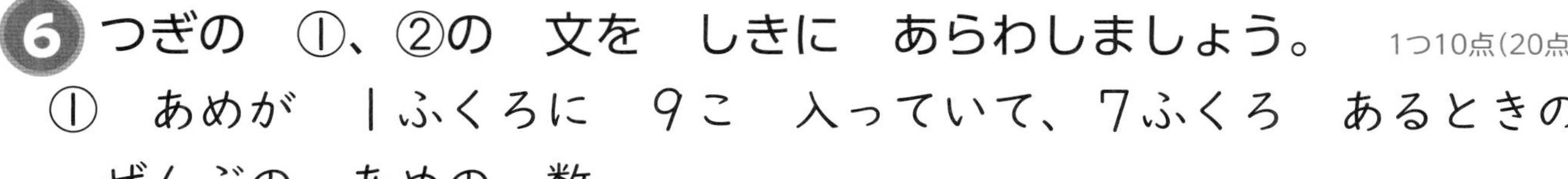

① あめが　1ふくろに　9こ　入っていて、7ふくろ　あるときの　ぜんぶの　あめの　数。

(　　　　)

② レモンが　大きい　ふくろに　9こ、小さい　ふくろに　7こ　入っているときの　ぜんぶの　レモンの　数。

(　　　　)

ふろくの「計算せんもんドリル」23～32も　やって　みよう！

ふりかえり　6が　わからない　ときは、72ページの　1に　もどって　みよう。

がくしゅうび　月　日

① かけ算九九の　ひょう

教科書 下 38～40 ページ　答え 22 ページ

つぎの □ に　あてはまる　数を　書きましょう。

ねらい　かけ算九九のひょうを作って、いろいろなことが読みとれるようになろう。 れんしゅう 1→

かけ算九九の　ひょう

|のだんから　9のだんまでの　答えを　書いた　右のような　ひょうを、かけ算九九の　ひょうと　いいます。

かける数

かけられる数	1	2	3	4	5	6	7	8	9
1のだん 1	1	2	3	4	5	6	7	8	9
2のだん 2	2	4	6	8	10	12	14	16	18
3のだん 3	3	6	9	あ	15	18	21	24	27
4のだん 4	4	8	12	16	20	24	28	32	36
5のだん 5	5	10	⑮	20	25	30	35	40	45
6のだん 6	6	12	18	24	30	36	42	48	54
7のだん 7	7	14	21	28	35	42	49	い	63
8のだん 8	8	16	24	32	40	48	56	64	72
9のだん 9	9	18	27	36	45	54	63	72	81

1 かけ算九九の　ひょうの　○を　つけた　15は、5×[3]の　答えです。

あに　あてはまる　数は [ ]、

いに　あてはまる　数は [ ]です。

あは、3×4 の答えだよ。

ねらい　かけ算九九のひょうから、かけ算のきまりがわかるようにしよう。 れんしゅう 2→

かけ算の　きまり

- かける数が　|ふえると、答えは　かけられる数だけ　ふえます。　5×3＝5×2＋[5]
- かけ算では、かける数と　かけられる数を　入れかえて　計算しても、答えは　同じです。　6×7＝7×6

2 上の　かけ算九九の　ひょうで、答えが　35に　なる　2つの　かけ算を　くらべましょう。

とき方　上の　ひょうの　35に　○を　つけましょう。

|つは、5×7＝35　もう|つは、[ ]×5＝35です。

5×7＝[ ]×5

がくしゅうび　月　日

★できた　もんだいには、「た」を　かこう！★

でき 1　でき 2

教科書 下38〜40ページ　答え 22ページ

1 かけ算九九の　ひょうを　作ります。

教科書 38〜39ページ 1

① Ⓐ、Ⓘは、どんな　かけ算の答えですか。しきを書きましょう。

Ⓐ（　　　　）

Ⓘ（　　　　）

② Ⓤ、Ⓔには、どんな　数が入りますか。

Ⓤ（　　　　）

Ⓔ（　　　　）

かける数 / かけられる数

	1	2	3	4	5	6	7	8	9
1のだん 1	1	2	3	4	5	6	7	8	9
2のだん 2	2	4	6	8	10	12	14	Ⓤ	18
3のだん 3	3	Ⓐ	9	12	15	18	21	24	27
4のだん 4	4	8	12	16	20	24	28	32	36
5のだん 5	5	10	15	20	Ⓘ	30	35	40	45
6のだん 6	6	12	18	24	30	36	42	48	54
7のだん 7	7	14	21	28	35	42	49	56	63
8のだん 8	8	16	24	32	40	48	56	64	Ⓔ
9のだん 9	9	18	27	36	45	54	63	72	81

③ 答えが　9ずつ　ふえているのは　何(なん)のだんですか。

（　　　　）

よくよんで

④ 2のだんと　5のだんの　答えを　たすと、何のだんの　答えになりますか。

（　　　　）

⑤ 答えが　42に　なる　2つの　かけ算を　書きましょう。

ひょうを見てみよう。

（　　　　、　　　　）

2 つぎの　□に　あてはまる　数を　書きましょう。

教科書 40ページ 2

① $7\times6+7=\square\times7$　② $8\times\square=6\times8$

ヒント
1 ② どんな　かけ算の　答えが　入るか　考(かんが)えます。
④ たした　答えが　ならんでいる　だんを　見つけます。

つぎの □ に あてはまる 数を 書きましょう。

ねらい かけ算のきまりをつかって、九九をこえたかけ算ができるようにしよう。 れんしゅう 1 2 →

九九を　こえた　かけ算

かけ算の　きまりを　つかえば、5×11 や　11×5 のような かけ算も　計算することが　できます。

1 5×11 の　答えを　もとめましょう。

とき方 〔考え方1〕

5のだんの　答えは、5ずつ ふえています。

九九を　こえても □(5) ずつ　ふえます。

5× 9＝ 45　)+5

5×10＝ 50　)+5

5×11＝□

〔考え方2〕

5×11 の　答えは、5×3 の　答えと 5×□(8) の　答えを たして　もとめられます。

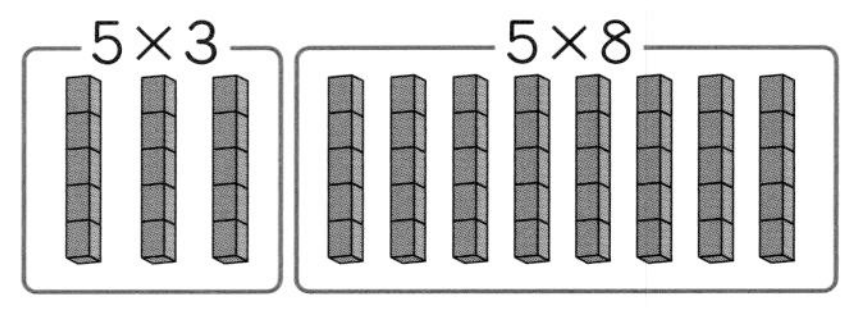

5×3＝15、5×8＝□

15＋□＝□

2 11×5 の　答えを　もとめましょう。

とき方 〔考え方1〕 11×5＝5×11 です。**1** より □。

〔考え方2〕

11 を　5と □ に　分けます。

5×5＝25　6×5＝□

25＋□＝□

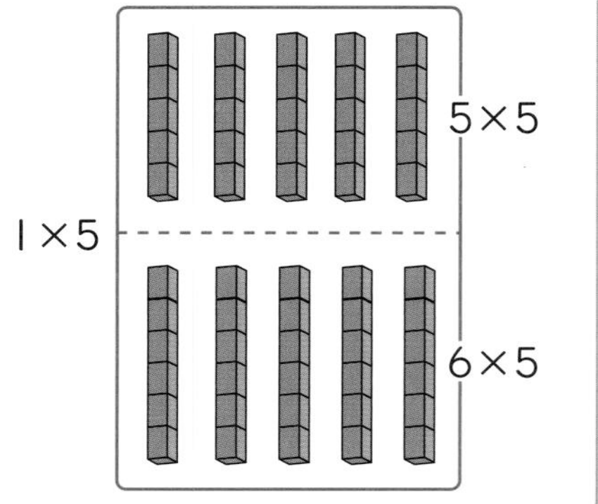

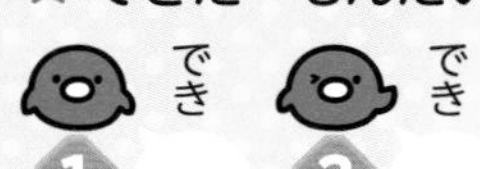

★できた　もんだいには、「た」を　かこう！★

できた 1　できた 2

がくしゅうび　月　日

教科書　下41～44ページ　答え　22ページ

1 2×12の　計算の　しかたを　考えました。つぎの　□に　あてはまる　数を　書きましょう。

教科書　41ページ 1

〔ゆかりさんの　考え〕
2のだんの　九九から考えます。

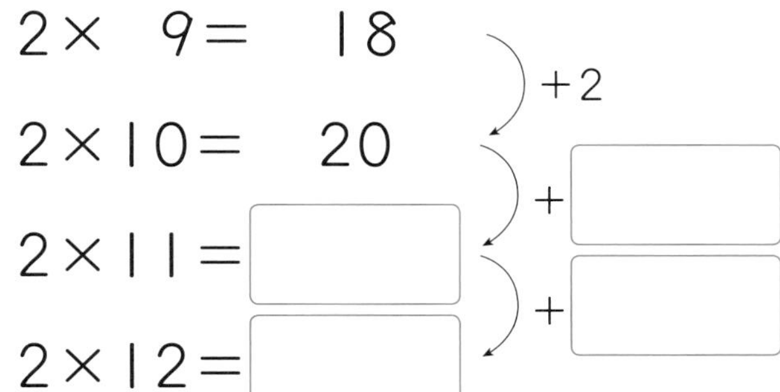

〔たかやさんの　考え〕
12は　4と　□に分けることが　できます。

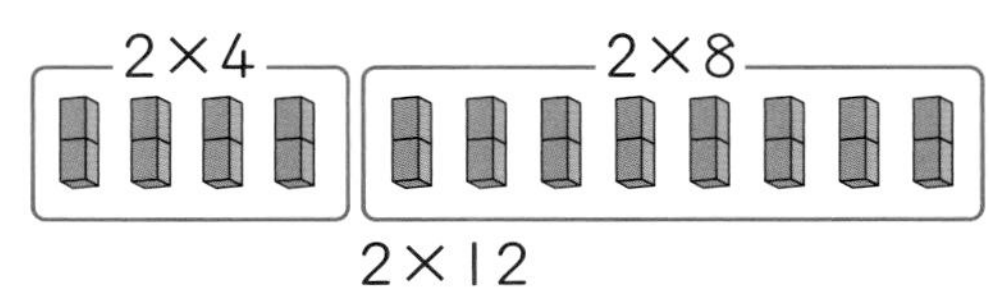

2×4＝8　　2×8＝□　　だから、8＋16＝□

2 ●は、ぜんぶで　何(なん)こ　ありますか。

教科書　43ページ 1

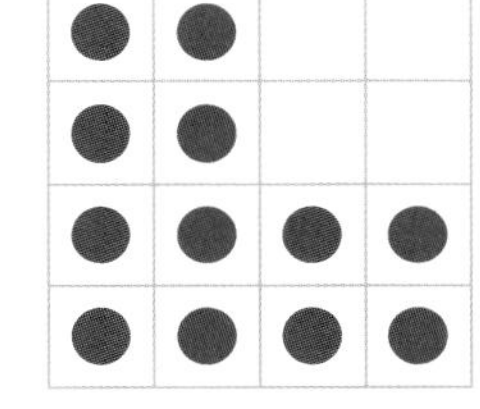

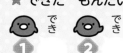

① ゆかりさんが　どうやって　もとめたか、○で　かこんで　あらわしましょう。

〔ゆかりさんの　考え〕

4×2＝8　　2×2＝4　　8＋4＝12
答え　12こ

よくみて
② たかやさんの　考えを　しきに　あらわしましょう。

〔たかやさんの　考え〕

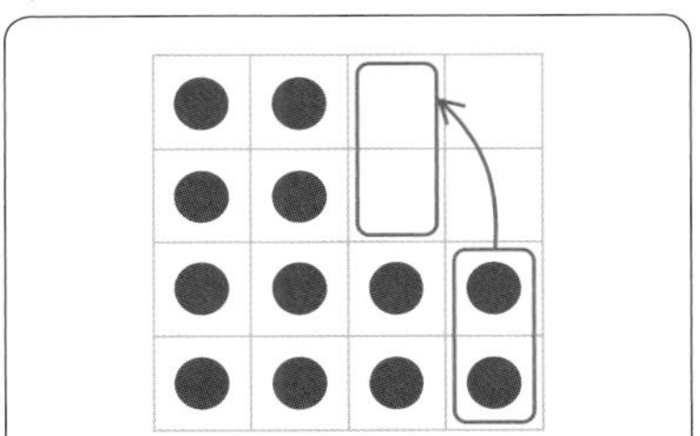

しき

いろいろな
もとめ方が
できるね。

答え（　　　　）

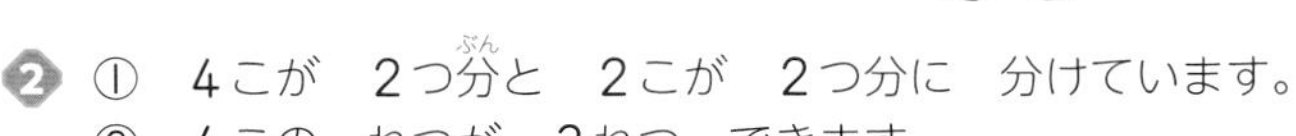

ヒント
2 ① 4こが　2つ分(ぶん)と　2こが　2つ分に　分けています。
② 4この　れつが　3れつ　できます。

⑭ かけ算(3)

時間 30 分

／100

ごうかく 80 点

教科書 下 38～46 ページ　答え 23 ページ

知識・技能　／55点

1 よく出る かけ算九九の　ひょうを作ります。　1つ5点(25点)

① 7×4の　答えに　○を　つけましょう。

② ㋐、㋑には、どんな　数が　入りますか。

㋐ (　　　)

㋑ (　　　)

かける数

かけられる数	1	2	3	4	5	6	7	8	9
1のだん 1	1	2	3	4	5	6			
2のだん 2	2	4	6	8	10	12			
3のだん 3	3	6	9	12	15	18			
4のだん 4	4	8	12	16	20	24		㋑	
5のだん 5	5	10	15	20	25	30	35		
6のだん 6	6	12	㋐	24	30	36	42		
7のだん 7	7	14	21	28	35	42	49	56	
8のだん 8	8	16	24	32	40	48	56	64	72
9のだん 9	9	18	27	36	45	54	63	72	81

③ 7のだんでは、かける数が　1ふえると、答えは　いくつずつ　ふえますか。

(　　　)

④ 2のだんと　6のだんの　答えを　たすと、何のだんの　答えに　なりますか。

(　　　)

2 つぎの □ に　あてはまる　数を　書きましょう。　1つ5点(10点)

① 3×7=□×3　　② 9×□=2×9

3 よく出る つぎの　答えに　なる　九九を、ぜんぶ　書きましょう。　1つ10点(20点)

① 18

(　　　)

② 36

(　　　)

がくしゅうび　　月　　日

思考・判断・表現　／45点

4 ●は　ぜんぶで　何こ　ありますか。考え方を、線を　引いたり　○で　かこんだりして　あらわし、しきも　書きましょう。
2とおり　考えましょう。　図5点、しきと答えで5点（20点）

		●	●		
●	●	●	●	●	●
●	●	●	●	●	●
		●	●		

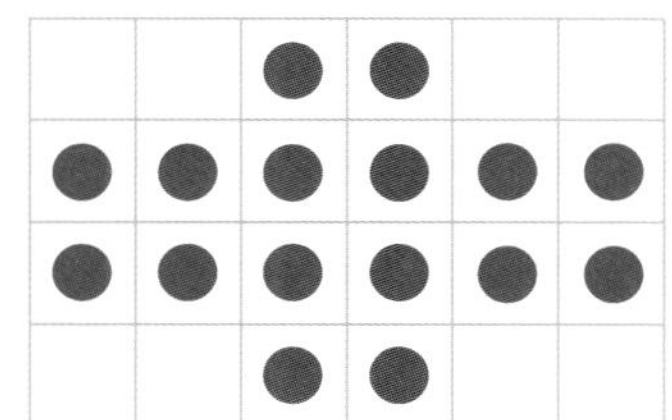

しき

答え（　　　　）

		●	●		
●	●	●	●	●	●
●	●	●	●	●	●
		●	●		

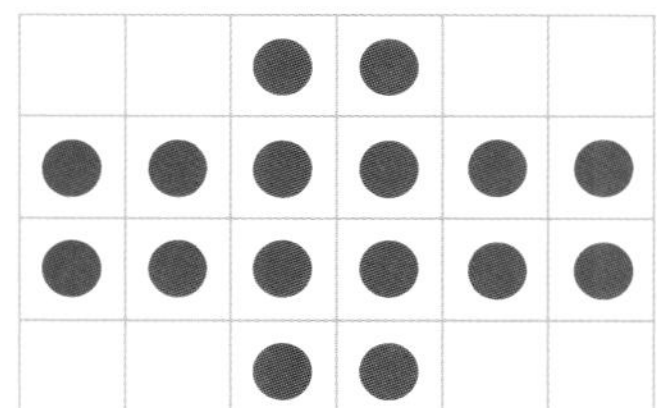

しき

答え（　　　　）

できたらスゴイ！

5 右の　図は、かけ算九九の　ひょうの　いちぶです。
㋐、㋑、㋒には　どんな　数が　入りますか。　1つ5点（15点）

		㋑			
㋐ のだん →	15	20	25	30	35
			㋒		

㋐（　　　　）　㋑（　　　　）　㋒（　　　　）

6 よく出る　11×4の　計算の　しかたを　考えます。
つぎの　□に　あてはまる　数を　書きましょう。　□1つ2点（10点）

(1)　11×4の　答えは、□×11の　答えと　同じです。

(2)　4×9＝　36
　　　　　　　　＋□
4×10＝□
　　　　　　　　＋□
4×11＝□

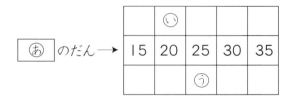

ふりかえり　1が　わからない　ときは、76 ページの　1に　もどって　みよう。

がくしゅうび　月　日

15 分数

分数

教科書 下48〜55ページ　答え 24ページ

つぎの □ に あてはまる 数を 書きましょう。

ねらい 分数のいみを知り、あらわし方がわかるようにしよう。　れんしゅう 1 2 3

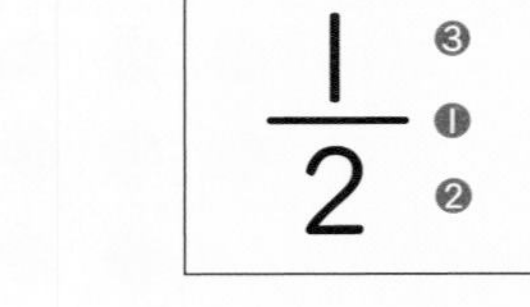

分数

同じ　大きさに　2つに　分けた　1つ分の
大きさを、もとの　大きさの　「二分の一」と
いい、$\frac{1}{2}$ と　書きます。

$\frac{1}{2}$ のような　数を　分数と　いいます。

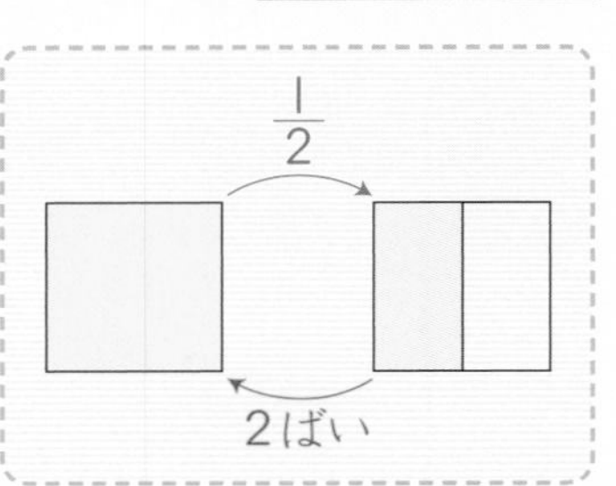

1 おり紙を　同じ　大きさに　分けました。
㋑の　大きさは、もとの　おり紙㋐の　大きさの　何分の一ですか。

(1) ㋐ → ㋑　　(2) ㋐ → ㋑

とき方 (1) ㋑の　大きさは、もとの　おり紙㋐を
同じ　大きさに　□つに　分けた
1つ分の　大きさだから、もとの　大きさの
□ です。

㋐の　大きさは、
㋑の　大きさの
2ばいだね。

(2) ㋑の　大きさは、もとの　おり紙㋐を
同じ　大きさに　□つに　分けた
1つ分の　大きさだから、もとの　大きさの
□ です。

㋐の　大きさは、
㋑の　大きさの
4ばいだね。

がくしゅうび　月　日

★できた　もんだいには、「た」を　かこう！★

できた ① できた ② できた ③

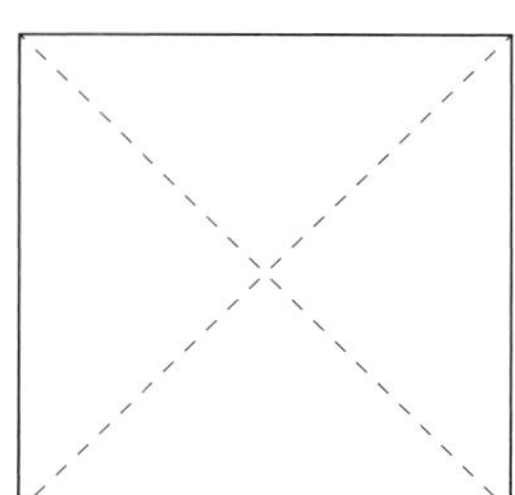

教科書 下48〜55ページ　答え 24ページ

1 もとの　大きさの　$\frac{1}{4}$ だけ　色(いろ)を　ぬりましょう。 教科書 52ページ 1

①

②

よくみて

2 色の　ついた　ところは、もとの　大きさの　何分の一ですか。

教科書 52ページ 2

①
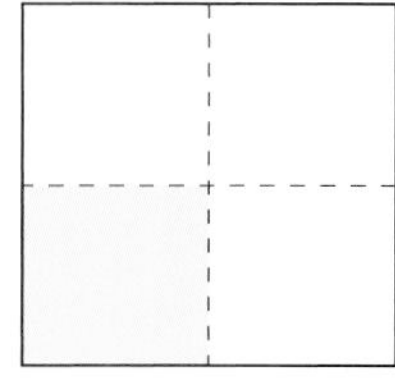

②
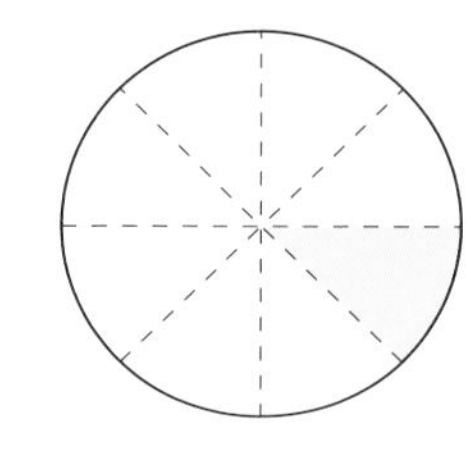

同じ　大きさに
8つに　分けてあるね。

(　　　)　(　　　)

3 12この　あめが　はこに　入っています。 教科書 54ページ 4

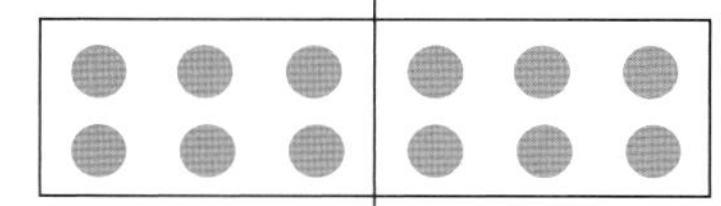

① 右のように　同じ　大きさに　2つに　分けました。1つ分は、もとの　大きさの　何分の一ですか。

また、1つ分のあめは　何こですか。

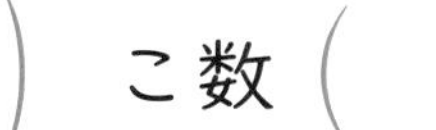
分数(　　　)

こ数(　　　)

② $\frac{1}{3}$ の　大きさに　なるように　線(せん)を　引(ひ)きましょう。

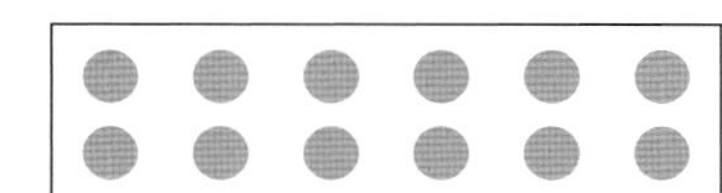

また、$\frac{1}{3}$ の　大きさの　ときの　あめの　数を　書きましょう。

(　　　)

ヒント
1 同じ　大きさに　4つに　分けた　1つ分が　$\frac{1}{4}$ です。
3 ② 同じ　大きさに　3つに　分けます。

ぴったり3

たしかめのテスト

15 分数

／100

ごうかく 80 点

教科書 下48～56ページ　答え 24ページ

知識・技能　／75点

1 つぎの □ に あてはまる 数を 書きましょう。　1つ5点(10点)

① 同じ 大きさに 2つに 分けた 1つ分の 大きさを 「二分の一」と いい、□ と 書きます。

② ①のとき、もとの 大きさは、2つに 分けた 1つ分の 大きさの □ ばいに なります。

2 よく出る もとの 大きさの $\frac{1}{4}$ だけ 色を ぬりましょう。　1つ10点(20点)

①

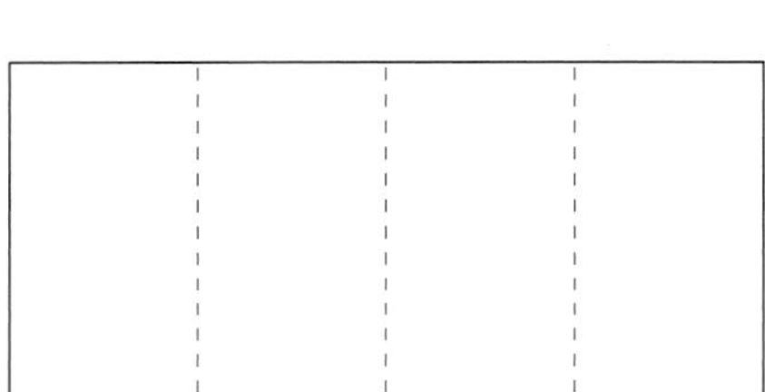

②

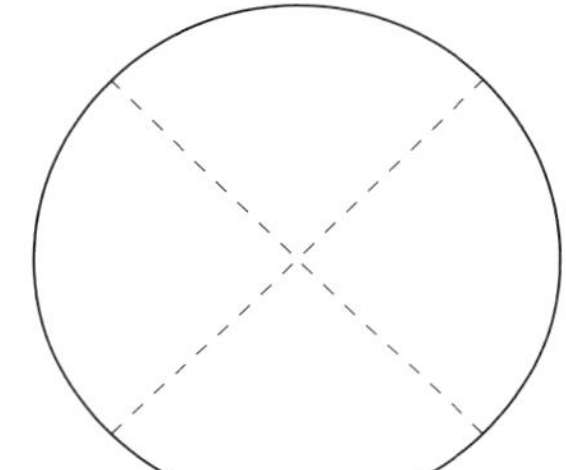

3 よく出る 色の ついた ところは、もとの 大きさの 何分の一ですか。　1つ10点(20点)

①

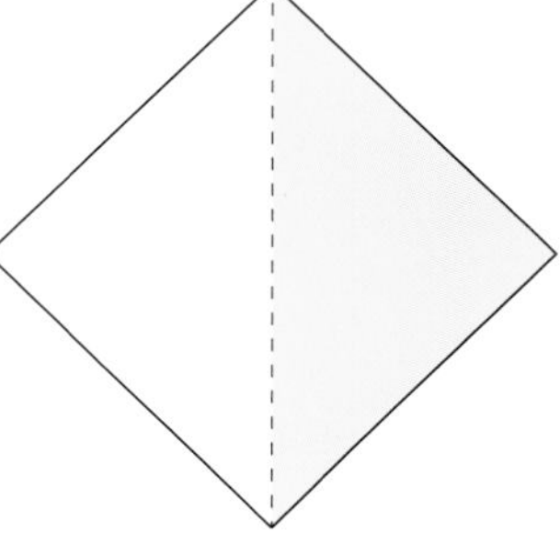

（　　　）

②

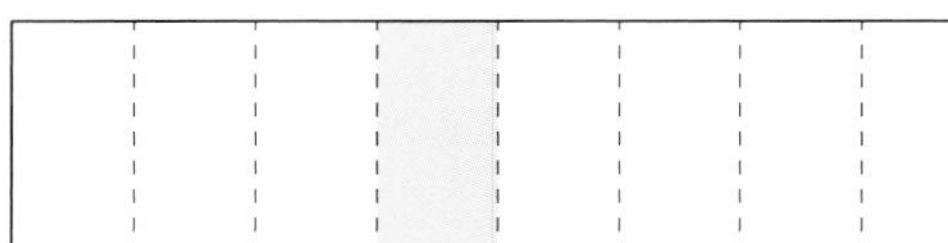

（　　　）

4 よく出る 色の　ついた　ところが、もとの　大きさの　$\frac{1}{2}$ に なっているのは　どれですか。

(5点)

㋐
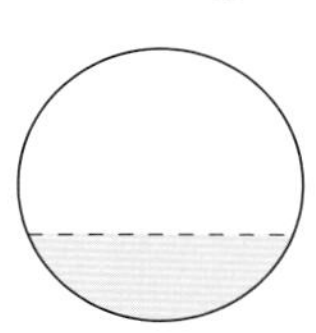
㋑
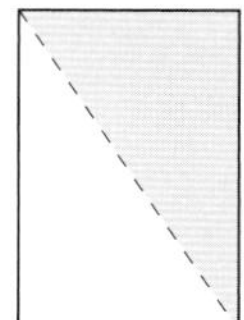
㋒

(　　　)

できたらスゴイ！

5 おり紙（がみ）を　3回（かい）　おって、同じ　大きさに　なるように 分けました。

1つ5点(20点)

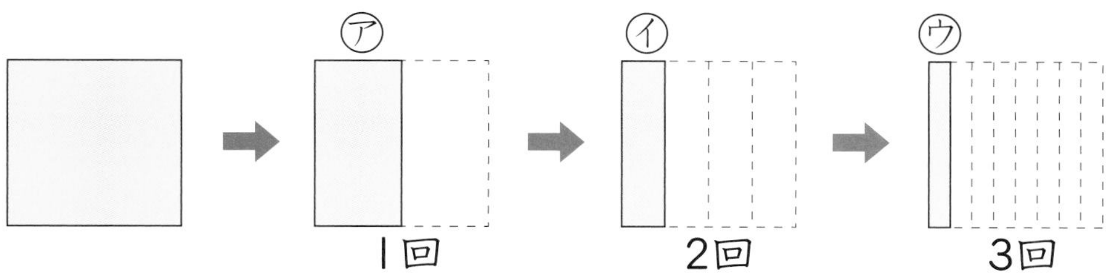

① ㋐、㋑、㋒の　大きさは、もとの　おり紙の　大きさの 何分の一ですか。

㋐(　　　)　㋑(　　　)　㋒(　　　)

② もとの　おり紙の　大きさは、㋒の　大きさの　何ばいですか。

(　　　)

思考・判断・表現　／25点

6 いちごが　のっている㋐、㋑の 2つの　ケーキが　あります。 それぞれ　$\frac{1}{2}$ の　大きさに なるように　線（せん）を　引（ひ）き、□に あてはまる　数や　ことばを　書きましょう。

㋐　㋑

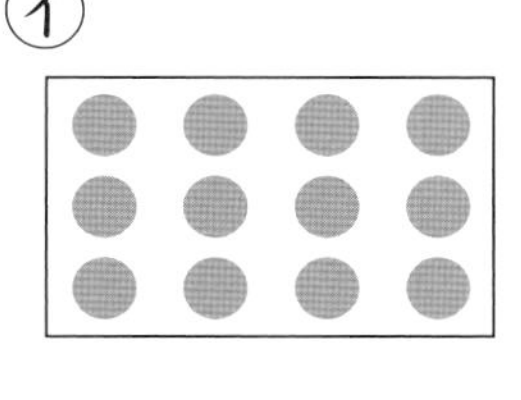

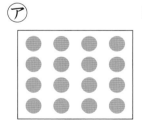

図1つ5点・□1つ5点(25点)

$\frac{1}{2}$ の　大きさのときの　いちごの　数は、㋐が  こ、 ㋑が □ こです。もとの　大きさが □ ので、 $\frac{1}{2}$ の　大きさも　ちがいます。

ふりかえり　②が　わからない　ときは、82ページの　1に　もどって　みよう。

この　本の　おわりに　ある　「冬の　チャレンジテスト」を　やって　みよう！

時こくと 時間(2)

教科書 下60～62ページ 答え 25ページ

つぎの □ に あてはまる 数や ことばを 書きましょう。

ねらい 分や時の計算をして、時こくや時間がもとめられるようにしよう。 れんしゅう 1 2 →

分や 時の 計算

時こくと 時こくの 間の 時間を もとめたり、何分・何時間後や 前の 時こくを もとめる もんだいは、数の線を つかうと わかりやすいです。

1 午前9時30分から 20分後の 時こくは 何時何分ですか。
また、20分前の 時こくは 何時何分ですか。

とき方 1目もりが 10分の 数の線を かいて 考えます。

午前や 午後を つけて 答えよう。

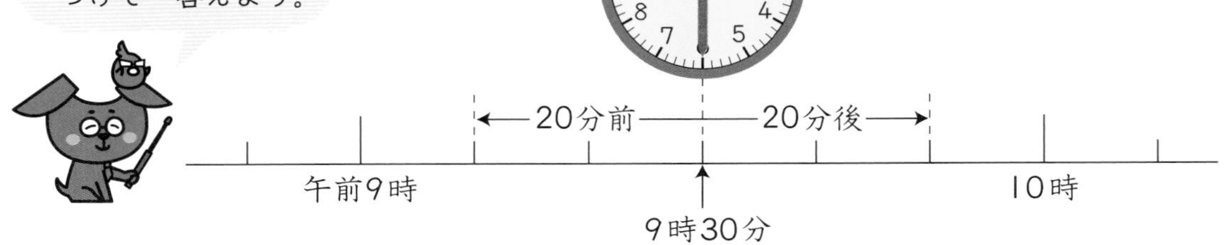

〔20分後〕 2目もり 右の 時こくで、午前9時 [50] 分。

〔20分前〕 2目もり [　　] の 時こくで、午前9時 [　　] 分。

2 午後3時から 2時間後の 時こくと、2時間前の 時こくを それぞれ もとめましょう。

とき方 1目もりが 1時間の 数の線を かいて 考えます。

〔2時間後〕 2目もり 右の 時こくで、午後 [　　] 時。

〔2時間前〕 2目もり 左の 時こくで、午後 [　　] 時。

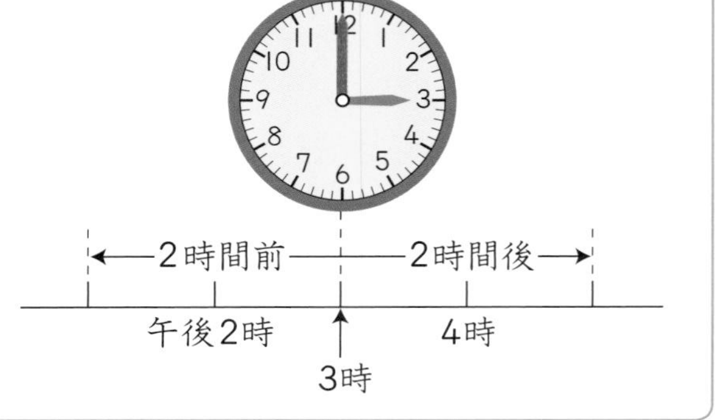

がくしゅうび　月　日

★できた　もんだいには、「た」を　かこう！★

できた ①　できた ②

教科書 下60〜62ページ　答え 25ページ

1 つぎの　時こくや　時間を　もとめましょう。

教科書 61〜62ページ 1

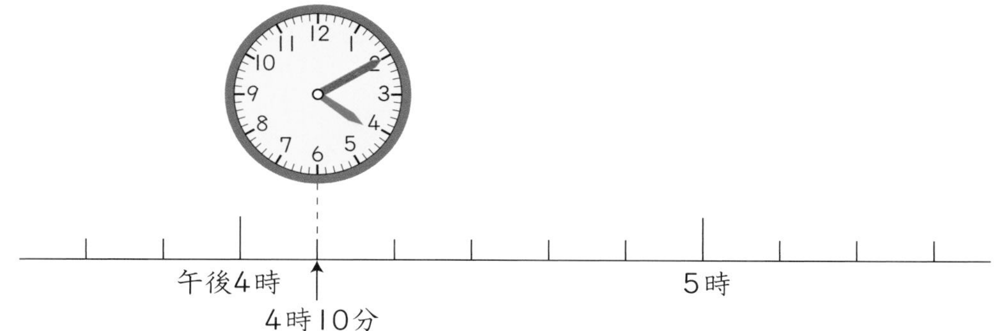

① 午後4時10分から、30分　たった　時こく。

（　　　　　）

② 午後4時10分から、10分前の　時こく。

（　　　　　）

よくよんで

③ 午後4時10分から　午後5時までは、あと　何分間　ありますか。

（　　　　　）

2 つぎの　時間や　時こくを　もとめましょう。

教科書 62ページ 2

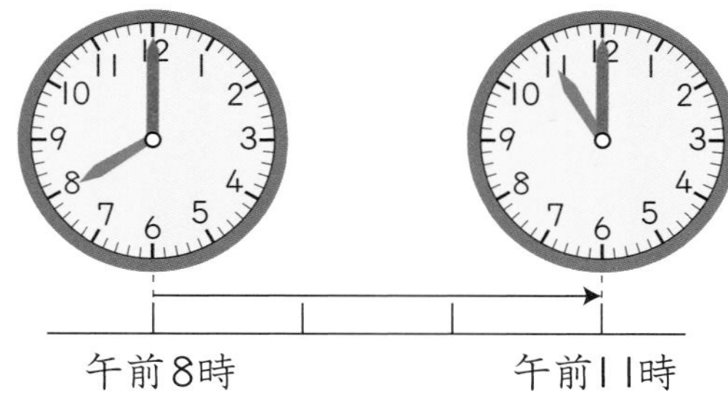

① 午前8時から、午前11時までの　時間。

（　　　　　）

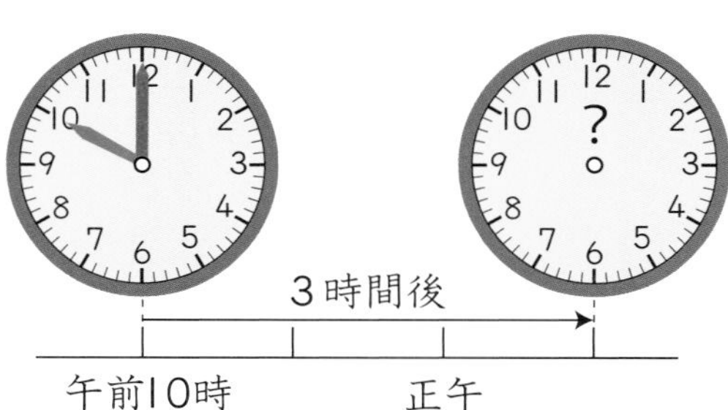

② 午前10時から、3時間後の　時こく。

午前かな、午後かな。

（　　　　　）

1 数の線を　つかって　考えます。
1目もりは　10分を　あらわします。

16 時こくと　時間(2)

教科書　下60～64ページ　答え　25ページ

知識・技能　／70点

1 よく出る　つぎの　時こくや　時間を　もとめましょう。　1つ10点(30点)

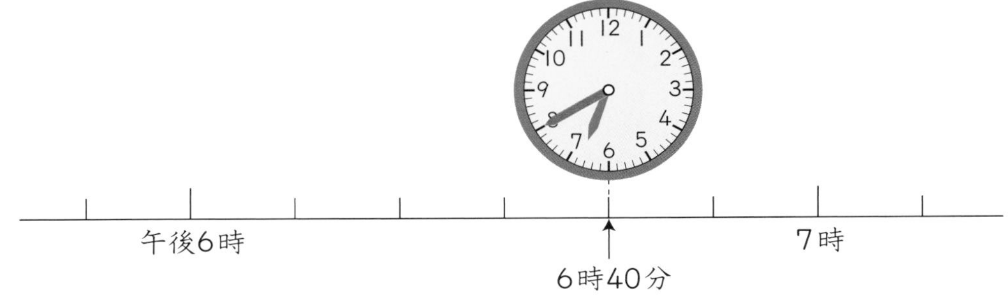

① 午後6時40分から、10分後の　時こく。

(　　　　)

② 午後6時40分から、30分前の　時こく。

(　　　　)

③ 午後6時40分から　午後7時までは、あと　何分間ありますか。

(　　　　)

2 よく出る　つぎの　時こくや　時間を　もとめましょう。　1つ10点(30点)

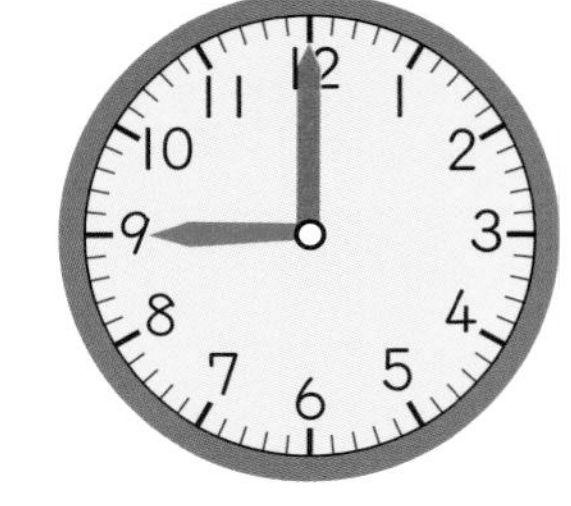

① 午前9時から　2時間後の　時こく。

(　　　　)

② 午前9時から　3時間前の　時こく。

(　　　　)

③ 午前9時から　午前12時までの　時間。

(　　　　)

3 右の　時計(とけい)の　時こくは　午後２時 35 分です。　1つ5点(10点)

① 15 分後の　時こくは、午後何時何分ですか。

(　　　　　　)

② 15 分前の　時こくは、午後何時何分ですか。

(　　　　　　)

思考・判断・表現　／30点

4 ひかりさんは、午後２時から　20 分間　算数(さんすう)の　べんきょうを　しました。その後(あと)　5分間　休けいを　して、国語(こくご)の　べんきょうを　15 分間　しました。　1つ10点(20点)

午後２時　　　午後３時

① 国語の　べんきょうが　おわった　時こくは　何時何分ですか。

(　　　　　　)

② 算数と　国語を　合(あ)わせて　何分間　べんきょうしましたか。

(　　　　　　)

できたらスゴイ!

5 あゆさんは、家(いえ)を　出て　10 分間　歩(ある)いて　スーパーマーケットに　つきました。そこで　30 分間　買(か)いものを　したら、午後４時に　なっていました。

あゆさんが　家を　出た　時こくは　何時何分ですか。　(10点)

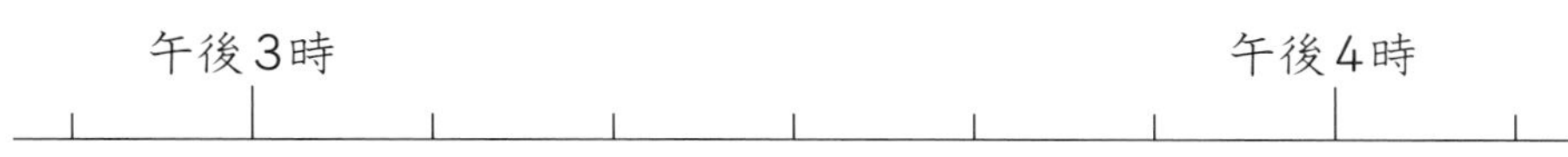

(　　　　　　)

ふりかえり　1が　わからない　ときは、86 ページの　1に　もどって　みよう。

17 10000までの　数
① 1000より　大きい　数の　あらわし方

教科書 下66〜76ページ　答え 26ページ

つぎの　□に　あてはまる　数を　書きましょう。

ねらい　10000までの数を数えたり、しくみがわかるようにしよう。　れんしゅう ①②③④→

10000までの　数

1000を　3こ　あつめた　数を、**三千**と　いいます。

3245（三千二百四十五）の　3の　ところを、**千のくらい**と　いいます。

三千	二百	四十	五
千のくらい	百のくらい	十のくらい	一のくらい
3	2	4	5

1 紙は　ぜんぶで　何まい　ありますか。

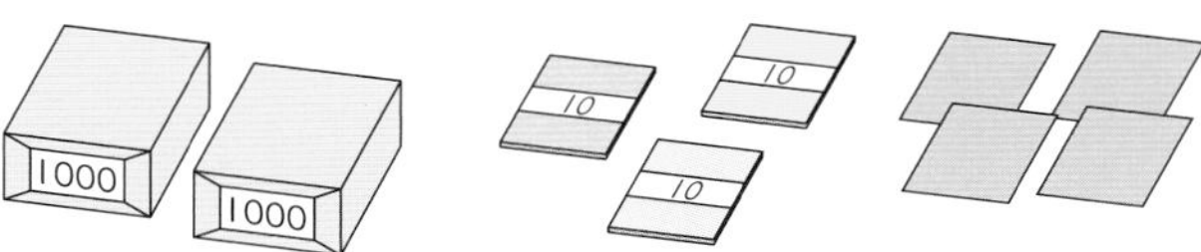

とき方　千のたばが　□2　たばと、

十のたばが　□　たばと、

ばらが　□　まいだから、

千のくらい	百のくらい	十のくらい	一のくらい
2	0		

まい

百のくらいの　数が　ない　ときは、0を　書くよ。

ねらい　10000という数を知り、あらわし方がわかるようにしよう。　れんしゅう ②③→

10000（一万）

1000を　10こ　あつめた　数を、10000と　書き、**一万**と　読みます。

2 紙は　ぜんぶで　何まい　ありますか。

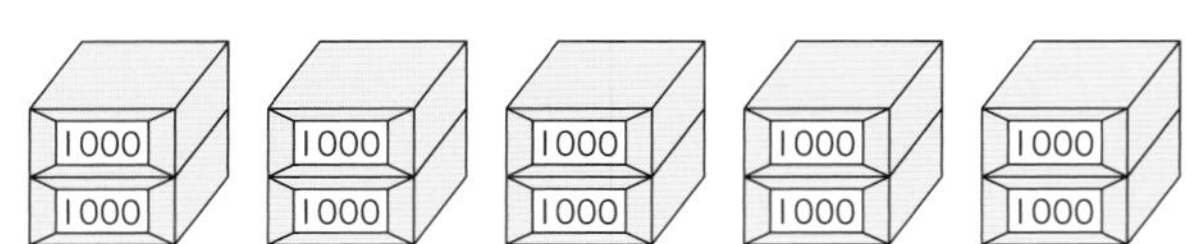

とき方　千のたばが　□　たばで、□　まいです。

がくしゅうび　月　日

★できた　もんだいには、「た」を　かこう！★

① でき　② でき　③ でき　④ でき

教科書 下66～76ページ　答え 26ページ

1 つぎの　①の　数を　読みましょう。
また、②の　数を　数字（すうじ）で　書きましょう。 教科書 70ページ 2・3

① 5470　（　　　）

② 八千六十二　（　　　）

2 つぎの □ に　あてはまる　数を　書きましょう。

教科書 70ページ 4、71ページ 3、73ページ 1

① 1000を　3こと、10を　4こ　合（あ）わせた　数は □ です。

② 9006は、□ を　9こ、□ を　6こ　合わせた　数です。

③ 4300は、100を □ こ　あつめた　数です。

④ 10000より　1000　小さい　数は □ です。

よくみて

3 つぎの □ に　あてはまる　数を　書きましょう。

教科書 74ページ 5

① □ − 5000 − 5500 − □ − 6500

② 9200 − 9400 − □ − 9800 − □

4 どちらの　数が　大きいですか。>か　<を　つかって
あらわしましょう。 教科書 75ページ 4

① 6850 □ 7050

② 2310 □ 2260

6800　6900　7000　7100

2200　2300　2400

ヒント
3 ①は　500ずつ、②は　200ずつ　ふえています。
4 上の　くらいの　数字から　大きさを　くらべていきます。

⑰ 10000までの 数(かず)

教科書 下66～78ページ　答え 26ページ

知識・技能　／80点

1 紙(かみ)は、ぜんぶで 何(なん)まい ありますか。(10点)

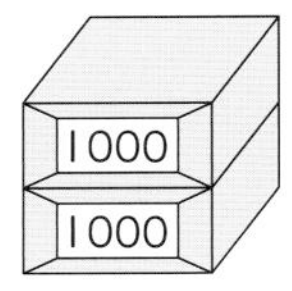
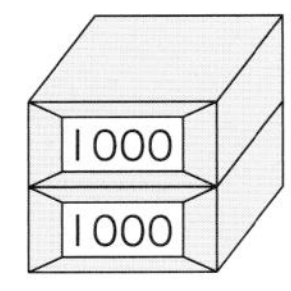
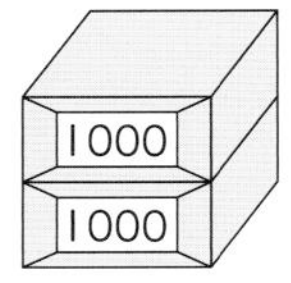
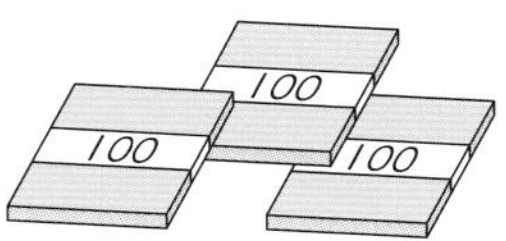
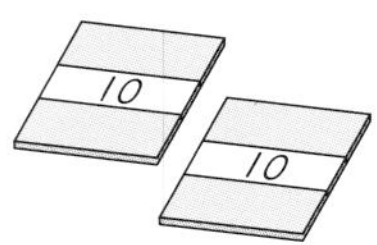

(　　　　)

2 よく出る つぎの 数を 数字(すうじ)で 書(か)きましょう。1つ5点(10点)

① 四千六百八

(　　　　)

② 九千七

(　　　　)

3 よく出る つぎの 数を 書きましょう。1つ5点(20点)

① 1000を 3こと 100を 8こと 1を 5こ 合(あ)わせた 数。

(　　　　)

② 1000を 6こと 1を 2こ 合わせた 数。

(　　　　)

③ 9900より 100 大きい 数。

(　　　　)

④ 6000より 500 小さい 数。

(　　　　)

4 よく出る 4600について、□に　あてはまる　数を　書きましょう。 1つ5点(15点)

① 4000と □ を　合わせた　数です。

② 100を □ こ　あつめた　数です。

③ 4600より　400　大きい　数は □ です。

5 つぎの　□に　あてはまる　>、<を　書きましょう。 1つ5点(10点)

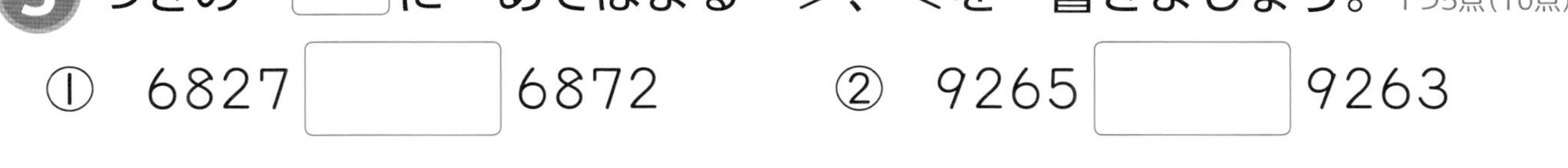

① 6827 □ 6872　　② 9265 □ 9263

6 つぎの　数の線を　見て　答えましょう。 1つ5点(15点)

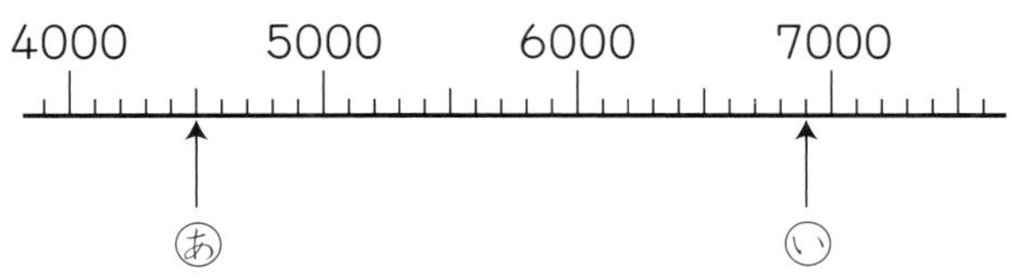

① あ、いの　目もりの　数を　書きましょう。

あ(　　　)　い(　　　)

② あより　700　大きい　数を　書きましょう。

(　　　)

思考・判断・表現　　／20点

できたらスゴイ!

7 右の　4まいの　カードを　ならべて　4けたの　数を　作ります。 1つ10点(20点)

0	2	4	6

① いちばん　大きい　数を　書きましょう。

(　　　)

② いちばん　小さい　数を　書きましょう。

(　　　)

ふりかえり　1が　わからない　ときは、90ページの　1(1)に　もどって　みよう。

ぴったり1
じゅんび
3分でまとめ

長さ(2)

つぎの □ に　あてはまる　数を　書きましょう。

ねらい 長さのたんい「m」を知り、つかえるようにしよう。　れんしゅう 1 2 →

m（メートル）

100 cm を、1 m と　書き、
1 メートルと　いいます。

1 m＝100 cm

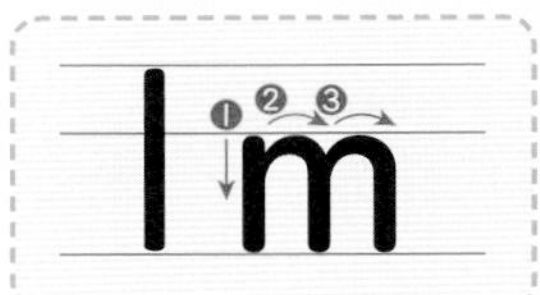
1m

m も　長さの
たんいなんだね。

1 リボンの　長さは、何 m 何 cm ですか。
また、それは　何 cm ですか。

1m　1m　1m　40cm

とき方　1 m が　3つ分と　40 cm で、□ m 40 cm です。
1 m＝□ cm だから、3 m＝□ cm。
300 cm と　40 cm で、□ cm です。

ねらい 長さの計算ができるようにしよう。　れんしゅう 3 →

長さの　計算

長さは、同じ　たんいの　数どうしを　たしたり　ひいたりして、計算することが　できます。

2 2 m 20 cm＋60 cm の　計算を　しましょう。

とき方　20 cm と　60 cm で　□ cm。
2 m と　80 cm で　□ m □ cm。

1 テープの 長さは、何m何cmですか。
また、それは 何cmですか。

教科書 84ページ 1

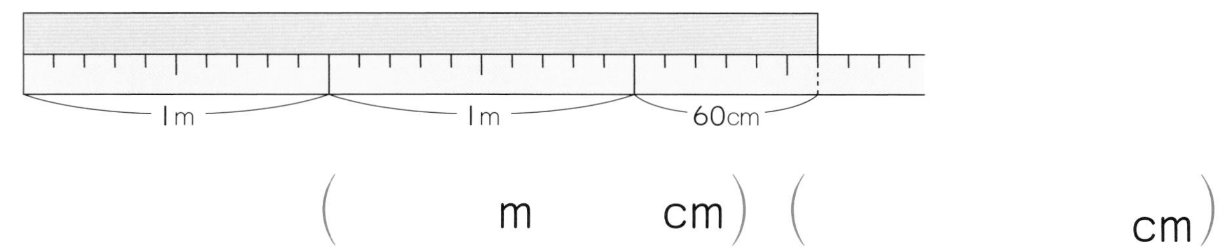

（　　m　　cm）（　　　cm）

2 つぎの □ に あてはまる 数を 書きましょう。

教科書 83～84ページ 1

① 355cm＝□m□cm

！まちがいちゅうい
② 4m9cm＝□cm

3 あ、いの テープが あります。
下の もんだいに 答えましょう。

教科書 86ページ 3

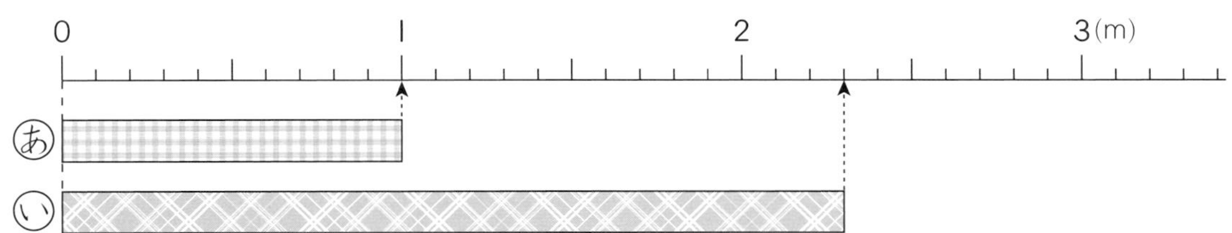

① 2本の テープを 合わせた 長さを もとめましょう。
しき

答え（　　　）

② 2本の テープの 長さの ちがいを もとめましょう。
しき

答え（　　　）

3 はじめに あと いの 長さを もとめましょう。計算は、mは mどうし、cmは cmどうしを たしたり ひいたりします。

ぴったり3 たしかめのテスト

18 長さ(2)

時間 30 分

／100

ごうかく 80 点

教科書 下 82〜88 ページ　答え 27 ページ

知識・技能 ／80点

1 テープの　長さを　しらべましょう。 1つ5点(20点)

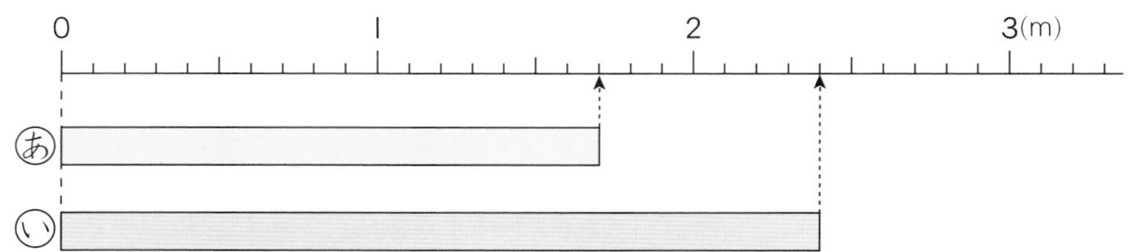

① あ、いの　テープの　長さは、それぞれ　何m何cmですか。

あ(　　　　　　)　い(　　　　　　)

② あ、いの　テープの　長さは、それぞれ　何cmですか。

あ(　　　　　　)　い(　　　　　　)

2 よく出る　つぎの　□に　あてはまる　たんいを　書きましょう。 1つ5点(15点)

① ろうかの　長さ　8 □

② けしゴムの　あつさ　9 □

③ つくえの　高さ　60 □

3 よく出る　長い　じゅんに　ならべましょう。 (5点)

7m 25 cm　　702 cm　　7m 50 cm

(　　　　→　　　　→　　　　)

4 つぎの □ に　あてはまる　数(かず)を　書きましょう。　1つ5点(20点)

① 9m＝□cm　② 3m56cm＝□cm

③ 800cm＝□m　④ 402cm＝□m□cm

5 よく出る　つぎの　長さの　計算(けいさん)を　しましょう。　1つ5点(20点)

① 2m10cm＋4m

② 5m20cm＋1m30cm

③ 7m60cm－40cm

④ 3m80cm－3m20cm

思考・判断・表現　／20点

できたらスゴイ！

6 かずさんは、たんすの　よこの　長さと　高さを　はかりました。
・よこ…1mの　ものさしで　1回(かい)と、あと　40cm。
・高さ…1mの　ものさしで　1回と、30cmの　ものさしで　2回と、あと　20cm。

① よこの　長さと　高さは、それぞれ　何m何cmですか。　1つ5点(10点)

よこ（　　　）　高さ（　　　）

② どちらが　何cm　長いですか。　しき・答え　1つ5点(10点)

しき

答(こた)え（　　　）

ふりかえり　1が　わからない　ときは、94ページの　1に　もどって　みよう。

たし算と ひき算(2)

教科書 下92〜97ページ　答え 28ページ

つぎの □ に あてはまる 数や ことばを 書きましょう。

ねらい 図をつかって、文しょうもんだいが正しくとけるようにしよう。 れんしゅう 1 2→

図の かき方

わからない 数を □に して、ばめんに 合わせた 図を かくと、しきに あらわしやすくなります。

1 バスに おきゃくが 16人 のっていました。
あとから 何人か のってきたので、おきゃくは ぜんぶで 23人に なりました。
あとから のってきたのは、何人ですか。

とき方 ばめんに 合わせて 図を かいていきます。

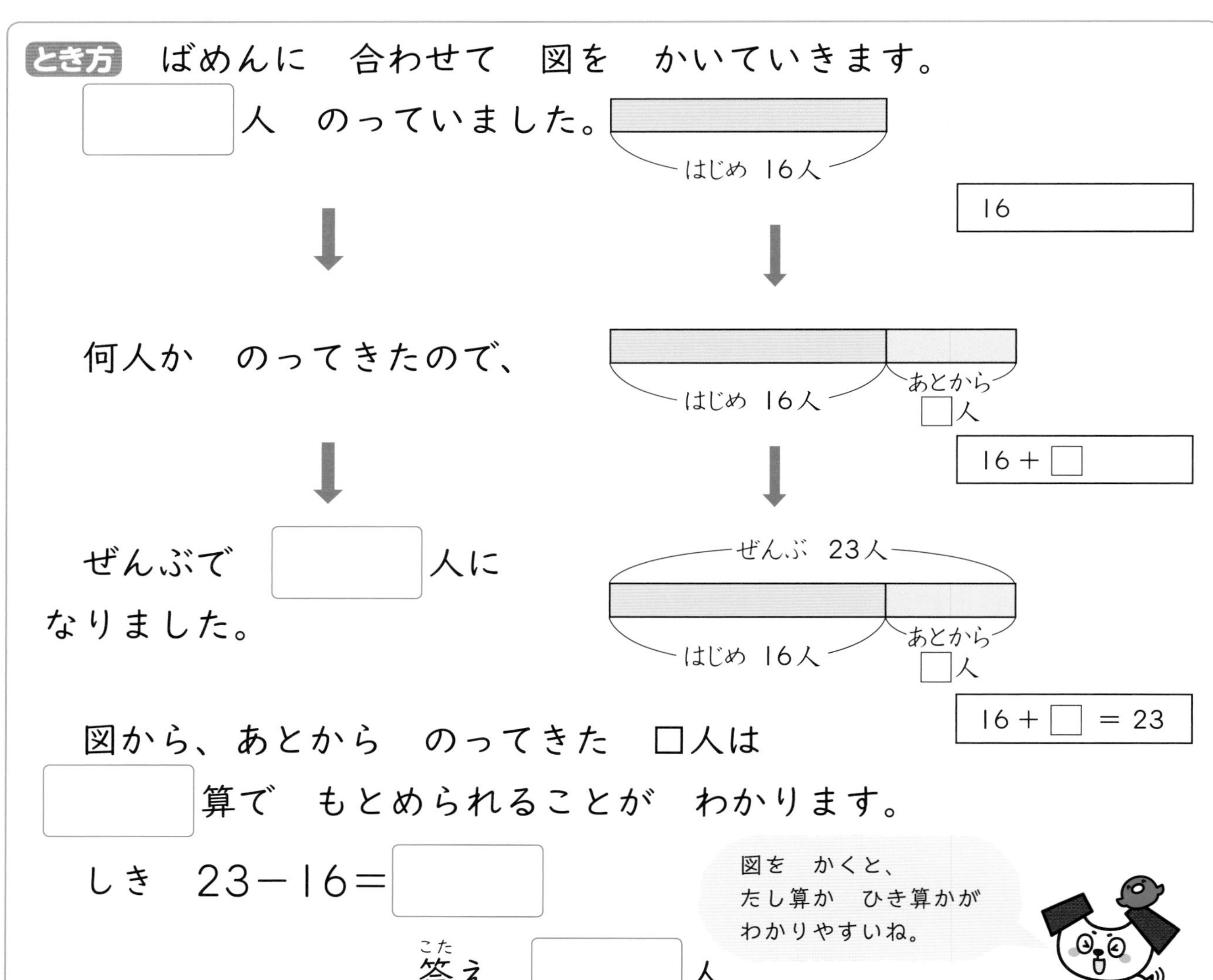

□人 のっていました。
はじめ 16人
16
何人か のってきたので、
はじめ 16人
あとから □人
16＋□
ぜんぶで □人に なりました。
ぜんぶ 23人
はじめ 16人
あとから □人
16＋□ ＝ 23
図から、あとから のってきた □人は □算で もとめられることが わかります。
しき 23－16＝□
答え □人
図を かくと、たし算か ひき算かが わかりやすいね。

★できた　もんだいには、「た」を　かこう！★

①でき　②でき

教科書　下92～97ページ　答え　28ページ

よくよんで

1 ともきさんは、カードを　120まい　もっていました。
弟(おとうと)に　何まいか　あげたので、のこりは　95まいに　なりました。
弟に　あげたのは　何まいですか。

教科書　95ページ2

① つぎの　図の　□に　あてはまる　ことばや　数を　書きましょう。

② 答えを　もとめる　しきと、答えを　書きましょう。

しき

答え（　　　　）

2 あめが　何こか　ありました。あとで　19こ　買(か)ってきたので、
あめは　ぜんぶで　31こに　なりました。
はじめに　あめは　何こ　ありましたか。

教科書　96ページ1

① つぎの　図の　□に　あてはまる　数を　書いて、ぜんぶの　こ数(すう)を　もとめる　しきを　書きましょう。

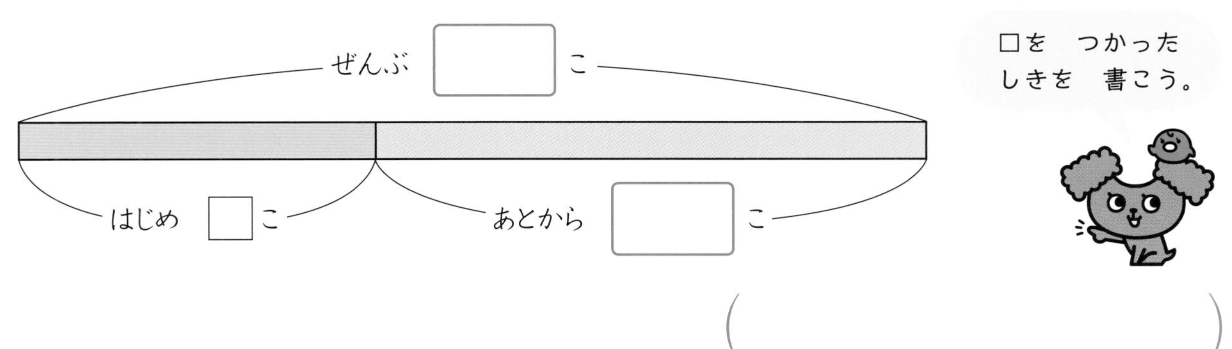

（　　　　）

② 答えを　もとめる　しきと、答えを　書きましょう。

しき

答え（　　　　）

ヒント
1 ばめんに　合わせた　しきは、120−□=95と　なります。
2 ②　答えを　もとめる　しきは、ひき算に　なります。

19 たし算と　ひき算(2)

教科書 下 92～97 ページ　答え 28 ページ

思考・判断・表現　／100点

1 よく出る おり紙が　18 まい　ありました。お姉さんから何まいか　もらったので、ぜんぶで　33 まいに　なりました。
お姉さんに　もらったのは　何まいですか。

① ばめんに　合わせて　図を　かきました。図の　□　に　あてはまる　数を　書きましょう。　1つ5点(10点)

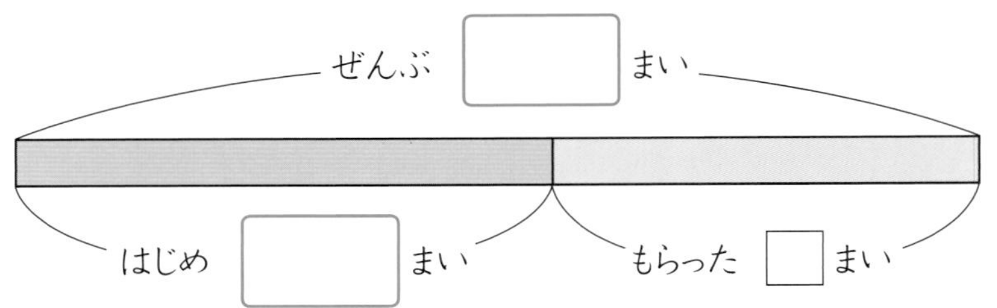

② 答えを　もとめる　しきと、答えを　書きましょう。　しき・答え　1つ5点(10点)

しき

答え（　　　　）

2 バスに　おきゃくが　何人か　のっていました。ていりゅうじょで　4人　おりました。のこりは　19 人に　なりました。
はじめに、何人　のっていましたか。

① つぎの　図の　□　に　あてはまる　ことばを　書きましょう。　1つ5点(15点)

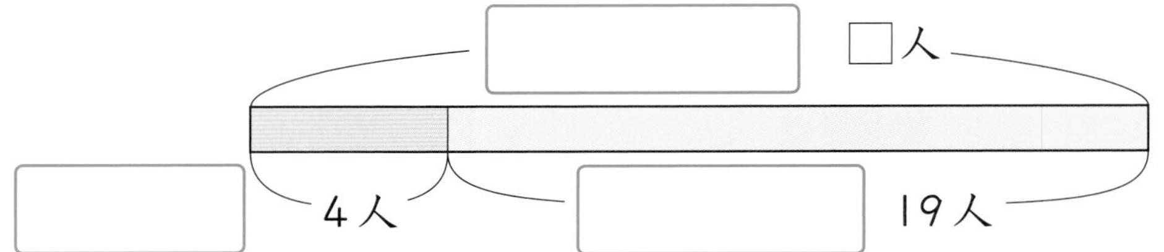

② 答えを　もとめる　しきと、答えを　書きましょう。　しき・答え　1つ5点(10点)

しき

答え（　　　　）

3 よく出る 公園(こうえん)で　子どもが　28 人　あそんでいました。あとから　何人か　きたので、子どもは　ぜんぶで　41 人に　なりました。
あとから　何人　きましたか。

① 図を　かきましょう。　1つ5点(15点)

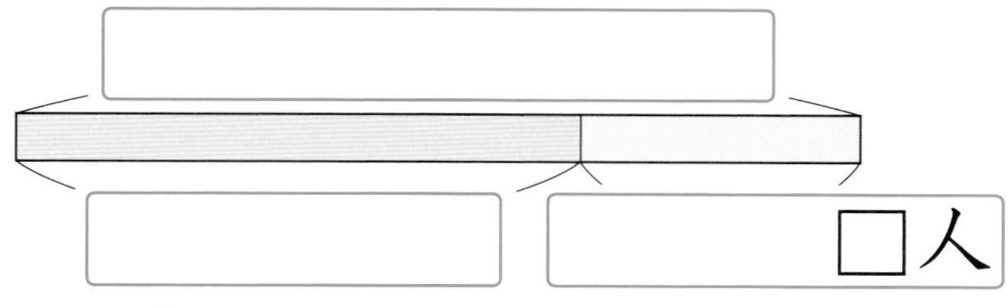

② ぜんぶの　人数(にんずう)を　もとめる　しきを　書きましょう。　(10点)

(　　　　　　　　)

③ 答えを　もとめる　しきと、答えを　書きましょう。
しき・答え　1つ5点(10点)

しき

答え (　　　　　)

できたらスゴイ!

4 つぎの　図を　見て、もんだいの　つづきを　作(つく)りましょう。
また、作った　もんだいを　ときましょう。
もんだい(10点)　しき・答え　1つ5点(10点)

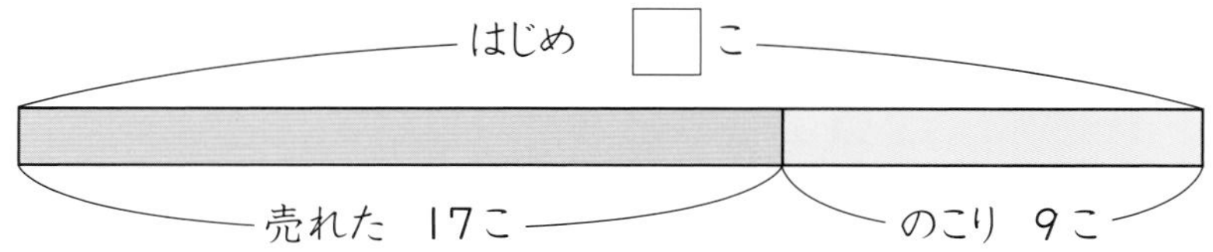

〔もんだい〕 あんぱんを　売(う)っています。
17 こ　売れたので、

しき

答え (　　　　　)

ふりかえり 1が　わからない　ときは、98 ページの　1に　もどって　みよう。

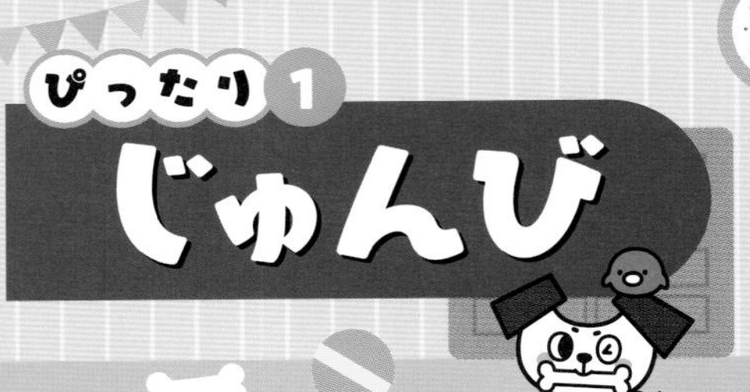

しりょうの　せいり

がくしゅうび　月　日

教科書　下 98〜100 ページ　答え　29 ページ

つぎの □ に　あてはまる　数や　ことばを　書きましょう。

ねらい　しりょうを見やすくせいりできるようにしよう。

しりょうの　せいり

しりょうは、ひょうに　せいりしたり　グラフに　まとめたりすると　わかりやすくなります。

1 みかさんの　組の　ぜんいんに　ニンジン、ナス、ゴボウ、ピーマンの　中で、きらいな　やさいを　聞いたところ、つぎのように　なりました。

ニンジン
男子	女子
けんと	かず
しょう	よしみ
	ゆう
	ひろみ
	あきな

ナス
男子	女子
まさき	
ひろと	
だい	
よう	

ゴボウ
男子	女子
りく	あおい
たかお	なつ
ゆうと	あやか

ピーマン
男子	女子
だいち	みか
あきら	ゆみ
かい	さち
ふく	あかり

(1) それぞれの　人数を、ひょうに　せいりします。
ニンジンは　男子が　2人、女子が　5人だから
合わせて □ 人です。

男子と　女子の
人数を　たして
もとめるよ。

きらいな　やさい

しゅるい	ニンジン	ナス	ゴボウ	ピーマン
人数(人)	7		6	

(2) きらいな　人数が　いちばん　多かった　やさいは、
(1)の　ひょうから □ で、□ 人です。

⑶　それぞれの　人数を、○を　つかって、人数が多い　じゅんに　左から　グラフに　あらわしましょう。

きらいな　やさい

ピーマン			

はってん

⑷　しらべたことを　さらに、男子と　女子に　分(わ)けて、下の　ひょうと　グラフに　まとめましょう。

きらいな　やさい(男子)

しゅるい	ニンジン	ナス	ゴボウ	ピーマン
人数(人)	2			

きらいな　やさい(女子)

しゅるい	ニンジン	ナス	ゴボウ	ピーマン
人数(人)	5			

きらいな　やさい

男子	女子	男子	女子	男子	女子	男子	女子
ニンジン		ナス		ゴボウ		ピーマン	

きらいな　人数が　男子も　女子も　同(おな)じ　やさいは

［　　　　］と［　　　　］です。

はこの 形

教科書 下101～106ページ　答え 29ページ

つぎの □ に あてはまる 数(かず)を 書(か)きましょう。

ねらい はこの形のしくみがわかるようにしよう。　れんしゅう 1 2 3 →

はこの 形

はこの 形で、たいらな ところを 面(めん)と いいます。面の 形は 長方形(ちょうほうけい)や 正方形(せいほうけい)で、面の 数は 6つです。

ひごと ねん土玉で はこの 形を 作(つく)ったとき、ひごの ところを **へん**と いい、ねん土玉の ところを **ちょう点(てん)**と いいます。

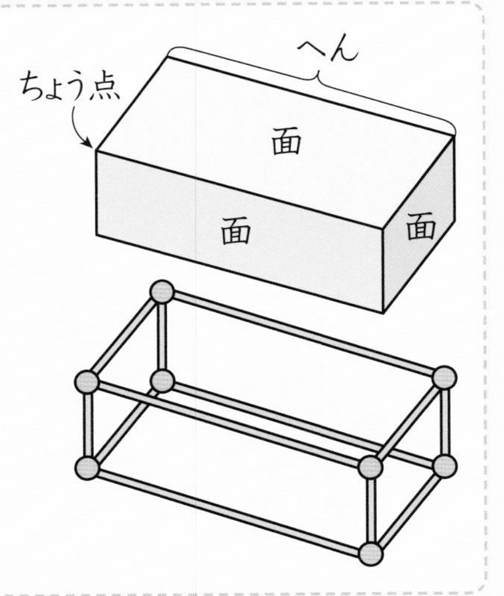

1 はこの 形に ついて しらべましょう。

(1) 面は いくつ ありますか。

(2) へんは 何本(なんぼん) ありますか。ちょう点は 何こ ありますか。

とき方 (1) 面を うつしてみます。

長方形の 面が [6] つ あります。

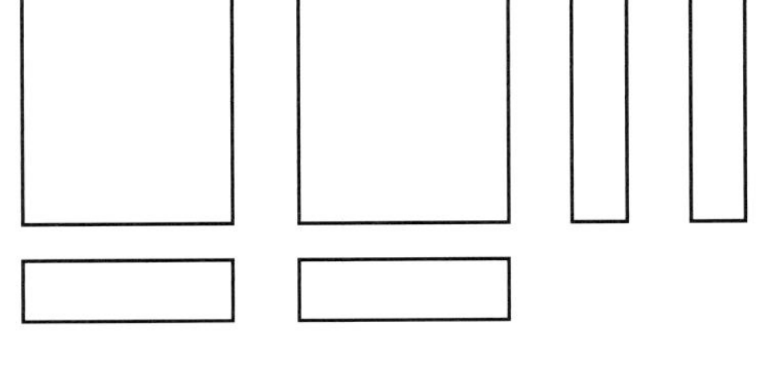

(2) ひごと ねん土玉で はこを 作ってみます。

ひごが 12本 いるので、へんは [　] 本です。

ねん土玉が 8こ いるので、ちょう点は [　] こです。

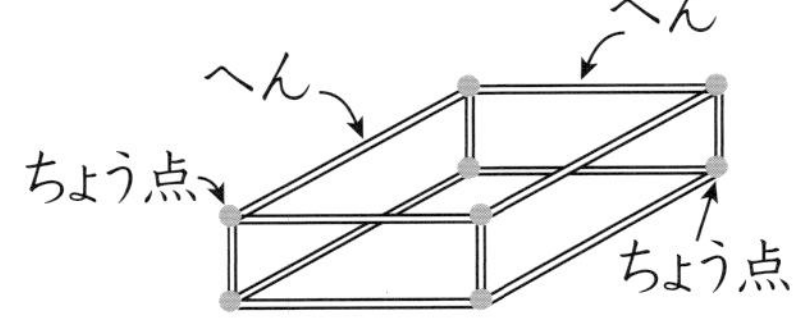

どんな 形の はこでも 面は 6つ、へんは 12本、ちょう点は 8こだよ。

がくしゅうび　月　日

★できた　もんだいには、「た」を　かこう！★

できた ① できた ② できた ③

教科書 下101～106ページ　答え 29ページ

1 はこの　形について　答(こた)えましょう。

教科書 102ページ1、106ページ4

① ㋐を　何と　いいますか。

(　　　)

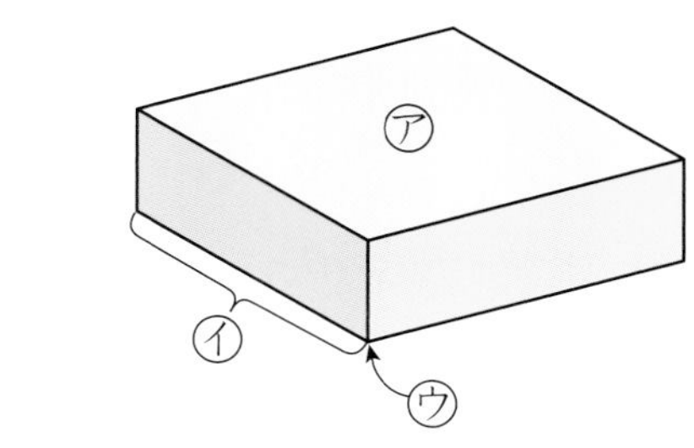

② ㋑を　何と　いいますか。

(　　　)

③ ㋒を　何と　いいますか。

(　　　)

2 はこの　形について　答えましょう。

教科書 102ページ1、106ページ4

よくみて

① 面の　形は、何という　四角形(しかくけい)ですか。

(　　　)

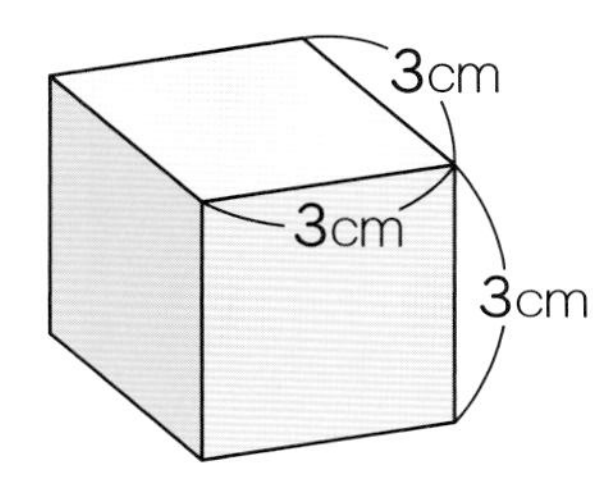

② 面は　いくつ　ありますか。

(　　　)

③ へんは　何本　ありますか。

(　　　)

さいころの　形を
しているね。

④ ちょう点は　何こ　ありますか。

(　　　)

3 右の　形を　ひごと　ねん土玉で　作ります。

教科書 106ページ4

① 8cmの　ひごは　何本　いりますか。

(　　　)

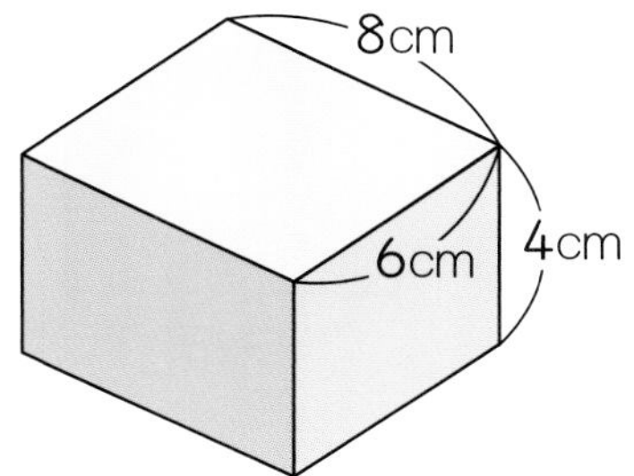

② 6cmの　ひごは　何本　いりますか。

(　　　)

③ ねん土玉は　何こ　いりますか。

(　　　)

ヒント
2 ②～④　見えない　ところが　どうなっているか　考(かんが)えます。
3 ①～③　ひごは　へん、ねん土玉は　ちょう点に　なります。

知識・技能 ／80点

1 よく出る 右の はこを ひらいた 図を 組み立てます。
あ～うの どの はこが できますか。（10点）

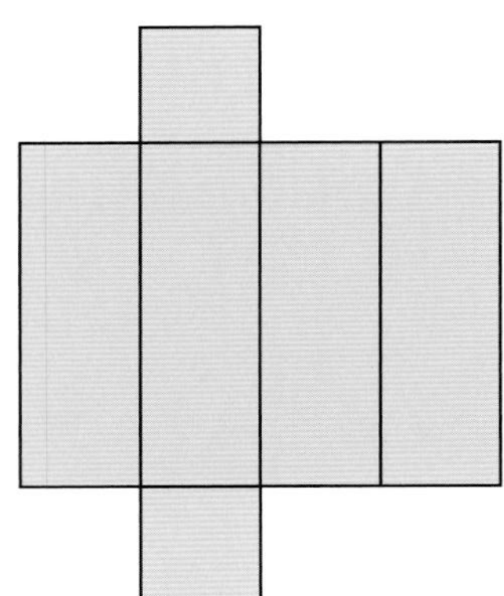

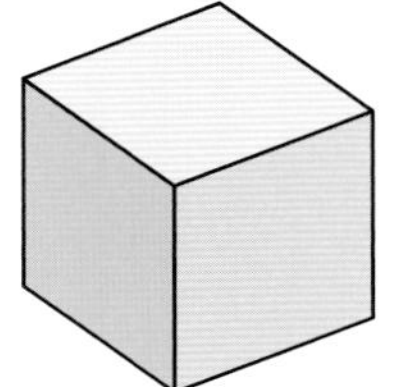

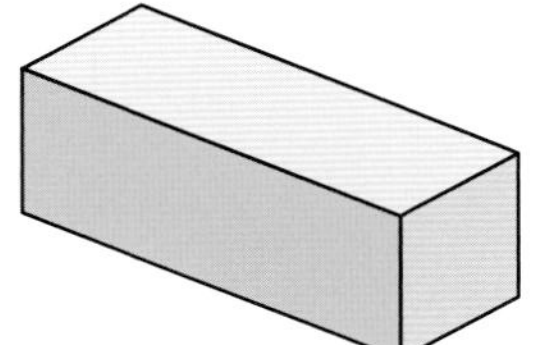

う
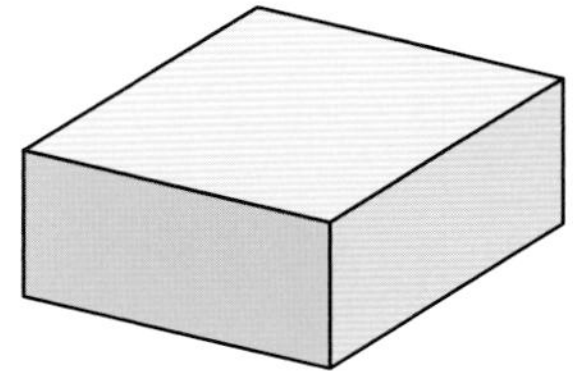

（　　　　）

2 よく出る 右の はこの 形には、あ、い、うの 面が それぞれ いくつ ありますか。1つ10点（30点）

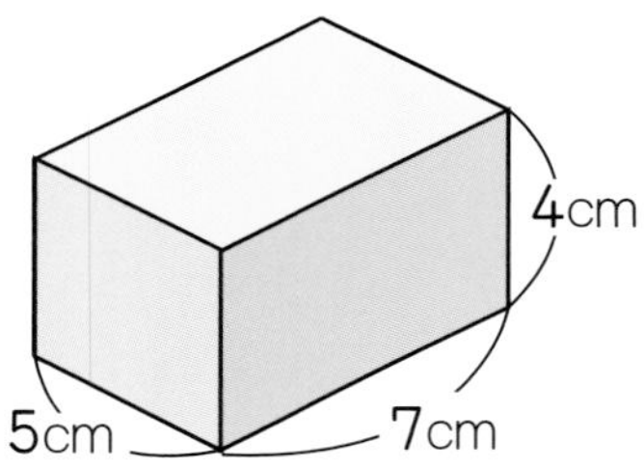

あ
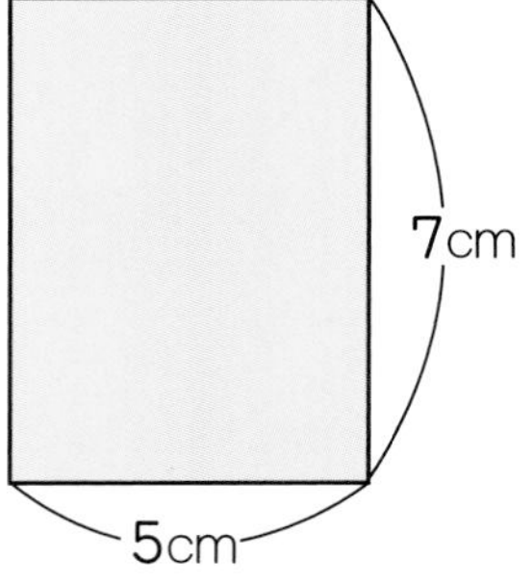

い
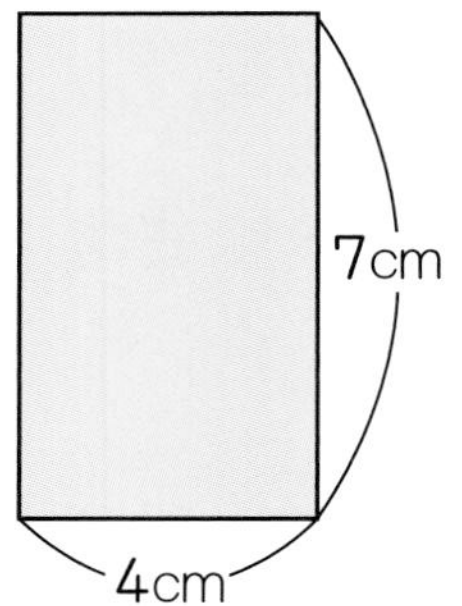

う
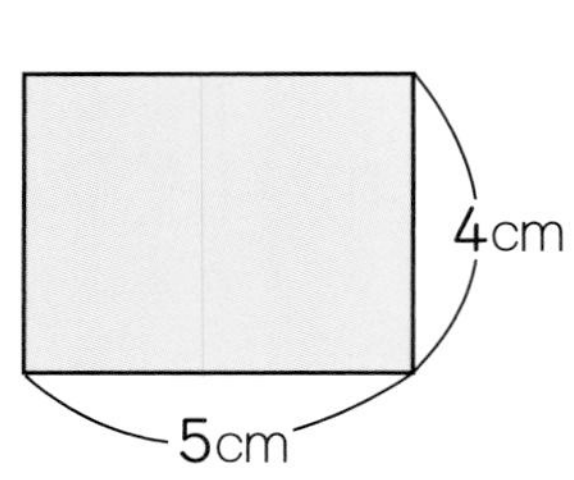

（　　　　）　（　　　　）　（　　　　）

3 右のような　はこの　形を、ひごと　ねん土玉で　作(つく)ります。

1つ10点(40点)

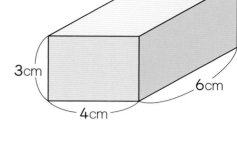

① 何(なん)cmの　ひごが　何本　いりますか。

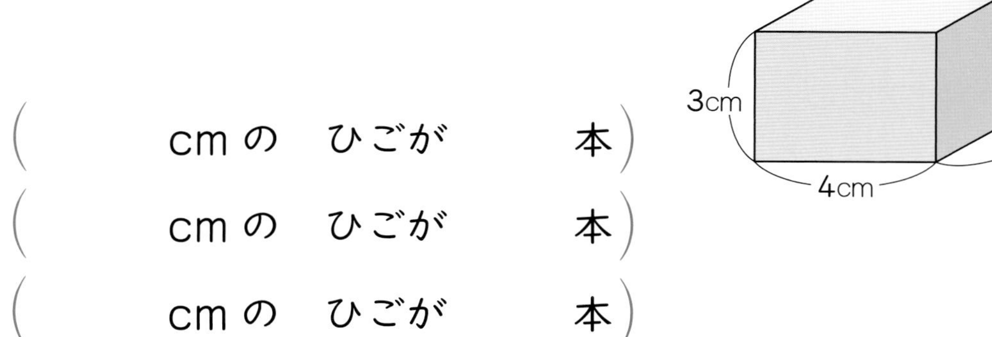

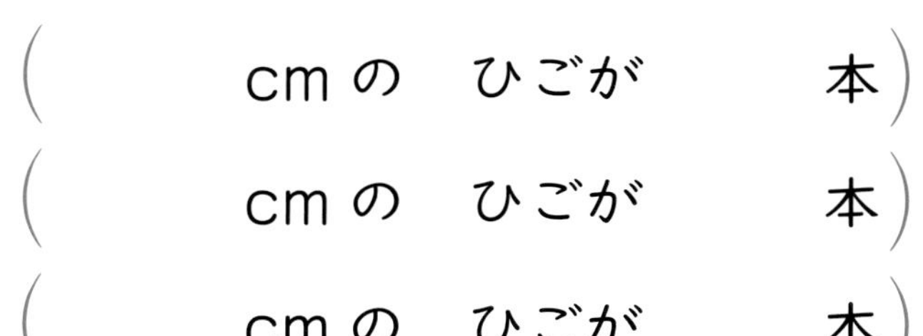

(　　　cmの　ひごが　　　本)

(　　　cmの　ひごが　　　本)

(　　　cmの　ひごが　　　本)

② ねん土玉は　何こ　いりますか。

(　　　　　)

この 本の おわりに ある 「春の チャレンジテスト」を やって みよう！

思考・判断・表現　　／20点

できたらスゴイ！

4 はこを　作ります。
つぎの　図に　ひつような　面を　かきたしましょう。　(20点)

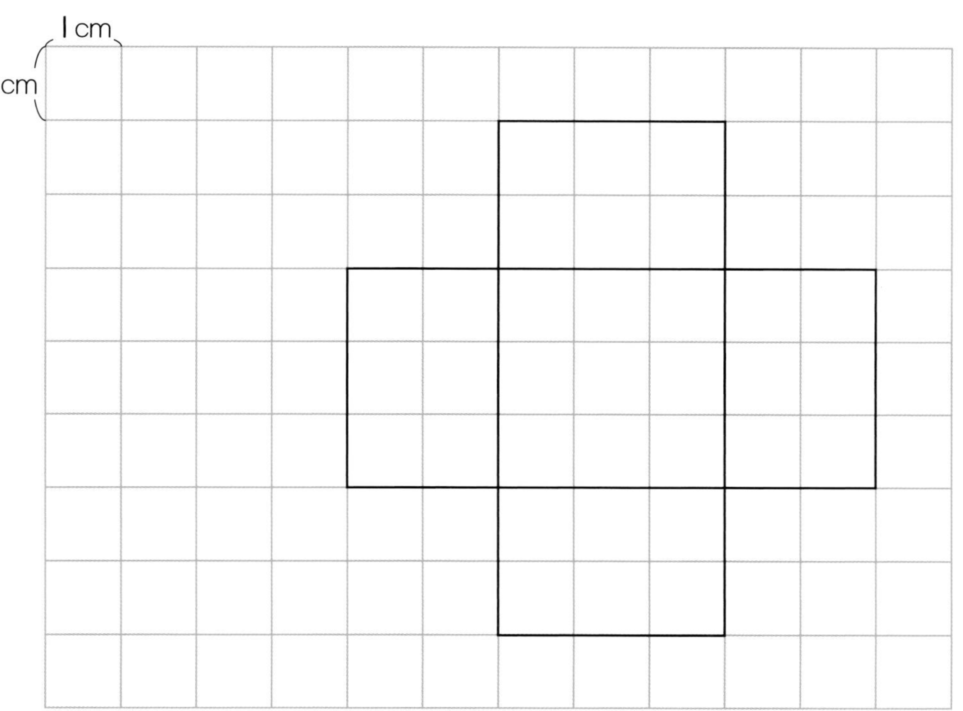

ふりかえり　2が　わからない　ときは、104ページの　1に　もどって　みよう。

22 2年の　まとめ
数と　計算①

時間 20分　/100　ごうかく 80点

教科書 下110〜111ページ　答え 30ページ

1 1、2、3、4、5、6、7の数を　1つずつ　つかって、まるの　中の　4つの　数の　合計(ごうけい)が、①は14、②は16、③は18に　なるように　□に　数を　入れましょう。 1つ3点(30点)

① 14

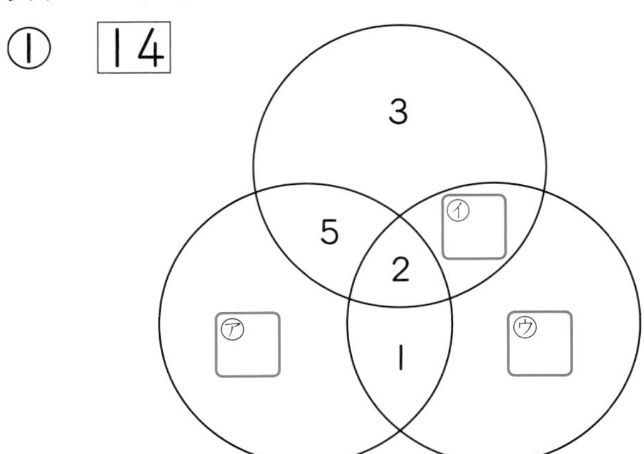

② 16

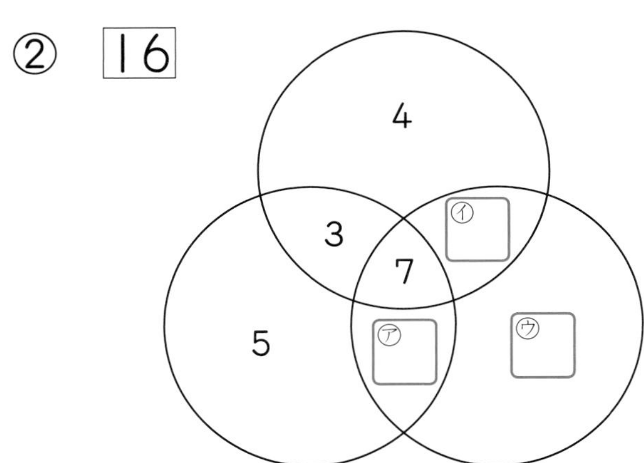

③ 18

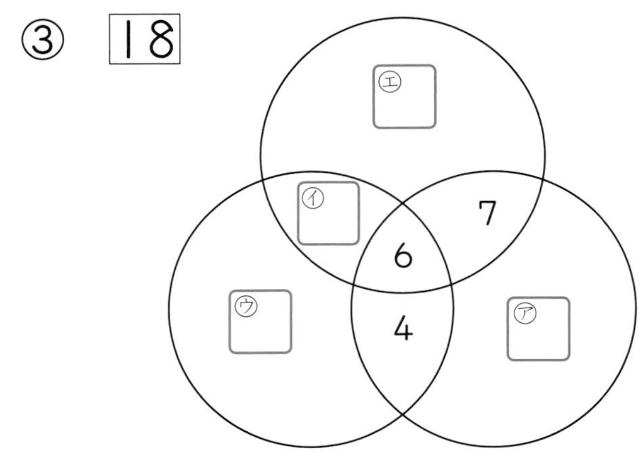

2 1、4、5、9の　4まいの　カードを　ならべて、4けたの　数を　作(つく)りましょう。 1つ10点(40点)

① いちばん　大きい　数。

(　　　　)

② いちばん　小さい　数。

(　　　　)

③ 2番目(ばんめ)に　大きい　数。

(　　　　)

④ 3番目に　小さい　数。

(　　　　)

3 つぎの　□に　あてはまる　数を　書(か)きましょう。 1つ5点(30点)

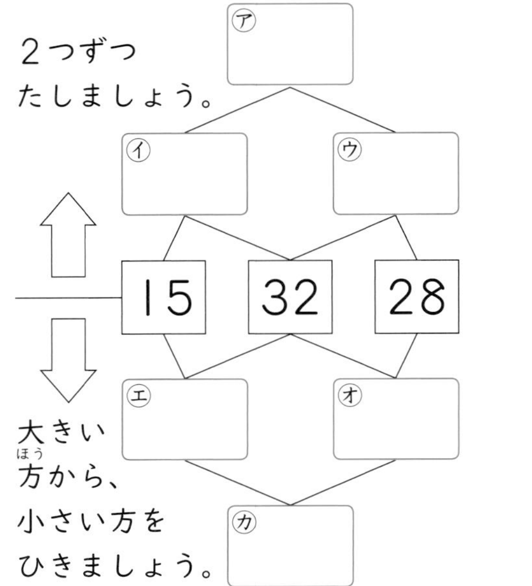

22 2年の まとめ

数と 計算②

がくしゅうび 月 日

教科書 下111～112ページ　答え 31ページ

1 かけ算九九を 4つ 書き、答えの 数字が ぜんぶ ちがうように しましょう。

1もん5点(60点)

① □×□＝18
② □×□＝35
③ □×□＝49
④ □×□＝□□

⑤ □×□＝45
⑥ □×□＝27
⑦ □×□＝81
⑧ □×□＝□□

⑨ □×□＝63
⑩ □×□＝25
⑪ □×□＝18
⑫ □×□＝□□

2 点線の 上に 線を 引いて 四角形に 分けます。数字は ますの 数です。
れいを 見ながら、四角形に 分けましょう。

1つ20点(40点)

(れい)

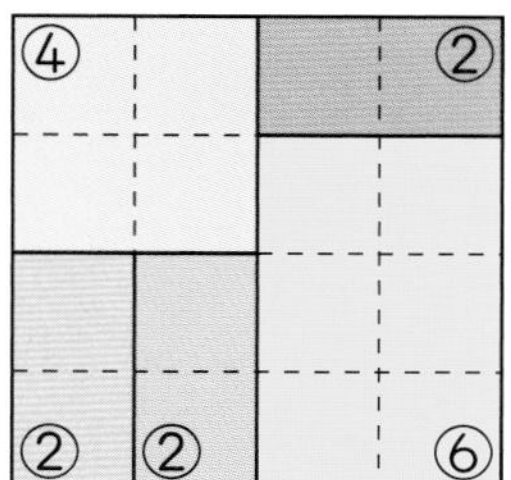

①

②

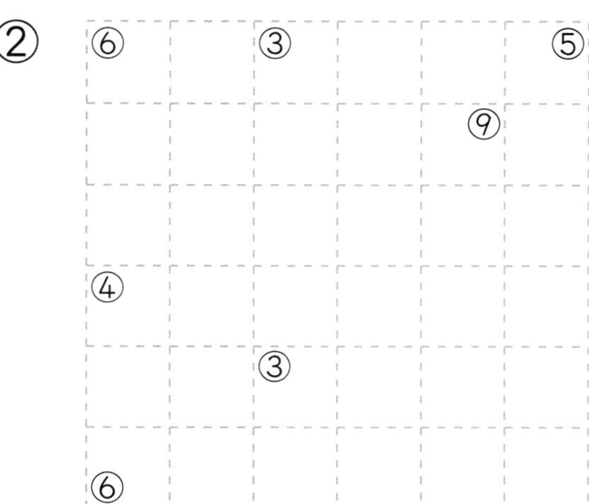

22 2年の まとめ 図形

がくしゅうび　月　日

時間 20分　/100　ごうかく 80点

教科書 下113ページ　答え 31ページ

1 三角形には △、四角形には □、どちらでも ないものには ×を かきましょう。 1つ10点(40点)

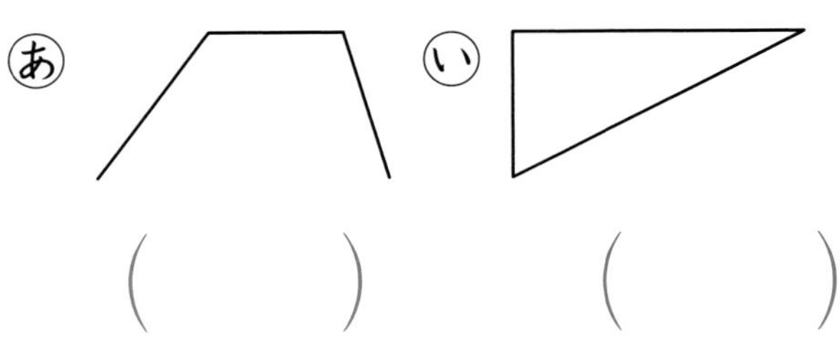

(　　) (　　)

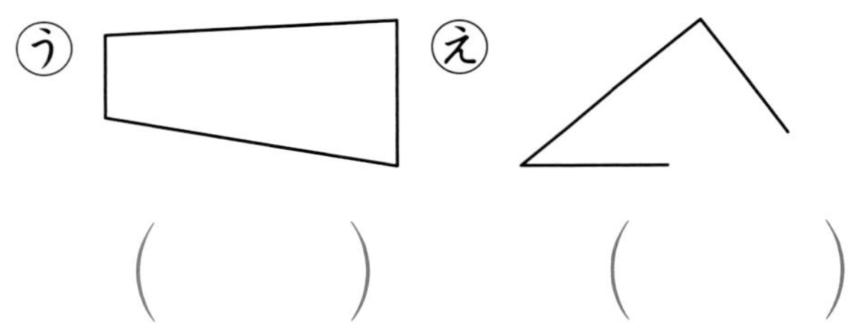

(　　) (　　)

2 点を 直線で つないで 三角形と 四角形を かきましょう。 1つ10点(20点)

① 三角形

② 四角形

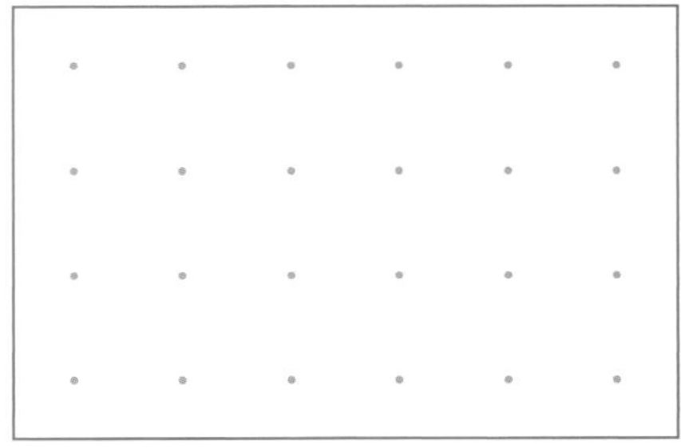

3 つぎの 形を かきましょう。 1つ10点(20点)

① へんの 長さが 2cm と 4cm の 長方形。

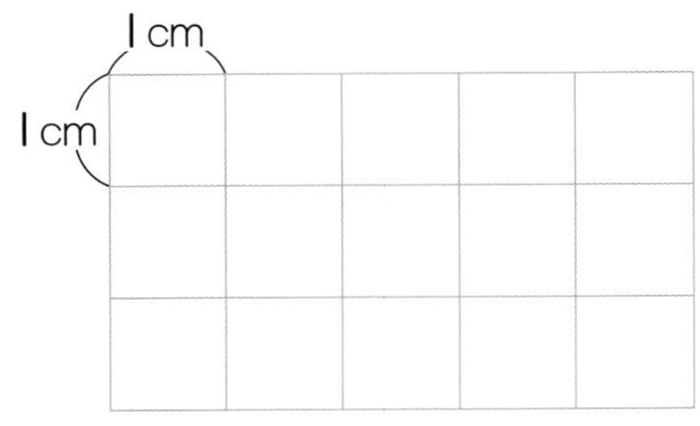

② 1つの へんの 長さが 3cm の 正方形。

4 つぎの はこの 形に、面、へん、ちょう点は それぞれ いくつ ありますか。また、あの 長さは 何cmですか。 1つ5点(20点)

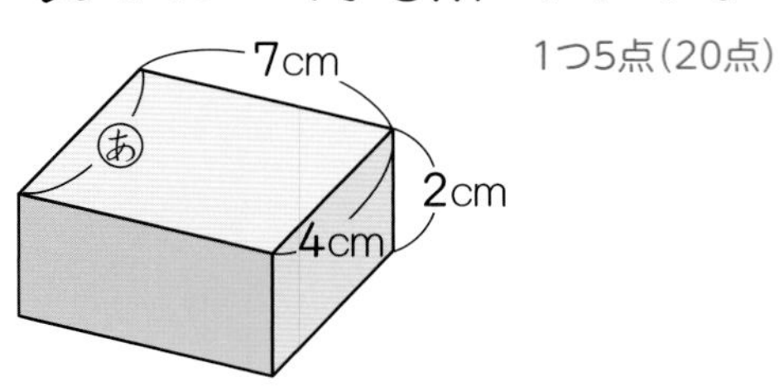

面(　　つ) へん(　　本)

ちょう点(　　こ)

あ(　　)

がくしゅうび　月　日

22 2年の　まとめ

長さ・かさ・時こくと　時間

時間 20 分　/100　ごうかく 80 点

教科書　下113ページ　答え　32ページ

1 つぎの　直線の　長さは　何cm何mmですか。また、何mmですか。　1もん10点(20点)

・(　　　)cm(　　　)mm
・(　　　)mm

2 つぎの □ に　あてはまる　数を　書きましょう。　1もん5点(10点)

① 3m 26cm＝□cm

② 508cm＝□m□cm

3 2m 40cmの　ロープと　1m 40cmの　ロープが　あります。合わせた　長さを　もとめましょう。
しき・答え　1つ5点(10点)

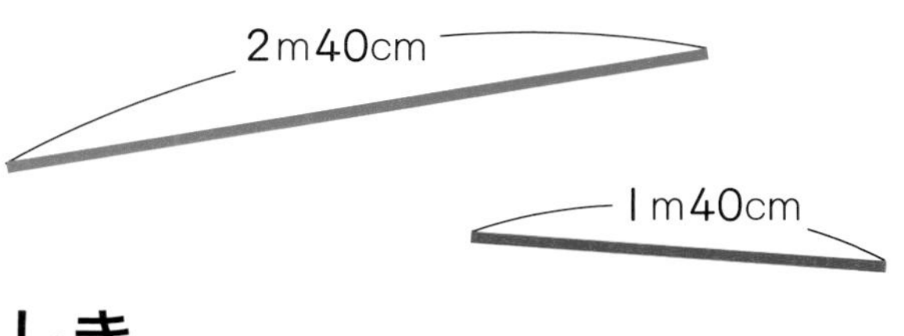

しき

答え(　　　)

4 水の　かさは　何L何dLですか。また、何dLですか。　1もん10点(20点)

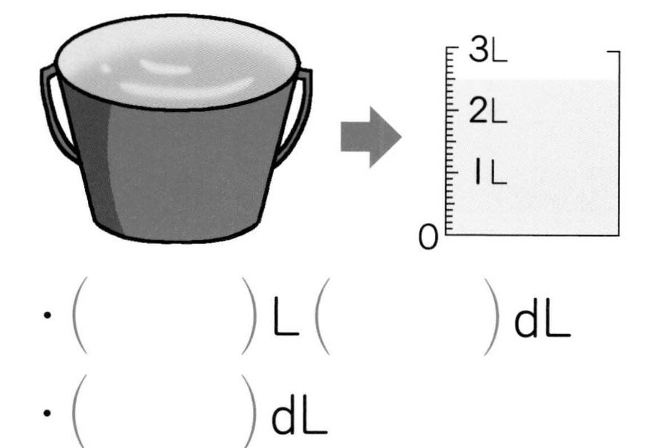

・(　　　)L(　　　)dL
・(　　　)dL

5 つぎの　計算を　しましょう。　1つ10点(20点)

① 5L2dL＋3L7dL

② 4L1dL－1dL

6 つぎの　時こくを　もとめましょう。　1つ10点(20点)

① 午前9時から、2時間後の　時こく。

(　　　)

② 午前9時から、15分前の　時こく。

(　　　)

すじ道を　立てて　考えよう

プログラミングの　プ

プログラミング

教科書　下114～115ページ　答え　32ページ

ひとふでがきとは、えんぴつなどの　先を、紙から　はなさないようにして、線で　図を　かくことです。ただし、同じ点は　何回　通っても　よいですが、1回　かいた　線の　上を　通っては　いけません。

つぎの　図を　アの点から　出ぱつし、ひとふでがきで　かくと、たとえば

ア→イ→ウ→エ→オ→ア→エ

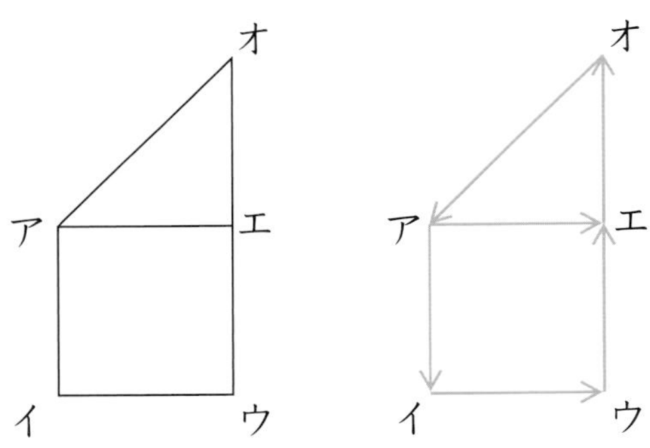

のように　なります。

1 上の　図を　アの点から　出ぱつし、上とは　ちがう　ひとふでがきで　かきました。つぎの　□に　あてはまる　文字を　書きましょう。

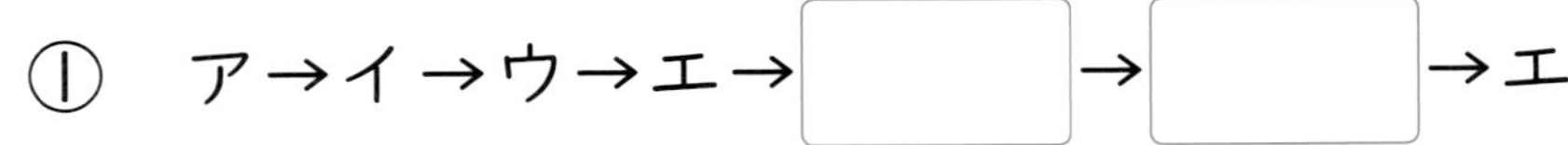

① ア→イ→ウ→エ→□→□→エ

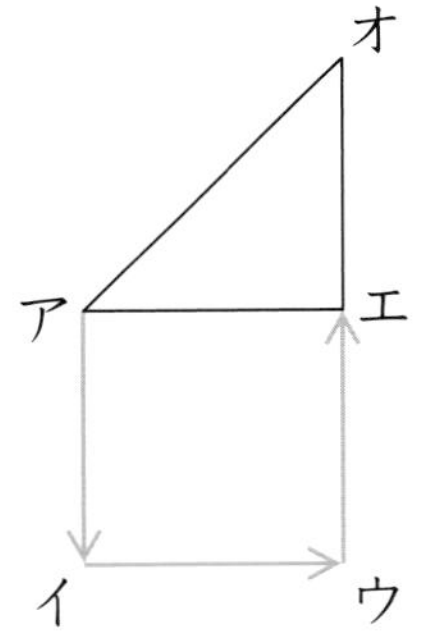

② ア→オ→エ→□→イ→□→エ

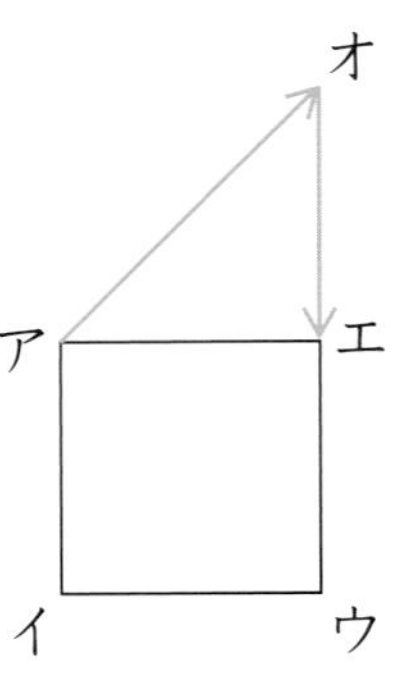

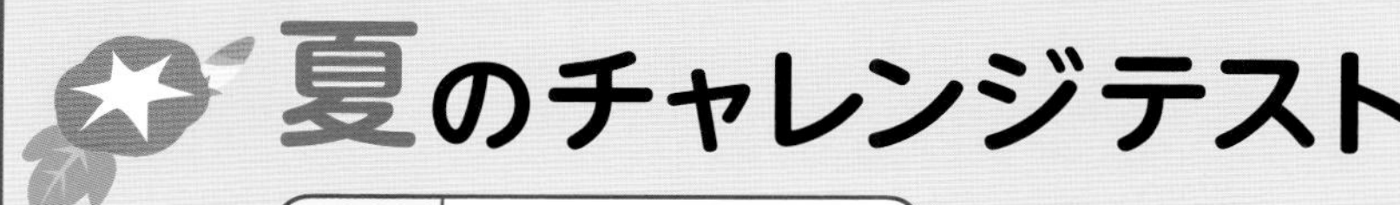

月　日

名前

こうかく80点

／100

答え33〜34ページ

知識・技能 ／88点

1 つぎの 数(かず)を 数字(すうじ)で 書(か)きましょう。 1つ4点(12点)

① 六百二十八

（　　　）

② 100を 4こ、10を 7こ、1を 5こ 合(あ)わせた 数。

（　　　）

③ 10を 92こ あつめた 数。

（　　　）

2 ↑の ところの 数を 書きましょう。 1つ3点(6点)

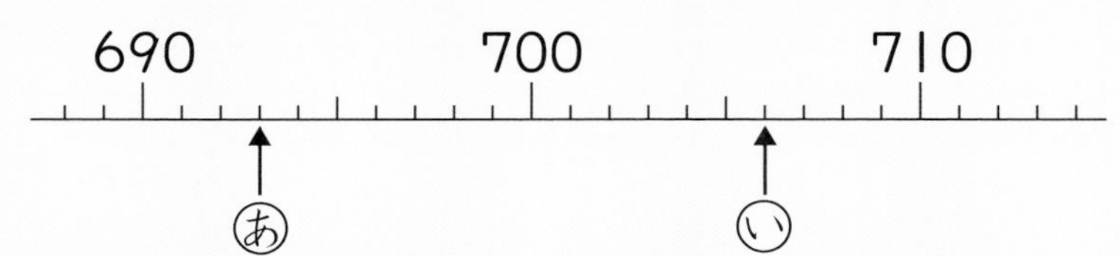

あ（　　　） い（　　　）

3 つぎの □に あてはまる ＞か ＜を 書きましょう。 1つ3点(6点)

① 273 □ 237

② 594 □ 596

4 つぎの 計算(けいさん)を ひっ算で しましょう。 1つ3点(18点)

① 31＋44　② 85＋97

③ 726＋9　④ 87−62

⑤ 126−58　⑥ 485−29

5 17人の すきな くだものを しらべて、ひょうに 書きました。 ①1つ1点 ②2点(6点)

すきな くだもの

くだもの	イチゴ	リンゴ	バナナ	ミカン
人数(にんずう)(人)	7	2	5	3

① 人数を、○を つかって、グラフに あらわしましょう。

すきな くだもの

② リンゴと バナナが すきな 人数の ちがいは 何(なん)人ですか。

（　　　）

うらにも もんだいが あります。

6 つぎの □ に あてはまる 数を 書きましょう。

1つ3点(12点)

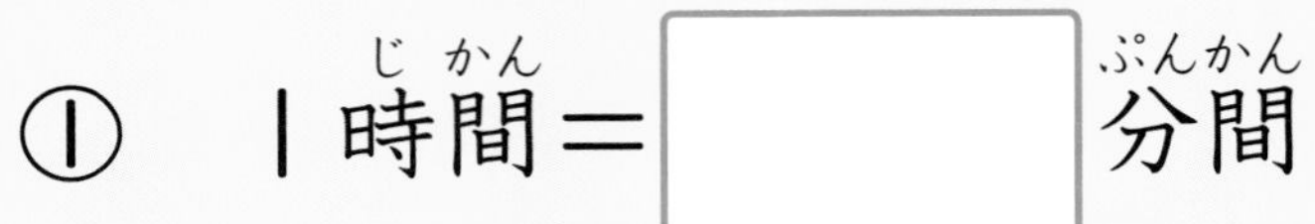

① 1時間(じかん)＝□分間(ふんかん)

② 1日＝□時間

③ 午前(ごぜん)は □時間 あります。

④ 午後(ごご)0時の ことを
午前 □時とも いいます。

7 時計(とけい)を 見て 答(こた)えましょう。

1つ4点(12点)

① あの 時こくは 何時何分ですか。

(　　　　　)

② あの 時こくから いの 時こく
までの 時間は、何分間ですか。

(　　　　　)

③ いの 時こくから うの 時こく
までの 時間は、何時間ですか。

(　　　　　)

8 つぎの □ に あてはまる 数を 書きましょう。

1つ4点(16点)

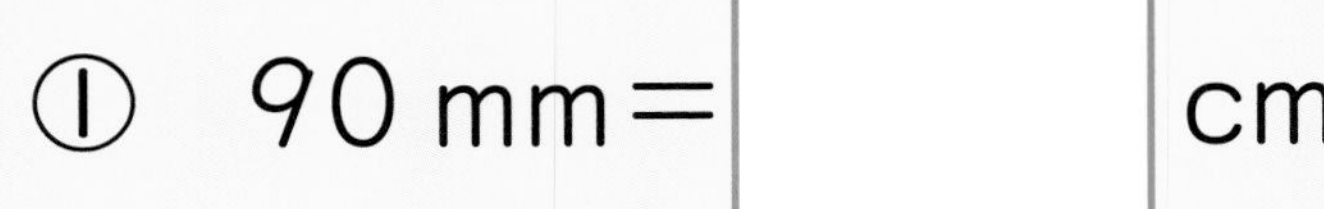

① 90 mm＝□cm

② 2cm8mm＝□mm

③ 5cm4mm＋6cm
＝□cm□mm

④ 4cm3mm－1cm6mm
＝□cm□mm

思考・判断・表現　／12点

9 まみさんは ビーズを 43こ もっています。ゆきさんは、まみさんより 15こ 少(すく)ないと いっています。

ゆきさんは 何こ もっていますか。

① 下の 図(ず)の □ に あてはまる 数を 書きましょう。

1つ3点(6点)

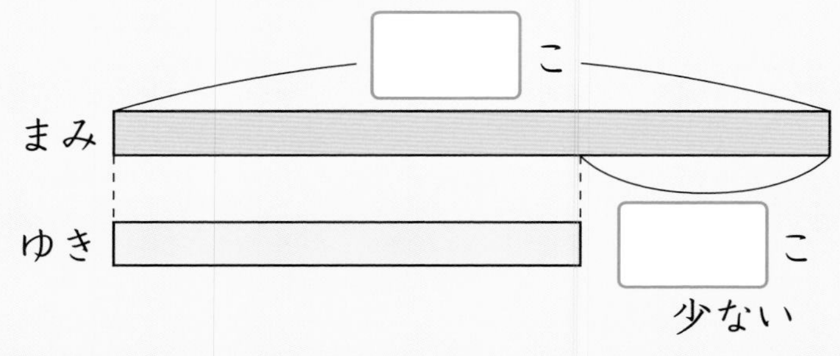

② しきと 答えを 書きましょう。

しき・答え 1つ3点(6点)

しき

答え (　　　　　)

(切り取り線)

冬のチャレンジテスト

教科書 上122～下56ページ

月　日
名前

時間 40分

ごうかく80点 ／100

答え35～36ページ

知識・技能 ／90点

1 水の　かさは　どれだけですか。 1つ3点(6点)

① 

(　　　)

② 

(　　　)

2 つぎの □ に　あてはまる　数(かず)を　書(か)きましょう。 1つ3点(9点)

① 8L＝□dL

② 56dL＝□L□dL

③ 300mL＝□dL

3 つぎの　かけ算(ざん)を　しましょう。 1つ3点(18点)

① 4×9　　② 5×7

③ 7×3　　④ 8×8

⑤ 9×6　　⑥ 6×7

4 つぎの □ に　あてはまる　数を　書きましょう。 1つ4点(12点)

① 9×8の　答(こた)えは、9×7の　答えより □ 大きい。

② 8×7の　答えは、8×□の　答えより　8　小さい。

③ 5×6＝□×5

5 色(いろ)の　ついた　ところは、もとの　大きさの　何分(なんぶん)の一ですか。 1つ4点(8点)

① 
(　　　)

② 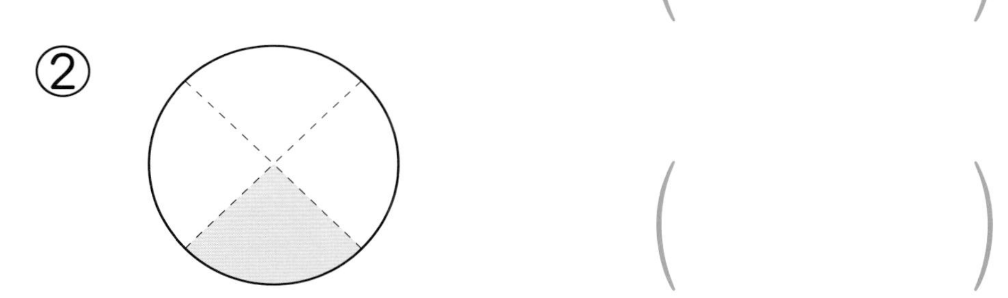
(　　　)

6 もとの　大きさの　$\frac{1}{4}$だけ　色を　ぬりましょう。 (4点)

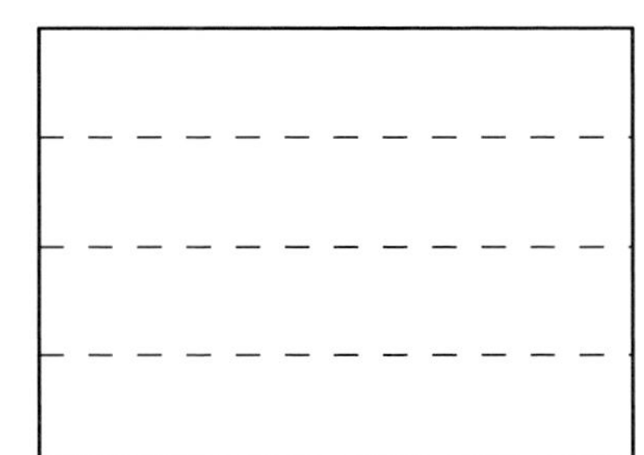

うらにも　もんだいが　あります。

(切り取り線)

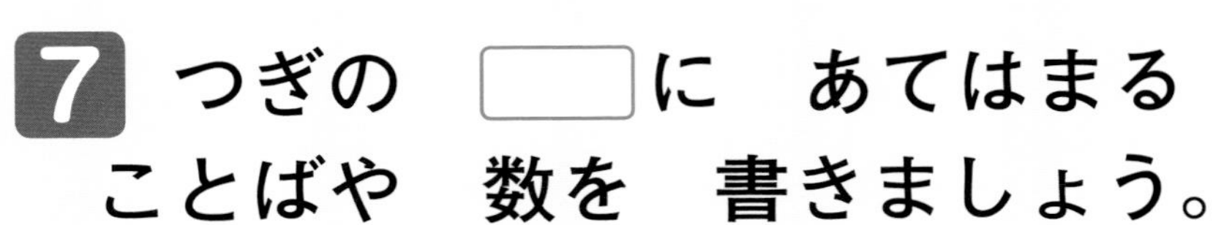

7 つぎの □ に　あてはまる　ことばや　数を　書きましょう。

1つ4点(16点)

①

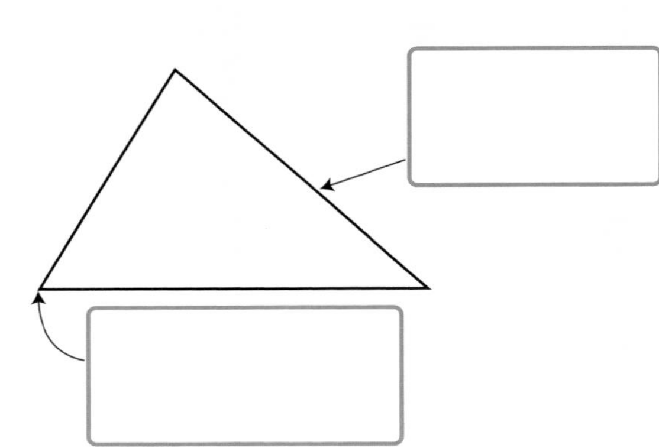

② 四角形の　へんは  本、

ちょう点は  こです。

8 つぎの　形の　中で、長方形、正方形、直角三角形は　どれですか。

1つ3点(9点)

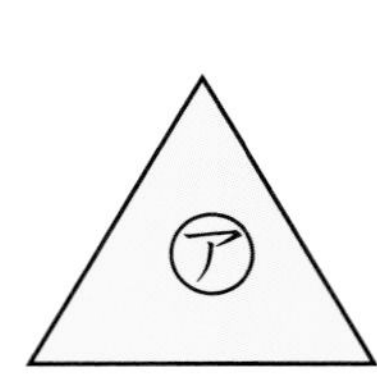

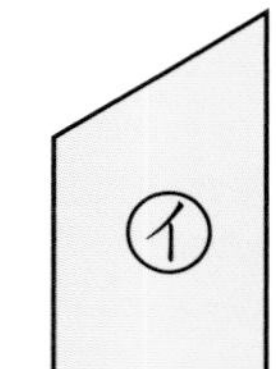

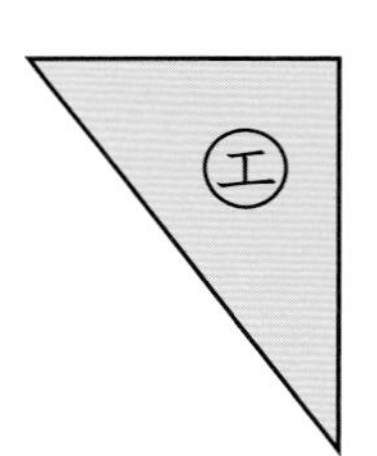

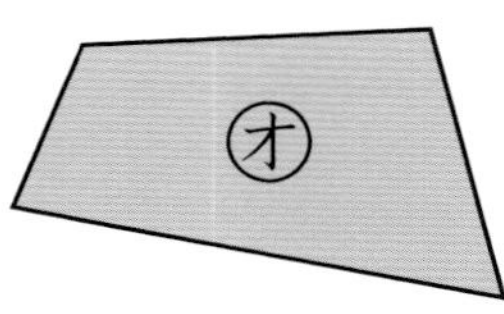

長方形（　　　）

正方形（　　　）

直角三角形（　　　）

9 つぎの　長方形で、あ、いに　あてはまる　数を　書きましょう。

1つ4点(8点)

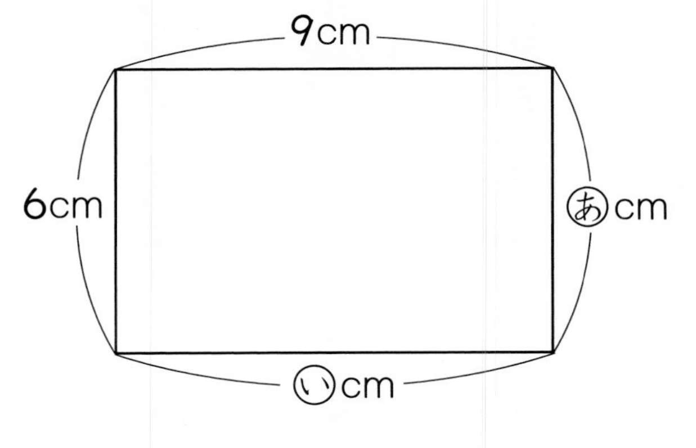

あ（　　　cm）　い（　　　cm）

思考・判断・表現　／10点

10 かけ算の　しきで　ぜんぶの　こ数を　あらわすことが　できるのは　どちらですか。

(4点)

あ 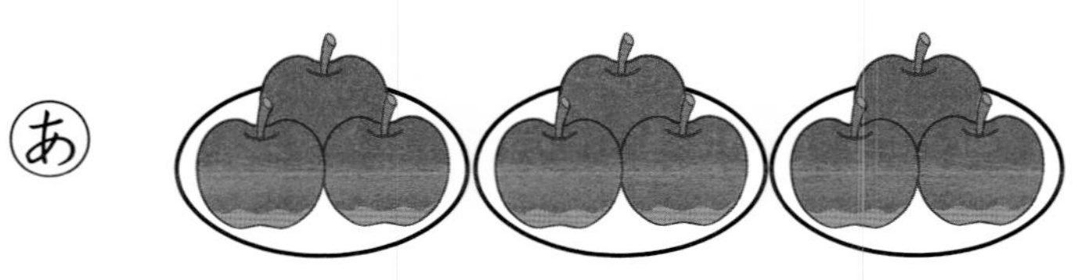

い 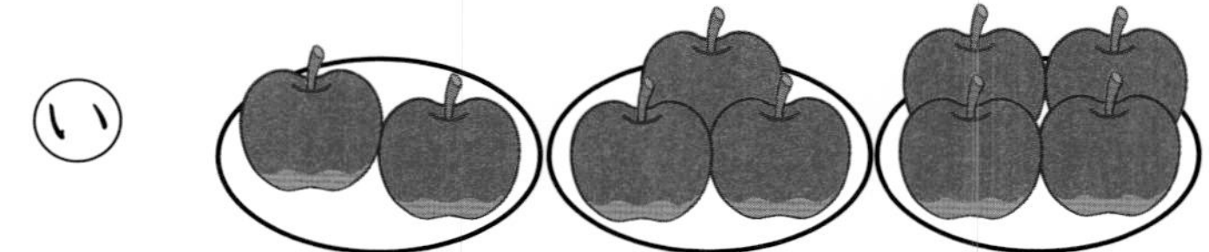

（　　　）

11 1ふくろに　どらやきが　8こずつ　入っています。

7ふくろでは　どらやきは　何こ　ありますか。

しき・答え　1つ3点(6点)

しき

答え（　　　）

春のチャレンジテスト

教科書 下60～108ページ

月　日

名前

時間 40分

ごうかく80点　／100

答え37～38ページ

知識・技能　／78点

1 つぎの　数(かず)を　数字(すうじ)で　書(か)きましょう。　1つ4点(20点)

① 六千十七　（　　）

② 1000を　6こと、100を　1こと、1を　2こ　合(あ)わせた　数。　（　　）

③ 100を　35こ　あつめた　数。　（　　）

④ 7000より　500　小さい　数。　（　　）

⑤ 9000より　1000　大きい　数。　（　　）

2 つぎの　数の線(せん)を　見て　答(こた)えましょう。　1つ3点(6点)

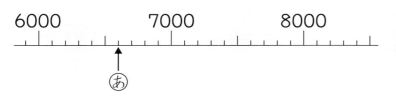

6000　7000　8000

↑ あ

① あの　目もりの　数を　書きましょう。　（　　）

② 7300を　あらわす　目もりに、↑を　かきましょう。

3 右の　時計(とけい)の　時(じ)こくは、午前(ごぜん)7時20分(ぷん)です。　1つ4点(8点)

① 15分前(ふんまえ)の　時こくは、午前何(なん)時何分ですか。　（　　）

② 午前8時までは、あと　何分間(ぶんかん)ありますか。　（　　）

4 つぎの　□に　あてはまる　数を　書きましょう。　1つ4点(8点)

① 5 m 22 cm＝□cm

② 308 cm＝□m□cm

5 つぎの　□に　あてはまる　たんいを　書きましょう。　1つ4点(12点)

① えんぴつの　長(なが)さ　18□

② プールの　たての　長さ　25□

③ もんだいしゅうの　あつさ　9□

うらにも　もんだいが　あります。

6 長さの　計算（けいさん）を　しましょう。

1つ3点（12点）

① 1m45cm＋3m

② 8m20cm＋28cm

③ 6m30cm－4m

④ 9m70cm－2m50cm

7 つぎの　はこの　形（かたち）を、ひごと ねん土玉で　作（つく）ります。

1つ4点（12点）

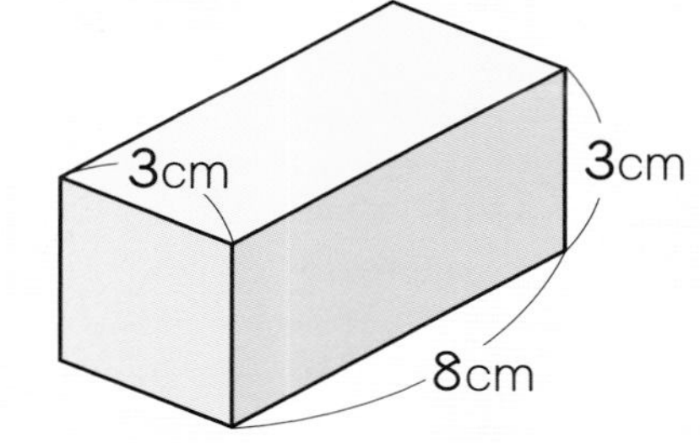

① ねん土玉は　何こ　いりますか。

（　　　　）

② 3cmの　ひごは　何本 いりますか。

（　　　　）

③ 8cmの　ひごは　何本 いりますか。

（　　　　）

思考・判断・表現　／22点

8 貝がらを　28こ　ひろいました。 弟（おとうと）が　何こか　くれたので、貝がらが 36こに　なりました。

弟は　何こ　くれましたか。

図・しき・答え 1つ3点（9点）

しき

答え（　　　　）

9 ゆきさんは、お金を　160円 もっていました。えんぴつを 買（か）ったので、のこりは　75円に なりました。

えんぴつの　ねだんは　何円ですか。

図・しき・答え 1つ3点（9点）

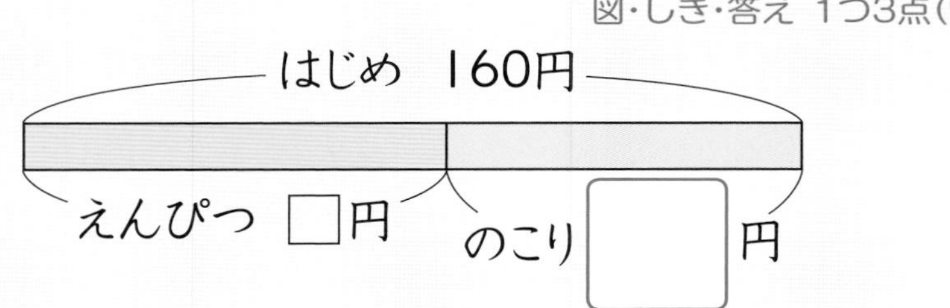

しき

答え（　　　　）

10 はこを　作ろうと　思（おも）います。

つぎの　図（ず）に　ひつような　面（めん）を かきたしましょう。

（4点）

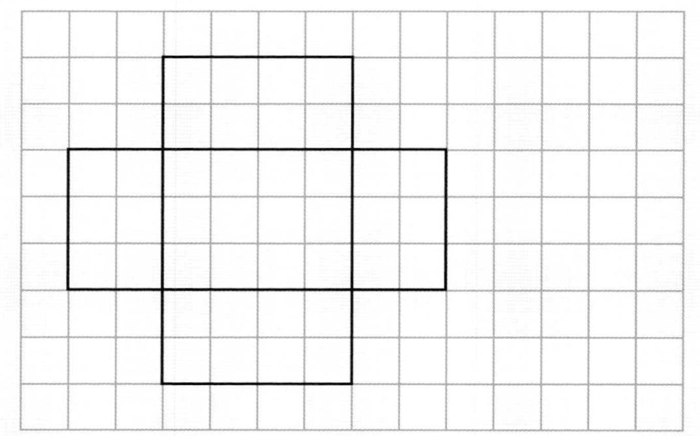

（切り取り線）

2年 算数のまとめ　学力しんだんテスト

月　日

名前

時間 40分

ごうかく80点　／100

答え 39ページ

1 つぎの　数を　書きましょう。　1つ3点(6点)

① 100を　3こ、1を　6こ　あわせた数　（　　　）

② 1000を　10こ　あつめた　数　（　　　）

2 色を　ぬった　ところは　もとの　大きさの　何分の一ですか。　1つ3点(6点)

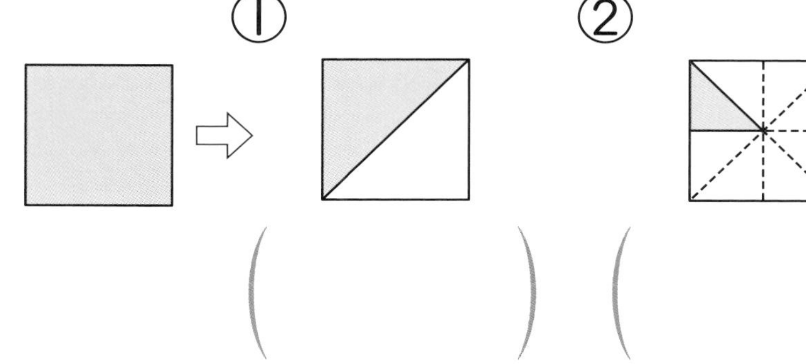

①（　　　）　②（　　　）

3 計算を　しましょう。　1つ3点(12点)

① 　214
　＋ 57

② 　546
　－ 27

③ 4×8

④ 7×6

4 あめを　3こずつ　6つの　ふくろに　入れると、2こ　のこりました。
あめは　ぜんぶで　何こ　ありましたか。　しき・答え　1つ3点(6点)

しき

答え（　　　）

5 すずめが　14わ　いました。そこへ　9わ　とんで　きました。また　11わ　とんで　きました。すずめは　何わに　なりましたか。とんで　きた　すずめを　まとめて　たす　考え方で　1つの　しきに　書いて　もとめましょう。　しき・答え　1つ3点(6点)

しき

答え（　　　）

6 □に　＞か、＜か、＝を　書きましょう。　(2点)

25 dL □ 2L

7 □に　あてはまる　長さの　たんいを　書きましょう。　1つ3点(9点)

① ノートの　あつさ…5□

② プールの　たての　長さ…25□

③ テレビの　よこの　長さ…95□

8 右の　時計を　みて　つぎの　時こくを　書きましょう。　1つ3点(6点)

① 1時間あと（　　　）

② 30分前（　　　）

うらにも　もんだいが　あります。

9 つぎの　三角形や　四角形の　名前を　書きましょう。　1つ3点(9点)

①（　　　　）

②（　　　　）

③（　　　　）

10 ひごと　ねん土玉を　つかって、右のような　はこの　形を　つくります。　1つ3点(6点)

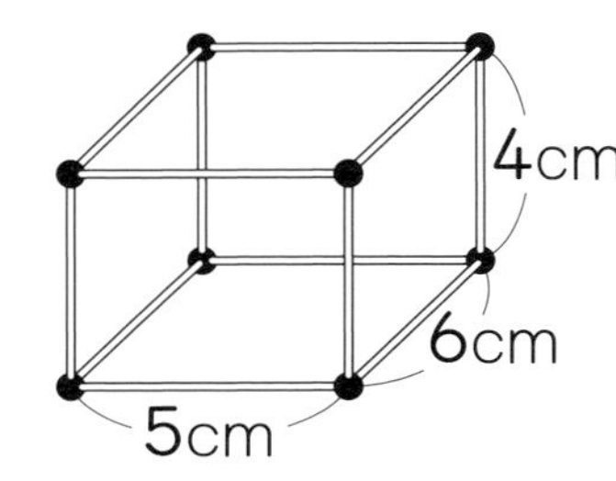

① ねん土玉は　何こ　いりますか。

（　　　　）

② 6cmの　ひごは　何本　いりますか。

（　　　　）

11 すきな　くだものしらべを　しました。　1つ4点(8点)

すきな　くだものしらべ

すきな くだもの	りんご	みかん	いちご	スイカ
人数(人)	3	1	5	2

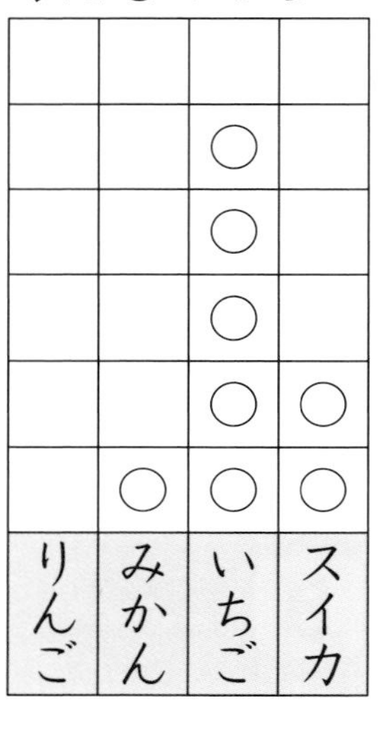

① りんごが　すきな　人の　人数を、○を　つかって、右の　グラフに　あらわしましょう。

② すきな　人が　いちばん　多い　くだものと、いちばん　少ない　くだものの　人数の　ちがいは　何人ですか。

（　　　　）

活用力をみる

12 さいころを　右のように　して、かさなりあった　面の　目の　数を　たすと　9に　なるように　つみかさねます。

さいころは　むかいあった　面の　目の　数を　たすと、7に　なっています。図の　あ～うに　あてはまる　目の　数を　書きましょう。　1つ4点(12点)

あ…□　　い…□　　う…□

13 ゆうまさんは、まとあてゲームを　しました。3回　ボールを　なげて、点数を　出します。　①しき・答え　1つ3点、②1つ3点(12点)

① ゆうまさんは　あと　5点で　30点でした。ゆうまさんの　点数は　何点でしたか。

しき

答え（　　　　）

② ゆうまさんの　まとは　下の　あ、いの　どちらですか。その　わけも　書きましょう。

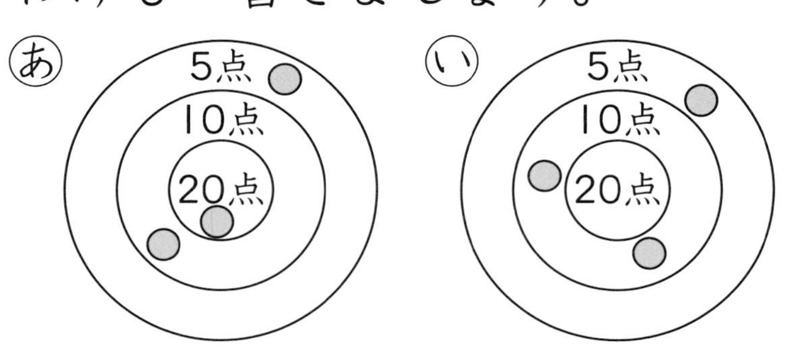

ゆうまさんの　まとは　□　です。

わけ（　　　　）

1 ひょうと　グラフ

ぴったり1　2ページ　ぴったり2　3ページ　ぴったり3　4~5ページ

ぴったり1

おうちのかたへ

資料を表や棒グラフにまとめる学習です。数を比べたり、多い少ないがわかりやすくなる良さに気づかせます。

ぴったり2

1 ①○は、下からかきます。

②[グラフ2]のように、多いじゅんにならべると、グラフが見やすくなります。

③[グラフ2]を見て答えましょう。

④[グラフ2]を見て答えましょう。

4こもっている人→１人
3こもっている人→2人
2こもっている人→3人
１こもっている人→2人です。
人数がいちばん多いのは2こもっている人です。

ぴったり3

1 ①数えるときは、まちがえないように、しるしをつけながら数えます。

②下から○をかいていきます。

③多い天気をしらべるには、グラフがべんりです。○がいちばん多いのはくもりです。
日数をしらべるには、ひょうがべんりです。くもりの日数は１２日です。

④ひょうから、晴れは１０日、雨は７日です。
晴れが、１０－７＝３で３日多いです。

2 ②①のひょうから、人数の多いじゅんにけがのしゅるいをならべると、すりきず→切りきず→ねんざ→うちみ　となります。

④けがをした場しょと、けがのしゅるいの２つのことがらについてしらべているので、２とおりのグラフにあらわすことができます。
何をしらべたいかによって、ひょうやグラフのまとめ方はかわります。

教科書ぴったりトレーニング

丸つけラククラクかいとう

学校図書版
算数２年

この「丸つけラクラクかいとう」は
とりはずしてお使いください。

「丸つけラクラクかいとう」では
もんだいと 同じ ところに 赤字
で 答えを 書いて います。
①もんだいが とけたら、まずは
答え合わせを しましょう。
②まちがえた もんだいは、てびき
を 読んで、もういちど 見直し
しましょう。

見やすい答え

おうちのかたへ

おうちのかたへ では、次のようなものを示しています。
- 学習のねらいやポイント
- 他の学年や他の単元の学習内容とのつながり
- まちがいやすいことやつまずきやすいところ

お子様への説明や、学習内容の把握などにご活用ください。

くわしいてびき

② たし算と ひき算

ぴったり１ 6ページ

42+8の 計算の しかた
42から 8 ふえるから 50
42+8=50

18+5の 計算の しかた
5を 2と 3に 分けます。
18に 2を たして 20
20と 3で 23
18+5=23

1 (1) 16+4、(2) 23+7の 計算を しましょう。
(1) 16から 4 ふえるから、
16+4= 20
(2) 23から 7ふえるから、
23+7= 30

2 37+9の 計算を しましょう。
9を 3 と 6に 分けます。
37に 3を たして 40
40と 6 で 46 37+9= 46

ぴったり２ 7ページ

1 つぎの 計算を しましょう。
① 12+8 20 ② 19+1 20 ③ 35+5 40
④ 84+6 90 ⑤ 43+7 50 ⑥ 58+2 60

2 めだかが 46ぴき います。
4ひきの めだかを もらいました。
めだかは ぜんぶで 何びきですか。
しき 46+4=50
答え（50 ぴき）

3 つぎの 計算を しましょう。
① 19+8 27 ② 17+7 24 ③ 57+4 61
④ 64+9 73 ⑤ 76+5 81 ⑥ 48+7 55

4 きのう つるを 37わ おりました。
きょう また 8わ おりました。
つるは あわせて 何わに なりましたか。
しき 37+8=45
答え（45 わ）

ぴったり１ 8ページ

40−8の 計算の しかた
40から 8 へるから 32
40−8=32

32−7の 計算の しかた
32を 30と 2に 分けます。
30から 7を ひいて 23
23と 2で 25
32−7=25

1 (1) 20−2、(2) 30−4の 計算を しましょう。
(1) 20から 2 へるから、
20−2= 18
(2) 30から 4 へるから、
30−4= 26

2 23−8の 計算を しましょう。
23を 20 と 3に 分けます。
20から 8を ひいて 12
12と 3で 15 23−8= 15

ぴったり２ 9ページ

1 つぎの 計算を しましょう。
① 20−3 17 ② 20−9 11 ③ 40−7 33
④ 50−8 42 ⑤ 70−2 68 ⑥ 80−4 76

2 色紙が 30まい あります。
8まい つかうと 何まい
のこりますか。
しき 30−8=22
答え（22 まい）

3 つぎの 計算を しましょう。
① 21−4 17 ② 24−6 18 ③ 43−8 35
④ 92−3 89 ⑤ 36−7 29 ⑥ 84−9 75

4 いちごの あめが 34こ、めろんの あめが 7こ あります。
いちごの あめは めろんの あめより 何こ 多いですか。
しき 34−7=27
答え（27 こ）

ぴったり１

おうちのかたへ
１と９、２と８、…のように、あわせて１０になる数をすぐに言えるように練習しましょう。

ぴったり２

1 ①12から 8 ふえるから、
12+8=20
④84から 6 ふえるから、
84+6=90

2 4ひき もらったから、たし算に なります。46から 4 ふえるから、46+4=50です。

3 ①8を 1と 7に 分けます。
19に 1を たして 20
20と 7で 27
④9を 6と 3に 分けます。
64に 6を たして 70
70と 3で 73

4 あわせた 数を もとめるから、たし算です。しきは、37+8=45です。

ぴったり２

1 ①20から 3 へるから、
20−3=17
③40から 7 へるから、
40−7=33
⑤70から 2 へるから、
70−2=68

2 8まい へるから、ひき算に なります。しきは、30−8=22です。

3 ①21を 20と 1に 分ける。
20から 4を ひいて 16
16と 1で 17
③43を 40と 3に 分けます。
40から 8を ひいて 32
32と 3で 35
⑤36を 30と 6に 分けます。
30から 7を ひいて 23
23と 6で 29

4 ちがいを もとめるので、ひき算に なります。しきは、34−7=27です。

3

※紙面はイメージです。

② 時こくと 時間(1)

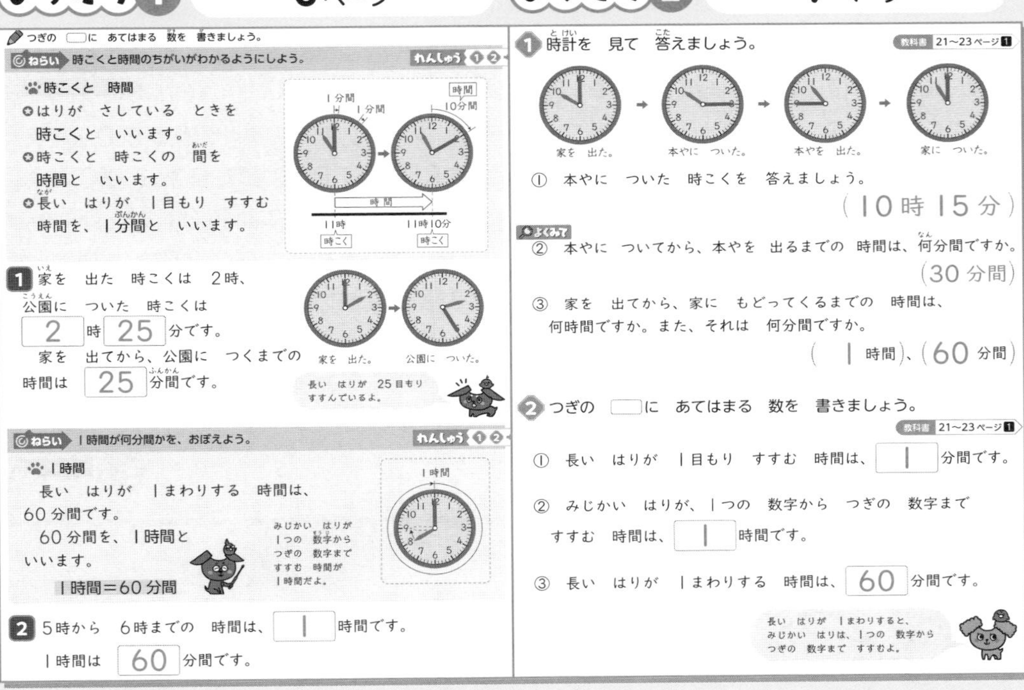

ぴったり1 6ページ　ぴったり2 7ページ

つぎの □に あてはまる 数を 書きましょう。

ねらい 時こくと時間のちがいがわかるようにしよう。 れんしゅう ① ②

時こくと 時間
- はりが さしている ときを 時こくと いいます。
- 時こくと 時こくの 間を 時間と いいます。
- 長い はりが 1目もり すすむ 時間を、1分間と いいます。

1 家を 出た 時こくは 2時、公園に ついた 時こくは 2 時 25 分です。
家を 出てから、公園に つくまでの 時間は 25 分間です。

ねらい 1時間が何分間かを、おぼえよう。 れんしゅう ① ②

1時間
長い はりが 1まわりする 時間は、60分間です。
60分間を、1時間と いいます。
1時間＝60分間

2 5時から 6時までの 時間は、1 時間です。
1時間は 60 分間です。

1 時計を 見て 答えましょう。 教科書 21～23ページ
① 本やに ついた 時こくを 答えましょう。 (10時15分)
② 本やに ついてから、本やを 出るまでの 時間は、何分間ですか。 (30分間)
③ 家を 出てから、家に もどってくるまでの 時間は、何時間ですか。また、それは 何分間ですか。 (1時間)、(60分間)

2 つぎの □に あてはまる 数を 書きましょう。 教科書 21～23ページ
① 長い はりが 1目もり すすむ 時間は、1 分間です。
② みじかい はりが、1つの 数字から つぎの 数字まで すすむ 時間は、1 時間です。
③ 長い はりが 1まわりする 時間は、60 分間です。

ぴったり1 8ページ　ぴったり2 9ページ

つぎの □に あてはまる ことばを 書きましょう。

ねらい 1日の時間を、午前、午後をつかってあらわせるようにしよう。 れんしゅう ① ② ③

1日の 時間
- 午前は 12時間、午後は 12時間 あります。
- 1日は 24時間です。　1日＝24時間
- 午前0時は 午後12時、午後0時は 午前12時とも いいます。また、午後0時は 正午とも いいます。

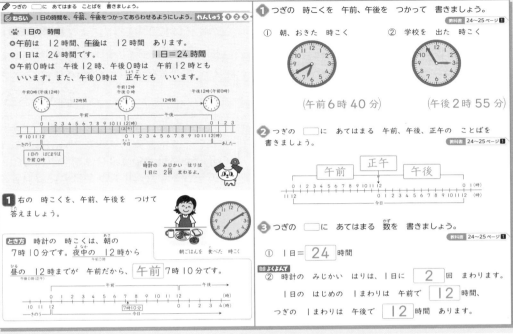

時計の みじかい はりは 1日に 2回 まわるよ。

1 右の 時こくを、午前、午後を つけて 答えましょう。

とき方 時計の 時こくは、朝の 7時10分です。夜中の 12時から 昼の 12時までが 午前だから、午前 7時10分です。

1 つぎの 時こくを 午前、午後を つかって 書きましょう。 教科書 24～25ページ
① 朝、おきた 時こく (午前6時40分)
② 学校を 出た 時こく (午後2時55分)

2 つぎの □に あてはまる 午前、午後、正午の ことばを 書きましょう。 教科書 24～25ページ
午前　正午　午後

3 つぎの □に あてはまる 数を 書きましょう。 教科書 24～25ページ
① 1日＝24 時間
② 時計の みじかい はりは、1日に 2 回 まわります。
1日の はじめの 1まわりは 午前で 12 時間、つぎの 1まわりは 午後で 12 時間 あります。

ぴったり1

おうちのかたへ

時刻と時間のちがいがわかるようにします。
また、「時」と「分」の関係を短針、長針の動きと関連付けて理解しましょう。

ぴったり2

1 ①時計のはりがさしているときが「時こく」です。みじかいはりで「時」、長いはりで「分」を読みます。
②時こくと時こくの間が「時間」です。本やについた時こくが10時15分、本やを出た時こくが10時45分です。長いはりが30目もりうごいているので30分間です。
③10時から11時までは1時間です。1時間で長いはりは1まわりし、60目もりうごきます。

ぴったり1

おうちのかたへ

1日の時間の仕組み、午前、午後の使い分けなどができるようにします。
日ごろから、午前、午後をつけて時間を言うなどして、生活と関連付けて覚えましょう。

ぴったり2

1 夜中の12時から昼の12時までが午前、昼の12時から夜中の12時までが午後です。

2 昼の12時(午前12時、または午後0時)を正午といいます。

3 ②みじかいはりが1まわりすると12時間、長いはりが1まわりすると1時間(60分間)です。

ぴったり3　10~11ページ

知識・技能　／80点

1 つぎの □に あてはまる 数を 書きましょう。　1つ5点(30点)

① 1時間＝ 60 分間　② 1日＝ 24 時間

③ 長い はりが 1まわりする 時間は、 1 時間です。

④ 1日の はじまりは、午前 0 時です。

⑤ 午後は 12 時間 あります。

⑥ 右の 数の線の ↑の 時こくは 3 時 40 分です。

2 つぎの もんだいに 答えましょう。　1つ10点(30点)

① あ、いの 時こくは 何時何分ですか。

あ (8時 10分)
い (8時 25分)

② あの 時こくから、いの 時こくまでの 時間は、何分間ですか。

(15分間)

3 右の あの 時こくから いの 時こくまでの 時間は、何時間ですか。　(10点)

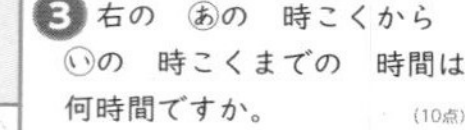

(1時間)

4 つぎの 時こくを 午前、午後を つかって 書きましょう。　1つ5点(10点)

① 学校に ついた 時こく　② 昼ごはんを 食べた 時こく

(午前8時5分)　(午後0時25分)

思考・判断・表現　／20点

5 午後 10時に ねて、つぎの 日の 午前7時に おきました。何時間 ねていましたか。

時計に みじかい はりを かいて 答えましょう。　1つ10点(20点)

(9時間)

3 2けたの たし算と ひき算

ぴったり1　12ページ

つぎの □に あてはまる 数を 書きましょう。

ねらい 2けたのたし算、ひき算のしかたがわかるようにしよう。

たし算の しかた

2けたの たし算は 十のくらいどうし、一のくらいどうしを 計算します。

21＋14＝35

ひき算の しかた

2けたの ひき算は 十のくらいどうし、一のくらいどうしを 計算します。

35－12＝23

1 14＋35の 計算を します。

14は 10と 4。

35は 30 と 5。

合わせると、

10の まとまりが 4こと、

ばらが 9 こで、 49 。

14＋35＝ 49

2 27－12の 計算を します。

27は 20と 7。

12は 10と 2 。

ひくと、

10の まとまりが 1こと、

ばらが 5 こで、 15 。

27－12＝ 15

ぴったり2　13ページ

1 つぎの □に あてはまる 数を 書きましょう。

① 〔13＋24の 計算の しかた〕

13は 10と 3。24は 20 と 4。

10の まとまりが 合わせて 3 こと、

ばらが 合わせて 7 こで、 37 。

13＋24＝ 37

② 〔38－13の 計算の しかた〕

38は 10の まとまりが 3こ。

13は 10の まとまりが 1 こ。

10の まとまりの 3から 1 を ひいて 2 。

ばらの 8から 3を ひいて 5 。

十のくらいが 2、一のくらいが 5 で、 25 。

38－13＝ 25

2 つぎの 計算を しましょう。

① 22＋15　37　② 14＋32　46　③ 31＋26　57

④ 29－14　15　⑤ 35－11　24　⑥ 47－36　11

ぴったり3

1 時間のしくみです。大切なことばかりです。正しくおぼえましょう。

⑥時計を数の線であらわしています。3時から4時までの1時間を6目もりであらわしているから、1目もりは10分間をあらわします。3時と4目もり(40分)で3時40分です。

2 ②長いはりがうごいた目もりの数を数えます。10分から25分までは15目もりで15分間です。

3 あは1時50分、いは2時50分です。1時50分から2時50分までに長いはりはちょうど1まわりします。長いはりが1まわりする時間は60分間→1時間です。

4 ①朝の8時5分は、午前です。

②昼の12時をすぎているので、午後です。昼の12時は午後0時だから、午後0時25分です。

5 午後10時から夜中の12時までが2時間、夜中の12時から午前7時までが7時間だから、2時間と7時間で9時間です。

ぴったり1

おうちのかたへ

2けたどうしのくり上がりとくり下がりのないたし算とひき算の学習です。2けたの数の構成をもとに考えます。2けたの数の仕組みを復習しておきましょう。

ぴったり2

1 2けたの数を、10のまとまりとばらに分けて計算します。

①2けたどうしのたし算は、十のくらいどうし、一のくらいどうしを計算します。

②2けたどうしのひき算は、十のくらいどうし、一のくらいどうしを計算します。

2 ③10のまとまりが 3＋2＝5

31＋26＝57

ばらが 1＋6＝7

⑥10のまとまりが 4－3＝1

47－36＝11

ばらが 7－6＝1

④ たし算の　ひっ算

ぴったり1　14ページ

ぴったり2　15ページ

ぴったり1　16ページ

ぴったり2　17ページ

ぴったり1

おうちのかたへ

筆算の仕方を覚えます。
十の位、一の位の意味を確認しておきましょう。
けた数が異なる場合の筆算の書き方に注意してあげてください。

ぴったり2

❶ 2けたのたし算は、ひっ算で計算します。ひっ算は、十のくらい、一のくらいをたてにそろえて書きます。一のくらいからじゅんにたしていきます。

❷ ひっ算の書き方にちゅういします。ひっ算を書く前に、一のくらい、十のくらいをかくにんしましょう。

❸ ひっ算は、つぎのようになります。

$$\begin{array}{r} 32 \\ +16 \\ \hline 48 \end{array}$$

ぴったり1

おうちのかたへ

くり上がりのあるたし算でも、筆算を使えば簡単にできることを理解させます。
2けたのたし算の筆算が、これからのたし算の基本になります。筆算の書き方、くり上がりの考え方を完全にマスターしましょう。

ぴったり2

❶ 一のくらいの計算で、くり上がりがあります。くり上がった1をわすれないように小さく書いておきましょう。

④答えの一のくらいの0をわすれないようにしましょう。

⑤⑥ひっ算で、1けたの数は一のくらいに書きます。

❷ たされる数とたす数が入れかわっているしきをえらびます。

❸ ①7＋13を先に計算します。

38＋(7＋13)＝38＋20＝58

②47と31を入れかえて計算します。

9＋47＋31＝9＋31＋47

＝40＋47＝87

ぴったり3 18~19ページ

知識・技能 ／75点

1 つぎの ひっ算の まちがいを 見つけ、正しい 答えを （ ）の 中に 書きましょう。 1つ5点(10点)

① 42 +28 60 （ 70 ）

② 3 +52 82 （ 55 ）

2 よく出る つぎの 計算を ひっ算で しましょう。 1つ5点(40点)

① 14+23　14 +23 37

② 20+58　20 +58 78

③ 66+28　66 +28 94

④ 17+39　17 +39 56

⑤ 57+13　57 +13 70

⑥ 24+36　24 +36 60

⑦ 4+69　4 +69 73

⑧ 38+2　38 + 2 40

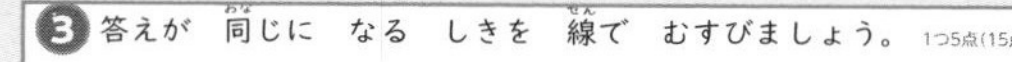

3 答えが 同じに なる しきを 線で むすびましょう。 1つ5点(15点)

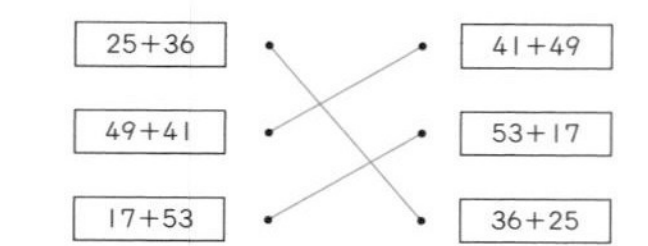

4 よく出る くふうして 計算を しましょう。 1つ5点(10点)

① 67+12+8　87　② 55+29+15　99

思考・判断・表現 ／25点

5 公園で 男の子が 28人、女の子が 12人 あそんでいます。子どもは ぜんぶで 何人 いますか。 しき・答え 1つ5点(10点)

しき 28+12=40

答え（40人）

6 かいとさんは シールを 29まい もっています。お兄さんから 8まい、お父さんから 2まい もらいました。シールは、ぜんぶで 何まいに なりましたか。 しき・答え 1つ5点(10点)

しき 29+8+2=39

答え（39まい）

できたらスゴイ!

7 答えが 80に なる たし算の しきを つくります。つぎの □に あてはまる 数を 書きましょう。 (5点)

60+[20]=80

ぴったり3

1 ①十のくらいの計算で、一のくらいからのくり上がりをわすれています。

［正しい計算］ 42 +28 70

②ひっ算のくらいがそろっていません。

［正しい計算］ 3 +52 55

2 ③～⑧はくり上がりに気をつけましょう。

⑤ 57 +13 70　⑦ 4 +69 73　⑧ 38 + 2 40

3 たされる数とたす数が入れかわっているしきを線でむすびます。

25+36=36+25=61

49+41=41+49=90

17+53=53+17=70

4 ①12+8 を先に計算します。

67+(12+8)=67+20=87

②29 と 15 を入れかえて計算します。

55+29+15=55+15+29

=70+29=99

5 ひっ算は、つぎのようになります。

28 +12 40

6 1つのしきにあらわしましょう。

たし算のきまりをつかって、くふうして計算すると、かんたんになります。

29+8+2=29+(8+2)

=29+10=39

2つのしきにあらわすと、つぎのようになります。

29+8=37　37+2=39

7 10のまとまりで考えます。

60 は 10 が6こ、80 は 10 が8こです。

6こと2こで8こだから、

□には、10が2こ→20があてはまります。

60+[20]=80

5 ひき算の　ひっ算

ぴったり1　20ページ

つぎの □に あてはまる 数を 書きましょう。

ねらい　2けたのひき算が、ひっ算でできるようにしよう。

ひき算の　ひっ算
たてに　くらいを　そろえて　書き、同じ　くらいどうしで　計算を　します。

47
−15
32

1 つぎの　計算を　ひっ算で　しましょう。
(1) 45−23　(2) 32−12

とき方 (1) たてに　くらいを　そろえて　書く。
一のくらいは、5−3＝2
十のくらいは、4−2＝2
45−23＝22

(2) たてに　くらいを　そろえて　書く。
一のくらいは、2−2＝0
十のくらいは、3−1＝2
32−12＝20

ひっ算の　書き方、計算の　しかたは　たし算の　ときと　同じだね。
一のくらいの　0を　わすれないでね。

ぴったり2　21ページ

1 つぎの　計算を　ひっ算で　しましょう。
① 38−15＝23　② 76−51＝25
③ 87−76＝11　④ 54−23＝31

まちがいちゅうい
2 つぎの　計算を　ひっ算で　しましょう。
① 86−36＝50　② 44−41＝3
③ 29−5＝24　④ 67−7＝60

3 いちごが　35こ、みかんが　5こ　あります。いちごは　みかんより　何こ　多いですか。
しき　35−5＝30
答え（30こ）

ぴったり1　22ページ

つぎの □に あてはまる 数を 書きましょう。

ねらい　くり下がりのある2けたのひき算が、ひっ算で計算できるようにしよう。

くり下げる
上の　くらいから　1を　下の　くらいに　うつして　10に　することを、くり下げると　いいます。

31
−14
17

1 42−26を　ひっ算で　しましょう。

とき方
一のくらいの　計算
十のくらいから　1くり下げて、12−6＝6
十のくらいの　計算
1くり下げたので、3−2＝1
〈ひっ算〉 42−26＝16

ねらい　たし算とひき算のかんけいがわかるようにしよう。

たし算と　ひき算の　かんけい
ひき算の　答えに　ひく数を　たすと、ひかれる数に　なります。
43−16＝27
27＋16＝43

2 34−15の　計算を　して、答えの　たしかめも　しましょう。

とき方
ひかれる数… 34
ひく数……… −15
答え………… 19
19＋15＝34

この　かんけいは　ひき算の　答えの　たしかめに　つかえるね。

ぴったり2　23ページ

1 つぎの　計算を　ひっ算で　しましょう。
① 73−25＝48　② 61−38＝23
③ 70−51＝19　④ 50−14＝36

まちがいちゅうい
⑤ 28−19＝9　⑥ 80−73＝7

2 つぎの　計算を　ひっ算で　しましょう。
① 51−8＝43　② 30−7＝23

3 つぎの　計算を　しましょう。また、答えの　たしかめも　しましょう。
① 93−46　47　② 54−8　46
たしかめ　47＋46＝93　たしかめ　46＋8＝54

ぴったり1

おうちのかたへ
ひき算の筆算の学習です。
位を縦にそろえて書くこと、一の位から計算することは、たし算の筆算のときと同じです。

ぴったり2

1 2けたのひき算は、ひっ算で計算します。ひっ算の書き方は、たし算のときと同じです。一のくらいから計算することも、たし算のときと同じです。上の数から下の数をひきます。

2 ①一のくらいの計算は、6−6＝0だから、答えの一のくらいに0を書きます。
②十のくらいの計算は、4−4＝0ですが、答えを「03」とはあらわさないので、答えの十のくらいの0は書きません。
③④ひっ算の書き方にちゅういします。

3 ひっ算は、右のようになります。
$$\begin{array}{r}35\\-\ 5\\\hline 30\end{array}$$

ぴったり1

おうちのかたへ
くり下がりは子供にとって難しい考え方です。時間をかけて、ていねいに説明してあげましょう。

ぴったり2

1 一のくらいの計算ができないときは、十のくらいから1くり下げます。くり下がりをわすれないように書いておきましょう。

① 73−25＝48（6−2、13−5）
⑤ 28−19＝9（1−1、18−9）0は書かない。

2 ひっ算の書き方にちゅういします。

3 たしかめのしきは、
答え＋ひく数＝ひかれる数　です。
ひっ算でしましょう。
② 計算　54−8＝46　たしかめ　46＋8＝54

ぴったり3 24~25ページ

知識・技能 ／60点

1 よく出る つぎの　ひっ算の　まちがいを　見つけ、正しい　答えを（　）の　中に　書きましょう。 1つ5点(10点)

① 45 −28 = 27　（ 17 ）

② 63 −5 = 13　（ 58 ）

2 つぎの　計算を　ひっ算で　しましょう。 1つ5点(40点)

① 38−12　38 −12 = 26

② 97−43　97 −43 = 54

③ 54−35　54 −35 = 19

④ 81−17　81 −17 = 64

⑤ 60−29　60 −29 = 31

⑥ 73−66　73 −66 = 7

⑦ 46−8　46 − 8 = 38

⑧ 50−2　50 − 2 = 48

3 つぎの　計算の　答えの　たしかめを　しましょう。 1つ5点(10点)

① 50−27=23　（23+27=50）

② 43−9=34　（ 34+9=43 ）

思考・判断・表現 ／40点

4 よく出る りんごが　23こ　ありました。9こ　食べました。のこりは　何こに　なりましたか。 しき・答え　1つ5点(10点)

しき　23−9=14

答え（ 14 こ ）

5 こうていで、男の子が　35人、女の子が　24人　あそんでいます。あそんでいる　子どもは、どちらが　何人　多いですか。 しき・答え　1つ5点(10点)

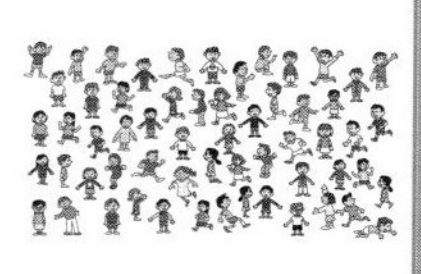

しき　35−24=11

答え（ 男の子が　11 人　多い。）

できたらスゴイ!

6 虫に　食べられた　数字は　何ですか。□に　あてはまる　数を　書きましょう。 1つ10点(20点)

8①[0] − 63 = ②[1]7

ぴったり3

1 ①十のくらいの計算で、くり下がりをわすれています。

[正しい計算]

$$\begin{array}{r} \overset{3\,10}{\cancel{4}5} \\ -28 \\ \hline 17 \end{array}$$

②ひっ算の書き方がまちがっています。

[正しい計算]

$$\begin{array}{r} \overset{5\,10}{\cancel{6}3} \\ -\ \ 5 \\ \hline 58 \end{array}$$

2 ③～⑧はくり下がりに気をつけましょう。

③
$$\begin{array}{r} \overset{4\,10}{\cancel{5}4} \\ -35 \\ \hline 19 \end{array}$$

⑤
$$\begin{array}{r} \overset{5\,10}{\cancel{6}0} \\ -29 \\ \hline 31 \end{array}$$

⑥答えの十のくらいの0は書かないことにちゅういします。

$$\begin{array}{r} \overset{6\,10}{\cancel{7}3} \\ -66 \\ \hline 7 \end{array}$$

3 たしかめのしきは、
答え＋ひく数＝ひかれる数　です。
①②とも、答えは合っています。

4 ひっ算は、つぎのようになります。

$$\begin{array}{r} \overset{1\,10}{\cancel{2}3} \\ -\ \ 9 \\ \hline 14 \end{array}$$

5 35人の方が24人より多いので、男の子の方が多いです。

6 一のくらいの計算から考えます。

[一のくらいの計算]
□−3=7の□にあてはまる数は10だから、十のくらいから1くり下げたことがわかります。①には0が入ります。

[十のくらいの計算]
1くり下げたから、7−6=1です。
②には、1が入ります。

$$\begin{array}{r} \overset{7\,10}{\cancel{8}\boxed{0}} \\ -63 \\ \hline \boxed{1}7 \end{array}$$

ぴったり1 26ページ

つぎの □に あてはまる 数を 書きましょう。

ねらい 長さのたんい「cm」を知り、つかえるようにしよう。 れんしゅう 1

cm（センチメートル）

長さを はかる たんいに、センチメートルが あります。工作用紙の 1目もり分の 長さを、1cmと 書き、1センチメートルと 読みます。

1cm

1 テープの 長さを、工作用紙の 目もりで はかりましょう。

とき方 工作用紙の 1目もり分の 長さは、1cmです。6目もり分だから [6] cmです。

ねらい ものさしをつかって、みじかい長さがはかれるようにしよう。 れんしゅう 1 2 3 4

mm（ミリメートル）

1cmを 同じ 長さに、10こに 分けた 1こ分の 長さを、1mmと 書き、1ミリメートルと 読みます。

1cm＝10mm

1mm

mmも 長さを はかる たんいです。ものさしを つかって はかろう。

2 線の 長さを はかりましょう。

とき方 1cmが 4こ分と、1mmが [3] こ分で、[4] cm [3] mmです。

ぴったり2 27ページ

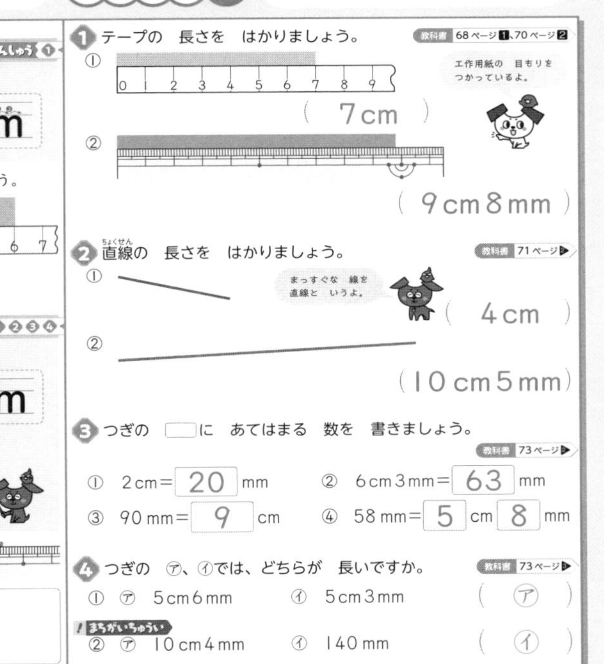
1 テープの 長さを はかりましょう。 教科書 68ページ 1、70ページ 2

① （ 7cm ）

② （ 9cm 8mm ）

工作用紙の 目もりを つかっているよ。

2 直線の 長さを はかりましょう。 教科書 71ページ

まっすぐな 線を 直線と いうよ。

① （ 4cm ）

② （ 10cm 5mm ）

3 つぎの □に あてはまる 数を 書きましょう。 教科書 73ページ

① 2cm＝[20] mm　② 6cm3mm＝[63] mm

③ 90mm＝[9] cm　④ 58mm＝[5] cm [8] mm

4 つぎの ㋐、㋑では、どちらが 長いですか。 教科書 73ページ

① ㋐ 5cm6mm　㋑ 5cm3mm　（ ㋐ ）

まちがいちゅうい

② ㋐ 10cm4mm　㋑ 140mm　（ ㋑ ）

ぴったり1 28ページ

つぎの □に あてはまる 数を 書きましょう。

ねらい 長さの計算ができるようにしよう。 れんしゅう 1 2

長さの 計算

長さは、同じ たんいの 数どうしを たしたり、ひいたりすると 計算することが できます。

1 5cm8mm＋1cm6mmの 計算を しましょう。

とき方 〔考え方1〕 たんいを mmにして 考えます。

5cm8mmは、58mm。

1cm6mmは、[16] mm。

58mm＋16mm＝[74] mm

〔考え方2〕

cm	mm
5	8
＋ 1	6
[7]	[4]

5cm8mm＋1cm6mm＝[7] cm [4] mm

くり上がりに 気をつけよう。

2 8cm5mm－2cm7mmの 計算を しましょう。

とき方 〔考え方1〕 たんいを mmにして 考えます。

8cm5mmは、85mm。

2cm7mmは、[27] mm。

85mm－27mm＝[58] mm

〔考え方2〕

cm	mm
8	5
－ 2	7
[5]	[8]

8cm5mm－2cm7mm
＝[5] cm [8] mm

くり下がりが あるよ。

ぴったり2 29ページ

1 ㋐と ㋑の 線の 長さを くらべましょう。 教科書 74～75ページ 1

3cm7mm　4cm　㋐　㋑　5cm6mm　3cm9mm

答えは ○cm△mmと あらわそう。

まちがいちゅうい

① ㋐の 線の 長さは どれだけですか。

しき 3cm7mm＋4cm＝7cm7mm

答え（ 7cm7mm ）

② ㋑の 線の 長さは どれだけですか。

しき 5cm6mm＋3cm9mm＝9cm5mm

答え（ 9cm5mm ）

③ ㋐と ㋑の 線の 長さの ちがいは どれだけですか。

しき 9cm5mm－7cm7mm＝1cm8mm

答え（ 1cm8mm ）

2 つぎの 長さの 計算を しましょう。 教科書 75ページ

① 8cm＋14cm　22cm

② 2cm6mm＋4cm7mm　7cm3mm

③ 15cm－9cm　6cm

④ 4cm1mm－3cm5mm　6mm

ぴったり1

おうちのかたへ

長さの単位cm、mmを学習します。単位が決まったことで、長さを測ったり、比べたりできる良さを経験します。

ぴったり2

1 ①工作用紙の1目もり分は1cmです。

②1cmが9こ分で9cm、1mmが8こ分で8mm、9cmと8mmで9cm8mmです。

2 直線のはしと、ものさしのはしをぴったりそろえてはかります。

3 1cm＝10mmです。

④58mmは50mmと8mm。
50mm＝5cmだから、
5cmと8mmで5cm8mmです。

4 たんいをmmにそろえてくらべます。

①㋐5cm6mm＝56mm
㋑5cm3mm＝53mm
56の方が53より大きいから、㋐の方が長いです。

②㋐10cm4mm＝104mm
140の方が104より大きいから、㋑の方が長いです。

ぴったり1

おうちのかたへ

長さも、単位をそろえることで計算ができることを学びます。

ぴったり2

1 たんいをmmにして計算すると、

①3cm7mm＝37mm、
4cm＝40mm
37mm＋40mm＝77mm
＝7cm7mm

②5cm6mm＝56mm、
3cm9mm＝39mm
56mm＋39mm＝95mm
＝9cm5mm

たんいをそろえて、たてに書いて計算してもよいし、同じたんいの数どうしを計算してくり上げ、くり下げをしてもかまいません。

②

cm	mm
5	6
＋3	9
9	5

③9cm5mm－7cm7mm
＝8cm15mm－7cm7mm＝1cm8mm

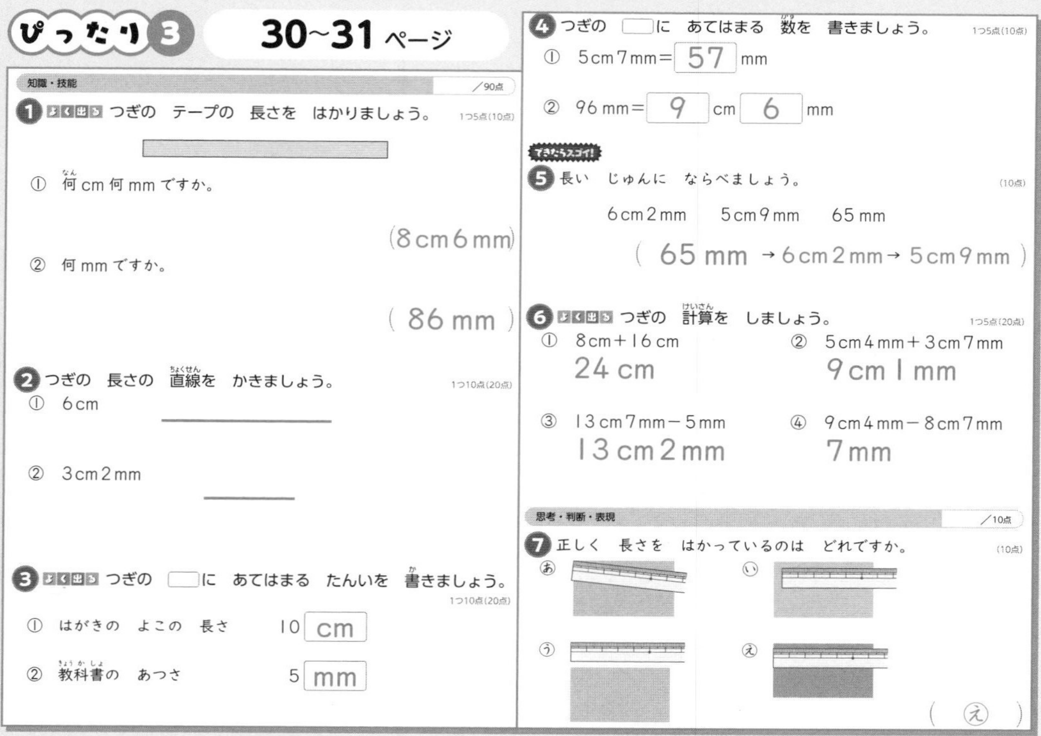

ぴったり3　30~31ページ

知識・技能　／90点

1 よくでる　つぎの　テープの　長さを　はかりましょう。　1つ5点(10点)

① 何cm何mmですか。　(8cm6mm)

② 何mmですか。　(86mm)

2 つぎの　長さの　直線を　かきましょう。　1つ10点(20点)

① 6cm

② 3cm2mm

3 よくでる　つぎの　□に　あてはまる　たんいを　書きましょう。　1つ10点(20点)

① はがきの　よこの　長さ　10 cm

② 教科書の　あつさ　5 mm

4 つぎの　□に　あてはまる　数を　書きましょう。　1つ5点(10点)

① 5cm7mm＝57mm

② 96mm＝9cm 6mm

できたらスゴイ！

5 長い　じゅんに　ならべましょう。　(10点)

6cm2mm　5cm9mm　65mm

(65mm→6cm2mm→5cm9mm)

6 よくでる　つぎの　計算を　しましょう。　1つ5点(20点)

① 8cm＋16cm　24cm

② 5cm4mm＋3cm7mm　9cm1mm

③ 13cm7mm−5mm　13cm2mm

④ 9cm4mm−8cm7mm　7mm

思考・判断・表現　／10点

7 正しく　長さを　はかっているのは　どれですか。　(10点)

あ　い　う　え

(え)

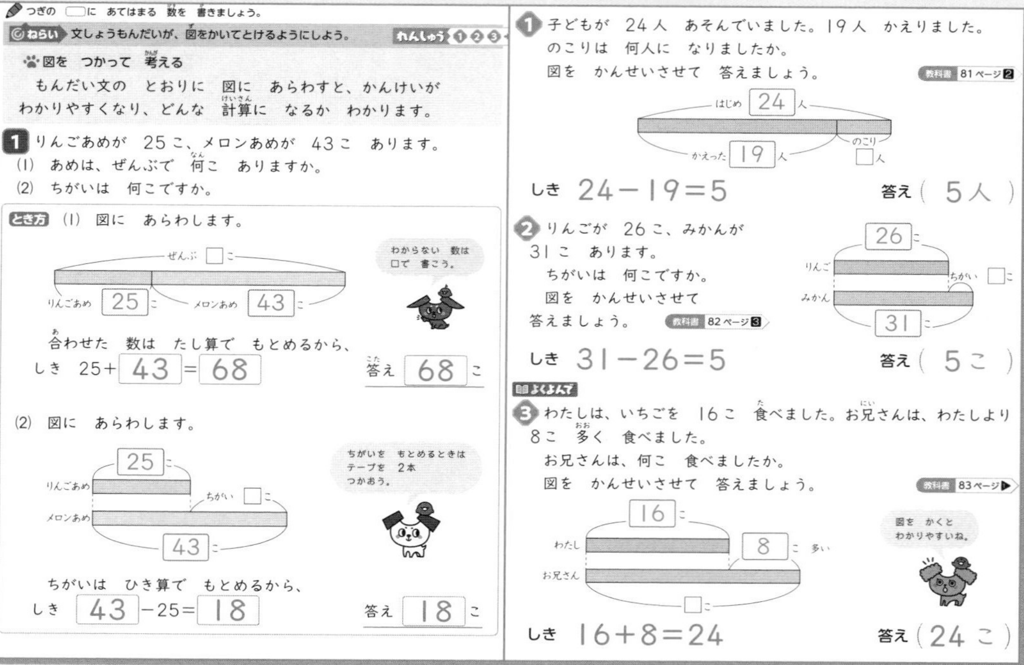

7 たし算と　ひき算(1)

ぴったり1　32ページ

つぎの　□に　あてはまる　数を　書きましょう。

ねらい　文しょうもんだいが、図をかいてとけるようにしよう。　れんしゅう 1 2 3

図を　つかって　考える

もんだい文の　とおりに　図に　あらわすと、かんけいが　わかりやすくなり、どんな　計算に　なるか　わかります。

1 りんごあめが　25こ、メロンあめが　43こ　あります。

(1) あめは、ぜんぶで　何こ　ありますか。

(2) ちがいは　何こですか。

とき方　(1) 図に　あらわします。

合わせた　数は　たし算で　もとめるから、

しき　25＋43＝68　答え　68こ

(2) 図に　あらわします。

ちがいは　ひき算で　もとめるから、

しき　43−25＝18　答え　18こ

ぴったり2　33ページ

1 子どもが　24人　あそんでいました。19人　かえりました。のこりは　何人に　なりましたか。図を　かんせいさせて　答えましょう。　教科書 81ページ2

しき　24−19＝5　答え　(5人)

2 りんごが　26こ、みかんが　31こ　あります。ちがいは　何こですか。図を　かんせいさせて　答えましょう。　教科書 82ページ3

しき　31−26＝5　答え　(5こ)

よくよんで

3 わたしは、いちごを　16こ　食べました。お兄さんは、わたしより　8こ　多く　食べました。お兄さんは、何こ　食べましたか。図を　かんせいさせて　答えましょう。　教科書 83ページ

しき　16＋8＝24　答え　(24こ)

ぴったり3

1 ものさしをテープにまっすぐあててはかりましょう。
②8cm＝80mm だから、80mm と6mm で 86mm です。

2 ものさしをしっかりおさえて、ゆっくり直線を引きましょう。引きおわったら、直線の長さをはかって、6cm、3cm2mm になっているかたしかめましょう。

3 1cm、1mm のだいたいの長さをおぼえておきましょう。

5 たんいを mm にそろえてくらべます。6cm2mm＝62mm、5cm9mm＝59mm だから、長いじゅんにならべると、65mm → 62mm → 59mm です。
65mm → 6cm2mm
→ 5cm9mm

6 ②5cm4mm＋3cm7mm
＝54mm＋37mm＝91mm
＝9cm1mm
④9cm4mm－8cm7mm
＝94mm－87mm＝7mm

ぴったり1

おうちのかたへ

線分図をかいて問題を解決する学習です。線分図に表すことで、数量の関係が把握しやすくなり、問題を解くための式の立て方がわかりやすくなります。自分でもかけるように練習しましょう。

ぴったり2

1 もんだい文をよく読んで、テープの図にあてはまる数を見つけます。わからない数や、もとめる数を□であらわします。
のこりをもとめるので、しきはひき算です。

2 3 ちがいをもとめたり、ちがいをつかって答えをもとめるときは、テープを2本つかうと、わかりやすくなります。

34~35ページ

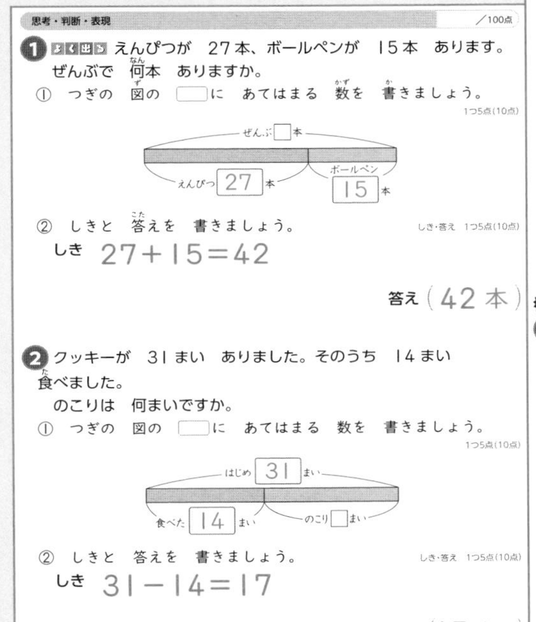
思考・判断・表現　／100点

1 よくでる えんぴつが 27本、ボールペンが 15本 あります。ぜんぶで 何本 ありますか。
① つぎの 図の □に あてはまる 数を 書きましょう。 1つ5点(10点)

② しきと 答えを 書きましょう。 しき・答え 1つ5点(10点)
しき 27＋15＝42
答え（42本）

2 クッキーが 31まい ありました。そのうち 14まい 食べました。
のこりは 何まいですか。
① つぎの 図の □に あてはまる 数を 書きましょう。 1つ5点(10点)

② しきと 答えを 書きましょう。 しき・答え 1つ5点(10点)
しき 31－14＝17
答え（17まい）

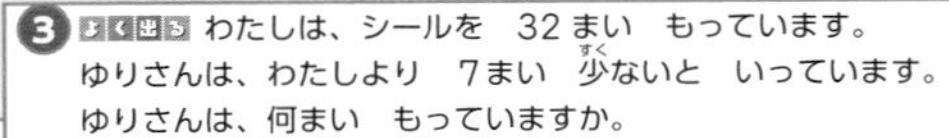
3 よくでる わたしは、シールを 32まい もっています。
ゆりさんは、わたしより 7まい 少ないと いっています。
ゆりさんは、何まい もっていますか。
① つぎの 図の □に あてはまる 数を 書きましょう。 1つ5点(10点)

② しきと 答えを 書きましょう。 しき・答え 1つ10点(20点)
しき 32－7＝25
答え（25まい）

できたらスゴイ！
4 ドーナツが 23こ あります。9まいの ふくろに ドーナツを 1こずつ 入れたとき、のこりの ドーナツは 何こですか。
① つぎの 図の □に あてはまる 数を 書きましょう。 1つ5点(10点)

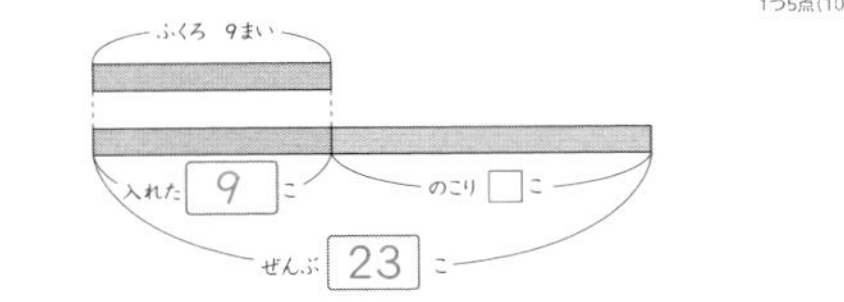

② しきと 答えを 書きましょう。 しき・答え 1つ10点(20点)
しき 23－9＝14
答え（14こ）

ぴったり3

1 ①もんだい文に出てくる本数を図にあてはめます。
②図から、ぜんぶの本数はたし算でもとめられることがわかります。
ことばのしきにあらわすと、
えんぴつの本数＋ボールペンの本数＝ぜんぶの本数

2 ②図から、のこりのまい数はひき算でもとめられることがわかります。
はじめのまい数－食べたまい数＝のこりのまい数

3 ①ちがいをつかって答えをもとめるもんだいは、テープを2本つかった図がわかりやすいです。
②ゆりさんの方が少ないから、
わたしのまい数－ちがいのまい数＝ゆりさんのまい数

4 ①ふくろに入れたドーナツの数は9こです。
②23このドーナツのうち、9こをふくろに入れたから、のこりは、23－9＝14で14こです。
ぜんぶのこ数－ふくろに入れたこ数＝のこりのこ数

8 1000までの数

ぴったり1　36ページ

つぎの □に あてはまる 数を 書きましょう。

ねらい 100より大きい数を読んだり、書いたりできるようにしよう。 れんしゅう 1 2 3 4

100より 大きい 数
二百と 四十と 五を 合わせた 数を、245と 書き、二百四十五と 読みます。
245の 2の ところを、百のくらいと いいます。

百のくらい	十のくらい	一のくらい
2	4	5

（二百　四十　五）

1 ○は 何こ ありますか。

とき方 100が 4こで 400。
400と 20と 8で 428。

四百二十八と 読むよ。

ねらい 千という数をりかいしよう。 れんしゅう 5

1000
100を 10こ あつめた 数を、1000と 書き、千と 読みます。

2 1000は 900より いくつ 大きい 数ですか。

とき方 1目もりが 10の 数の線を かいてみます。
10が 10こ分 大きいから、1000は 900より 100 大きい 数です。

ぴったり2　37ページ

1 つぎの もんだいに 答えましょう。 教科書 90ページ▶, 91ページ▶
① つぎの 数を 読みましょう。
(1) 685（六百八十五）　(2) 307（三百七）
② つぎの 数を 数字で 書きましょう。
(1) 七百十三（713）　(2) 三百六十（360）

2 つぎの □に あてはまる 数を 書きましょう。 教科書 91ページ▶
① 100を 9こと 10を 3こ 合わせた 数は 930。
② 506は、100を 5 こと 1を 6 こ 合わせた 数。

よくでる
3 つぎの □に あてはまる 数を 書きましょう。 教科書 93ページ▶
① 177－178－179－180－181
② 480－490－500－510－520
③ 980－985－990－995－1000

4 つぎの □に あてはまる 数を 書きましょう。 教科書 94ページ 4
① 680は、10を 68 こ あつめた 数。
② 290 は、10を 29こ あつめた 数。

10が 10こで 100だったね。

ぴったり1

おうちのかたへ

1000までの数の仕組み、書き方、読み方を学習します。
1の集まり、10の集まり、100の集まりで数をつくる考え方をしっかり理解させます。

ぴったり2

1 ②(2)

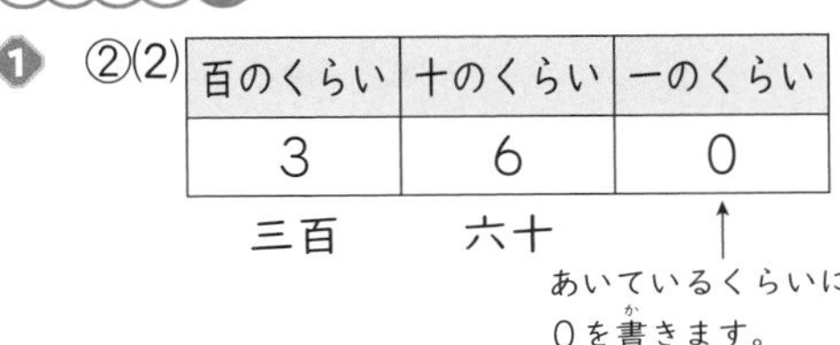

百のくらい	十のくらい	一のくらい
3	6	0
三百	六十	↑

あいているくらいに0を書きます。

2 ①900と30で930です。
②506は、500と6です。
500は100が5こ、6は1が6こです。

3 ①1ずつ大きくなっています。
②10ずつ大きくなっています。
③5ずつ大きくなっています。

4 ①680〈600→10が60こ／80→10が8こ〉10が68こ
②10が29こ〈10が20こ→200／10が9こ→90〉290

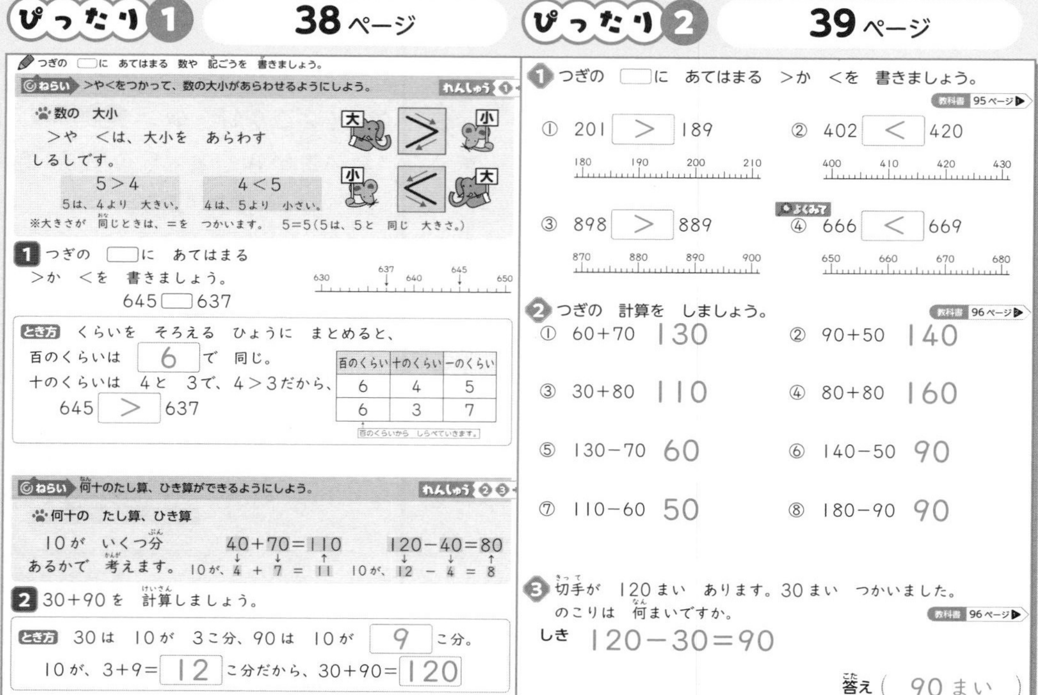

ぴったり1 38ページ

つぎの □に あてはまる 数や 記ごうを 書きましょう。

ねらい ＞や＜をつかって、数の大小があらわせるようにしよう。 れんしゅう①

数の 大小

＞や ＜は、大小を あらわす しるしです。

5＞4 5は、4より 大きい。　4＜5 4は、5より 小さい。

※大きさが 同じときは、＝を つかいます。 5＝5（5は、5と 同じ 大きさ。）

1 つぎの □に あてはまる ＞か ＜を 書きましょう。

645 □ 637

とき方 くらいを そろえる ひょうに まとめると、百のくらいは [6] で 同じ。十のくらいは 4と 3で、4＞3だから、645 [＞] 637

百のくらい	十のくらい	一のくらい
6	4	5
6	3	7

ねらい 何十のたし算、ひき算ができるようにしよう。 れんしゅう②③

何十の たし算、ひき算

10が いくつ分 あるかで 考えます。 40＋70＝110（10が、4＋7＝11） 120−40＝80（10が、12−4＝8）

2 30＋90を 計算しましょう。

とき方 30は 10が 3こ分、90は 10が [9] こ分。10が、3＋9＝[12] こ分だから、30＋90＝[120]

ぴったり2 39ページ

1 つぎの □に あてはまる ＞か ＜を 書きましょう。 教科書95ページ

① 201 [＞] 189　② 402 [＜] 420　③ 898 [＞] 889　④ 666 [＜] 669

2 つぎの 計算を しましょう。 教科書96ページ

① 60＋70 130　② 90＋50 140　③ 30＋80 110　④ 80＋80 160　⑤ 130−70 60　⑥ 140−50 90　⑦ 110−60 50　⑧ 180−90 90

3 切手が 120まい あります。30まい つかいました。のこりは 何まいですか。 教科書96ページ

しき 120−30＝90

答え（90まい）

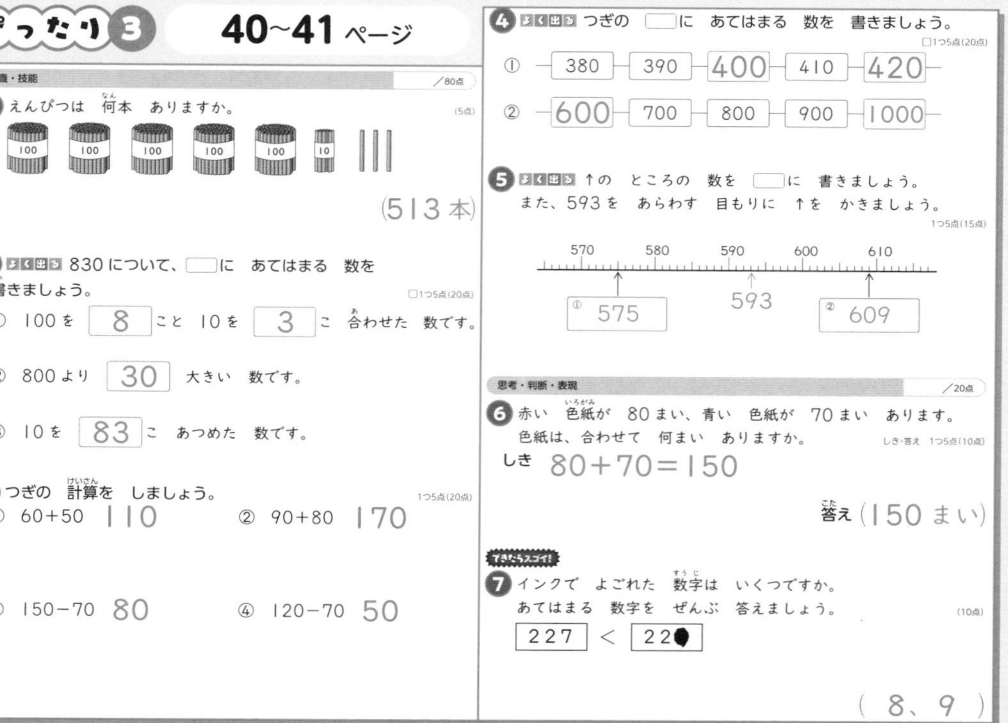

ぴったり3 40～41ページ

知識・技能 ／80点

1 えんぴつは 何本 ありますか。（5点）

（513本）

2 よく出る 830について、□に あてはまる 数を 書きましょう。 1つ5点（20点）

① 100を [8] こと 10を [3] こ 合わせた 数です。

② 800より [30] 大きい 数です。

③ 10を [83] こ あつめた 数です。

3 つぎの 計算を しましょう。 1つ5点（20点）

① 60＋50 110　② 90＋80 170　③ 150−70 80　④ 120−70 50

4 よく出る つぎの □に あてはまる 数を 書きましょう。 1つ5点（20点）

① 380 － 390 － [400] － 410 － [420]

② [600] － 700 － 800 － 900 － [1000]

5 よく出る ↑の ところの 数を □に 書きましょう。また、593を あらわす 目もりに ↑を かきましょう。 1つ5点（15点）

① [575]　593　② [609]

思考・判断・表現 ／20点

6 赤い 色紙が 80まい、青い 色紙が 70まい あります。色紙は、合わせて 何まい ありますか。 しき・答え 1つ5点（10点）

しき 80＋70＝150

答え（150まい）

できたらスゴイ！

7 インクで よごれた 数字は いくつですか。あてはまる 数字を ぜんぶ 答えましょう。（10点）

[227] ＜ [22●]

（8、9）

ぴったり1

おうちのかたへ

3けたの整数の大小関係がわかり、不等号（＜、＞）を使って表せるようにします。何十のたし算、ひき算は、10円玉などを使って、1けたの計算に置き換えられることを理解させましょう。

ぴったり2

1 大きいくらいからじゅんにしらべていきます。

①百のくらいの数字が大きい方が大きいです。

②③百のくらいの数字は同じだから、十のくらいの数字をくらべます。

④百のくらいの数字も十のくらいの数字も同じだから、一のくらいの数字をくらべます。

どのもんだいも、数の線でたしかめておきましょう。

2 10が何こあるかで考えます。

①10が、6こ＋7こ＝13こで、130です。

⑤10が、13こ−7こ＝6こで、60です。

ぴったり3

1 100が5こで500。500と13で513本。

2 ①830は800と30です。800は100が8こ、30は10が3こです。

③830＜（800→10が80こ、30→10が3こ）＞10が83こ

3 10が何こあるかで考えます。

②10が、9こ＋8こ＝17こで170です。

④10が、12こ−7こ＝5こで50です。

5 1目もりは1をあらわしています。

①570と5目もり（5）で575です。

②600と9目もり（9）で609です。

593は590と3だから、590から右に3目もり目にやじるしをつけます。

7 2つの数は、百のくらいも十のくらいも2で同じだから、右の数の一のくらいにあてはまるのは、7より大きい数字で、8と9です。

たしかめてみましょう。

227＜228、227＜229

ぴったり1 42ページ

つぎの □に あてはまる 数を 書きましょう。

ねらい 答えが3けたになるたし算ができるようにしよう。 れんしゅう 1

答えが 3けたに なる たし算

十のくらいや 百のくらいに くり上げる たし算も これまでと 同じように ひっ算で できます。

1 89＋53を ひっ算で しましょう。

とき方
89＋53 → 142

一のくらいの 計算 9＋3＝12
一のくらいは 2。
十のくらいに 1くり上げる。

十のくらいの 計算 8＋5＋1＝14
十のくらいは 4。
百のくらいに 1くり上げる。

ねらい 3けたのたし算ができるようにしよう。 れんしゅう 2 3

3けたの たし算

数が 大きくなっても、くらいを そろえて 書けば、たし算は これまでと 同じように ひっ算で できます。
243＋16＝259

2 358＋23を ひっ算で しましょう。

とき方 一のくらいの 計算 8＋3＝11
一のくらいは 1。
十のくらいに 1くり上げる。
十のくらいの 計算 5＋2＋1＝8
百のくらいは 3。

ひっ算の しかたは 2けたの ときと 同じだね。
358＋23＝381

ぴったり2 43ページ

1 つぎの 計算を ひっ算で しましょう。 教科書 101～104ページ

① 93＋41＝134
② 72＋80＝152
③ 56＋87＝143
④ 85＋19＝104
⑤ 63＋57＝120
⑥ 24＋76＝100
⑦ 8＋95＝103 （まちがいちゅうい）
⑧ 96＋4＝100

くり上げた 1を 小さく 書いておこう。

2 つぎの 計算を しましょう。 教科書 105ページ

① 300＋500　800
② 200＋800　1000

100が 2＋8＝10こで…

3 つぎの 計算を ひっ算で しましょう。 教科書 106ページ

① 157＋8＝165
② 463＋7＝470
③ 312＋69＝381
④ 838＋26＝864

ぴったり1 44ページ

つぎの □に あてはまる 数を 書きましょう。

ねらい 100より大きい数からひく、ひき算ができるようにしよう。 れんしゅう 1 2 3

100より 大きい 数から ひく ひき算

大きい 数の ひき算も、くらいごとに 分けて 計算すれば、ひっ算で できます。

1 117－43を ひっ算で しましょう。

とき方
117－43 → 74

一のくらいの 計算 7－3＝4

十のくらいの 計算 百のくらいから 1くり下げて、11－4＝7

くらいごとに 計算するよ。

ねらい 十のくらいが0で、十のくらいからくり下げられないひき算ができるようにしよう。 れんしゅう 1

十のくらいから くり下げることが できないときの ひき算

十のくらいから 1くり下げることが できないときは、百のくらいから 十のくらいへ 1くり下げて、さらに、十のくらいから 一のくらいへ 1くり下げます。

2 104－58を ひっ算で しましょう。

とき方 一のくらいの 計算 百のくらいから 1くり下げる。さらに、十のくらいから 1くり下げる。 14－8＝6
十のくらいの 計算 9－5＝4

104－58＝46

ぴったり2 45ページ

1 つぎの 計算を ひっ算で しましょう。 教科書 107～111ページ

① 158－76＝82
② 132－70＝62
③ 165－87＝78
④ 130－53＝77
⑤ 107－42＝65
⑥ 105－89＝16
⑦ 100－38＝62
⑧ 103－8＝95 （まちがいちゅうい）

2 つぎの 計算を しましょう。 教科書 112ページ

① 900－600　300
② 1000－300　700

100が 10－3＝7こで…

3 つぎの 計算を ひっ算で しましょう。 教科書 113ページ

① 728－4＝724
② 563－9＝554
③ 275－25＝250
④ 350－46＝304

同じ くらいどうし 計算しよう。

ぴったり1

おうちのかたへ

答えが3けたになるたし算をします。けた数が増えても筆算の基本は同じです。位をそろえて書く、一の位から順に計算することを徹底しましょう。

ぴったり2

1 ①②十のくらいの計算でくり上がりがあります。

③～⑧一のくらい、十のくらいでくり上がりがあります。

④ 85＋19＝104　8＋1＋1＝10　5＋9＝14

⑥ 24＋76＝100　2＋7＋1＝10　4＋6＝10

2 ①100が、3こ＋5こ＝8こで800です。

②100が、2こ＋8こ＝10こで1000です。

3 ひっ算の書き方、計算のしかた、くり上がりのしかたは、2けたのたし算のときと同じです。

ぴったり1

おうちのかたへ

ひかれる数が3けたのひき算です。くり下がりが2回あるひき算は、筆算でしても難しいものです。順を追って、ていねいに説明してあげましょう。

ぴったり2

1 ①②十のくらいの計算でくり下がりがあります。

③④くり下がりが2回あります。

③ 165－87＝78　15－8　15－7

⑥～⑧十のくらいからくり下げられないときは、百のくらいからじゅんに1くり下げていきます。

⑥ 105－89＝16　9－8　15－9

3 ひかれる数が大きくなっても、ひっ算のしかたは同じです。

④ 350－46＝304　4－4　10－6

ぴったり3　46~47ページ

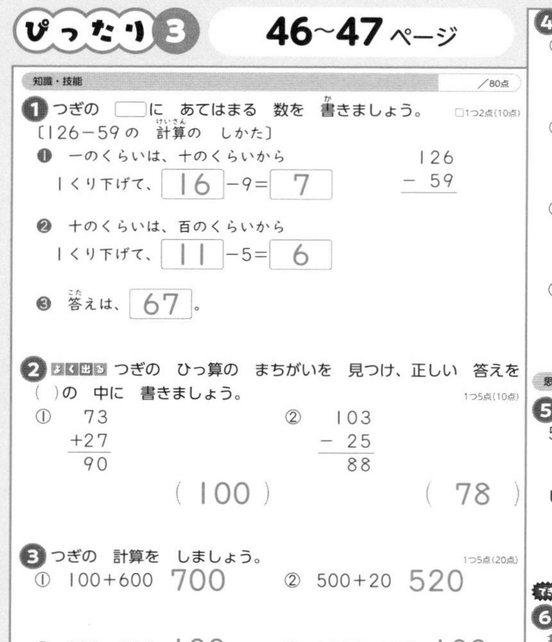
知識・技能　／80点

1 つぎの □に あてはまる 数を 書きましょう。 1つ2点(10点)
[126−59の 計算の しかた]
❶ 一のくらいは、十のくらいから
1くり下げて、16 −9= 7
126
− 59
❷ 十のくらいは、百のくらいから
1くり下げて、11 −5= 6
❸ 答えは、67 。

2 よくでる つぎの ひっ算の まちがいを 見つけ、正しい 答えを ( )の 中に 書きましょう。 1つ5点(10点)
① 73 +27 = 90 （100）
② 103 − 25 = 88 （78）

3 つぎの 計算を しましょう。 1つ5点(20点)
① 100+600 700
② 500+20 520
③ 800−700 100
④ 1000−900 100

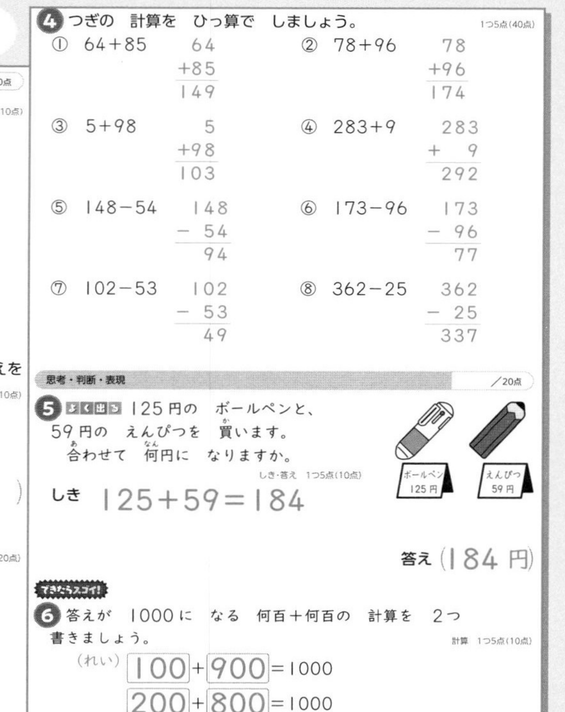
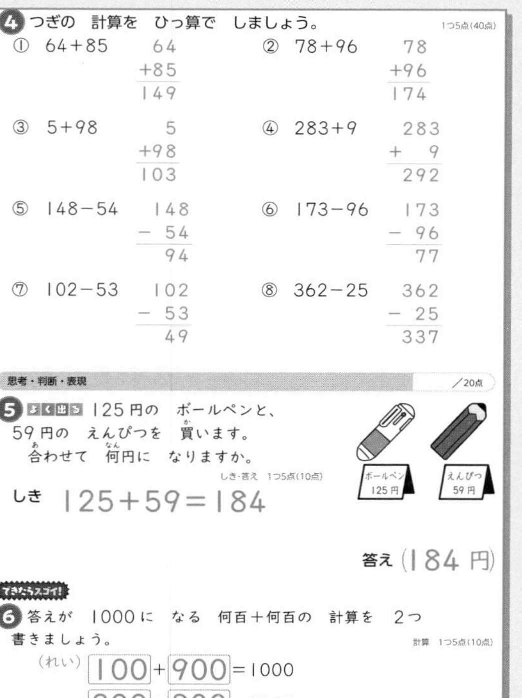
4 つぎの 計算を ひっ算で しましょう。 1つ5点(40点)
① 64+85 → 64 +85 = 149
② 78+96 → 78 +96 = 174
③ 5+98 → 5 +98 = 103
④ 283+9 → 283 + 9 = 292
⑤ 148−54 → 148 − 54 = 94
⑥ 173−96 → 173 − 96 = 77
⑦ 102−53 → 102 − 53 = 49
⑧ 362−25 → 362 − 25 = 337

思考・判断・表現　／20点

5 よくでる 125円の ボールペンと、59円の えんぴつを 買います。合わせて 何円に なりますか。 しき・答え 1つ5点(10点)
しき 125+59=184
答え （184 円）

できたらスゴイ!
6 答えが 1000に なる 何百+何百の 計算を 2つ 書きましょう。 計算 1つ5点(10点)
(れい) 100 + 900 =1000
200 + 800 =1000

⑩ 水の かさ

ぴったり1　48ページ　　ぴったり2　49ページ

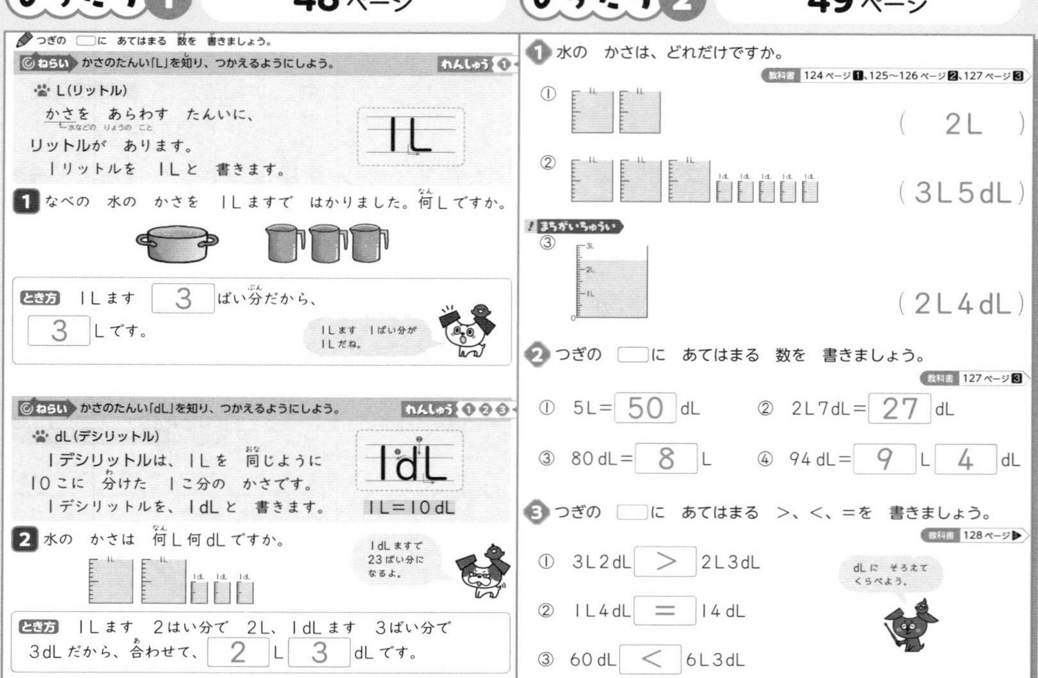
つぎの □に あてはまる 数を 書きましょう。

ねらい かさのたんい「L」を知り、つかえるようにしよう。 れんしゅう 1
L(リットル)
かさを あらわす たんいに、リットルが あります。
1リットルを 1Lと 書きます。
1 なべの 水の かさを 1Lますで はかりました。何Lですか。
とき方 1Lます 3 ばい分だから、3 Lです。

ねらい かさのたんい「dL」を知り、つかえるようにしよう。 れんしゅう 1 2 3
dL(デシリットル)
1デシリットルは、1Lを 同じように 10こに 分けた 1こ分の かさです。
1デシリットルを、1dLと 書きます。
1L=10dL
2 水の かさは 何L何dLですか。
とき方 1Lます 2はい分で 2L、1dLます 3ばい分で 3dLだから、合わせて、2 L 3 dLです。

1 水の かさは、どれだけですか。
① （2L）
② （3L5dL）
③ （2L4dL）
2 つぎの □に あてはまる 数を 書きましょう。
① 5L= 50 dL
② 2L7dL= 27 dL
③ 80dL= 8 L
④ 94dL= 9 L 4 dL
3 つぎの □に あてはまる >、<、=を 書きましょう。
① 3L2dL > 2L3dL
② 1L4dL = 14dL
③ 60dL < 6L3dL

ぴったり3

❷ ①十のくらいへのくり上がりをわすれています。
[正しい計算]
73
+27
100
7+2+1=10　3+7=10
②百のくらいからのくり下がりをわすれています。
[正しい計算]
103
− 25
78
13−5=8
9−2=7

❸ ①③④100のまとまりがいくつあるかで考えます。

❺ ひっ算は、右のようになります。
125
+ 59
184

❻ 1000は、100を10こあつめた数です。10になる2つの数の組み合わせから考えましょう。ほかに、300+700、400+600、500+500(たされる数とたす数は入れかわっていてもよいです。)

ぴったり1

おうちのかたへ
体積を表す単位L、dLを学びます。長さを決まった単位で表したように、体積にも決まった単位があります。

ぴったり2

❶ ③1Lを10に分ける目もりがついています。1L=10dLだから、1目もりは1dLです。2Lと4目もり(4dL)で2L4dLです。

❷ ②2L7dLは、2Lと7dLです。2Lは20dLだから、20dLと7dLで27dL。
④94dLは、90dLと4dLです。90dLは9Lだから、9Lと4dLで9L4dL。

❸ たんいをdLにそろえてくらべます。
①3L2dL=32dL、2L3dL=23dL
32dL>23dLだから、3L2dL>2L3dL
③6L3dL=63dL
60dL<63dLだから、60dL<6L3dL

50 ページ

ぴったり2 51 ページ

ぴったり3 52~53 ページ

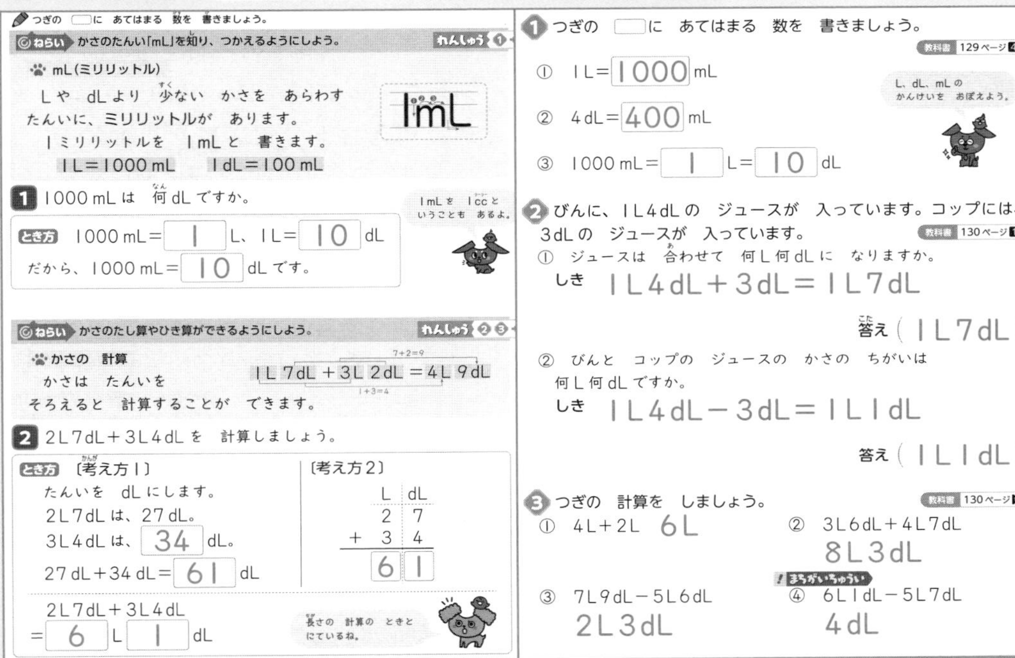

✏つぎの □に あてはまる 数を 書きましょう。

ねらい かさのたんい「mL」を知り、つかえるようにしよう。 れんしゅう 1

mL(ミリリットル)

Lや dLより 少ない かさを あらわす たんいに、ミリリットルが あります。
1ミリリットルを 1mLと 書きます。
1L=1000mL 1dL=100mL

1mL

1 1000mLは 何dLですか。

とき方 1000mL=[1]L、1L=[10]dL
だから、1000mL=[10]dLです。

1mLを 1ccと いうことも あるよ。

ねらい かさのたし算やひき算ができるようにしよう。 れんしゅう 2 3

かさの 計算

かさは たんいを そろえると 計算することが できます。

1L7dL+3L2dL=4L9dL（7+2=9、1+3=4）

2 2L7dL+3L4dLを 計算しましょう。

とき方 〔考え方1〕
たんいを dLにします。
2L7dLは、27dL。
3L4dLは、[34]dL。
27dL+34dL=[61]dL

〔考え方2〕

	L	dL
	2	7
+	3	4
	[6]	[1]

2L7dL+3L4dL
=[6]L[1]dL

長さの 計算の ときと にているね。

1 つぎの □に あてはまる 数を 書きましょう。 教科書 129ページ4

① 1L=[1000]mL
② 4dL=[400]mL
③ 1000mL=[1]L=[10]dL

L、dL、mLの かんけいを おぼえよう。

2 びんに、1L4dLの ジュースが 入っています。コップには、3dLの ジュースが 入っています。 教科書 130ページ1

① ジュースは 合わせて 何L何dLに なりますか。
しき 1L4dL+3dL=1L7dL
答え（1L7dL）

② びんと コップの ジュースの かさの ちがいは 何L何dLですか。
しき 1L4dL−3dL=1L1dL
答え（1L1dL）

3 つぎの 計算を しましょう。 教科書 130ページ▶

① 4L+2L 6L
② 3L6dL+4L7dL 8L3dL
③ 7L9dL−5L6dL 2L3dL
④ 6L1dL−5L7dL 4dL（まちがいちゅうい）

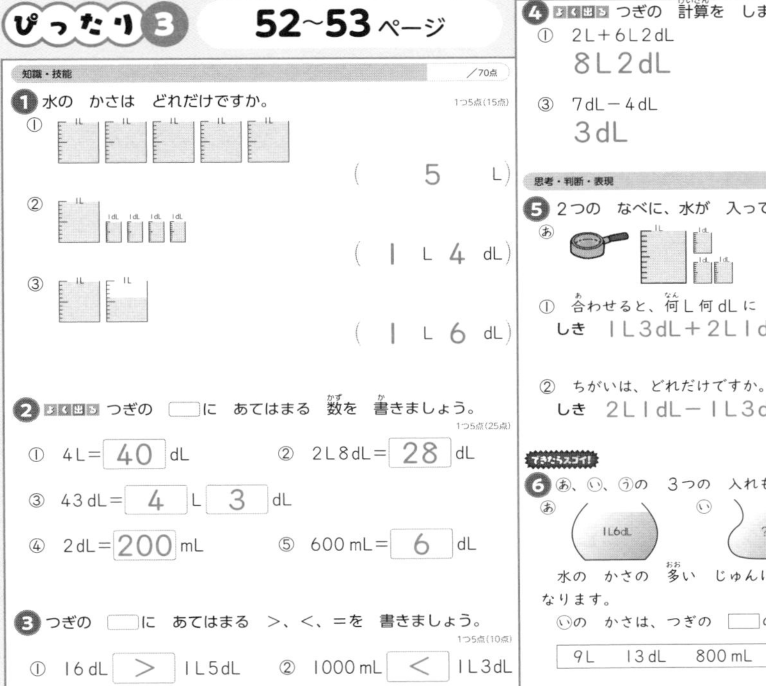

知識・技能 /70点

1 水の かさは どれだけですか。 1つ5点(15点)

①（5 L）
②（1 L 4 dL）
③（1 L 6 dL）

2 よくでる つぎの □に あてはまる 数を 書きましょう。 1つ5点(25点)

① 4L=[40]dL ② 2L8dL=[28]dL
③ 43dL=[4]L[3]dL
④ 2dL=[200]mL ⑤ 600mL=[6]dL

3 つぎの □に あてはまる >、<、=を 書きましょう。 1つ5点(10点)

① 16dL [>] 1L5dL ② 1000mL [<] 1L3dL

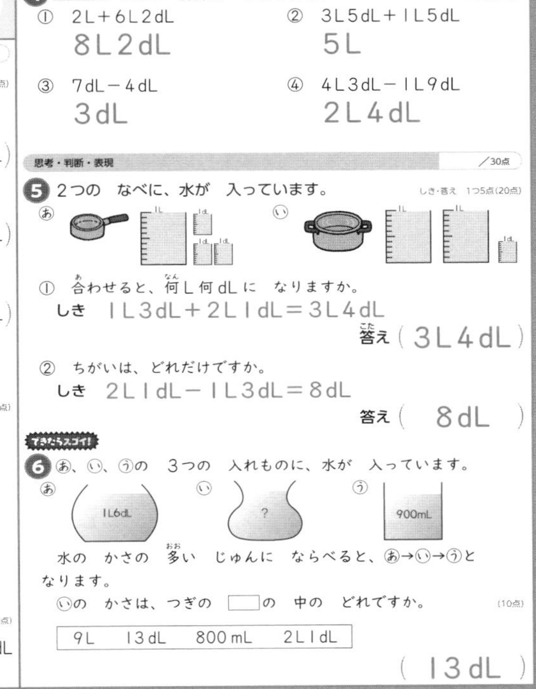

4 よくでる つぎの 計算を しましょう。 1つ5点(20点)

① 2L+6L2dL 8L2dL ② 3L5dL+1L5dL 5L
③ 7dL−4dL 3dL ④ 4L3dL−1L9dL 2L4dL

思考・判断・表現 /30点

5 2つの なべに、水が 入っています。 しき・答え 1つ5点(20点)

① 合わせると、何L何dLに なりますか。
しき 1L3dL+2L1dL=3L4dL
答え（3L4dL）

② ちがいは、どれだけですか。
しき 2L1dL−1L3dL=8dL
答え（8dL）

できたらスゴイ!

6 あ、い、うの 3つの 入れものに、水が 入っています。

あ 1L6dL　い ?　う 900mL

水の かさの 多い じゅんに ならべると、あ→い→うと なります。
いの かさは、つぎの □の 中の どれですか。 (10点)

9L 13dL 800mL 2L1dL

（13dL）

ぴったり1

おうちのかたへ

体積のもう1つの単位mLを覚えます。計算をするときは、長さのときと同じように単位をそろえることを確認します。

ぴったり2

❶ 1L=1000mL、1dL=100mL

❷ かさも、長さと同じようにして計算することができます。
①しきはたし算です。たんいをdLにして考えると、
14dL+3dL=17dL
=1L7dL
②しきはひき算です。右のように、たてに書いて計算してもよいです。

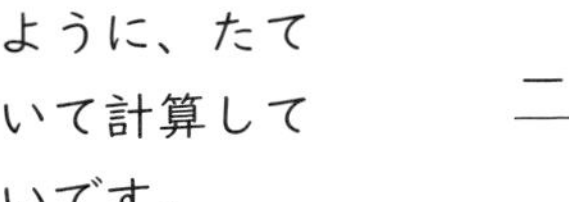

	L	dL
	1	4
−		3
	1	1

❸ dLにして計算しても、たてに書いて計算してもよいです。
②36dL+47dL=83dL
=8L3dL
④61dL−57dL=4dL

②

	L	dL
	3	6
+	4	7
	8	3

④

	L	dL
	6	1
−	5	7
		4

ぴったり3

❶ ③1Lますの1目もりは1dLをあらわします。1Lと6目もり(6dL)で1L6dLです。

❷ 1L=10dL、1L=1000mL、1dL=100mLをおぼえましょう。

❸ ②1000mL=1Lです。1L3dLは1Lより多いから、1000mL<1L3dL

❹ ①同じたんいの数どうしをたします。
[2L]+[6L]2dL=[8L]2dL
②dLにそろえて計算すると、
35dL+15dL=50dL=5L

❺ あは1L3dL、いは2L1dLです。
②くり下がりに気をつけます。
2L1dL−1L3dL
=1L11dL−1L3dL=8dL

❻ たんいをdLにして考えましょう。あは16dL、うは9dLだから、いは16dLより少なく、9dLより多いかさです。□の中のかさは、9L=90dL、800mL=8dL、2L1dL=21dLだから、あてはまるのは、13dLです。

11 三角形と　四角形

ぴったり1　54ページ　ぴったり2　55ページ

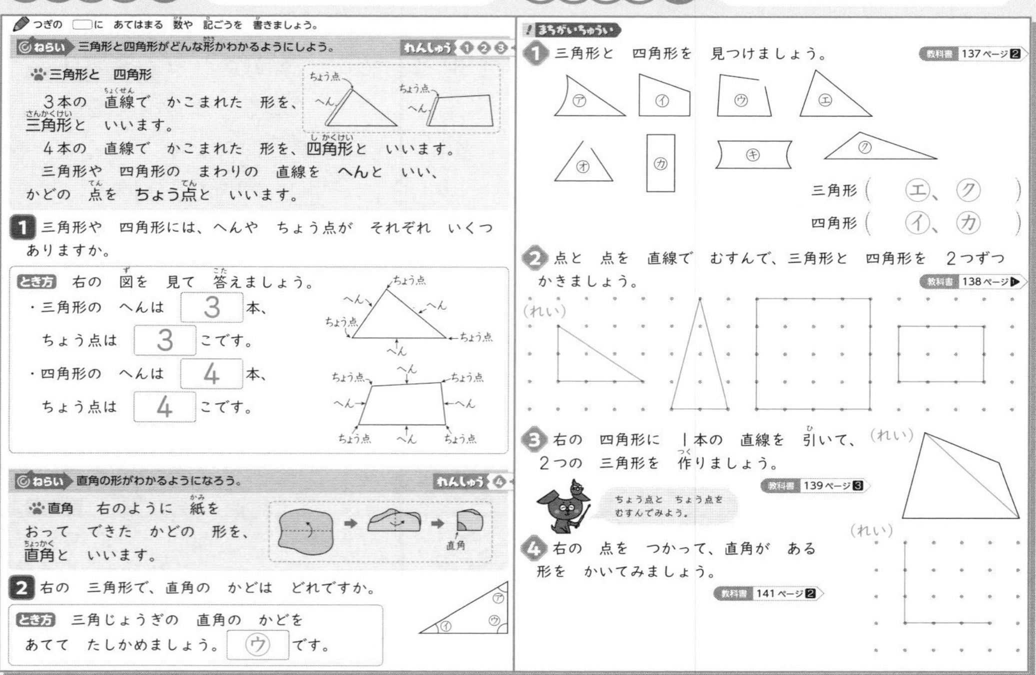

つぎの □に あてはまる 数や 記ごうを 書きましょう。

ねらい　三角形と四角形がどんな形かわかるようにしよう。　れんしゅう ① ② ③

三角形と　四角形

3本の　直線で　かこまれた　形を、三角形と　いいます。

4本の　直線で　かこまれた　形を、四角形と　いいます。

三角形や　四角形の　まわりの　直線を　へんと　いい、かどの　点を　ちょう点と　いいます。

1 三角形や　四角形には、へんや　ちょう点が　それぞれ　いくつ　ありますか。

とき方　右の　図を　見て　答えましょう。

・三角形の　へんは　3　本、ちょう点は　3　こです。

・四角形の　へんは　4　本、ちょう点は　4　こです。

ねらい　直角の形がわかるようになろう。　れんしゅう ④

直角　右のように　紙を　おって　できた　かどの　形を、直角と　いいます。

2 右の　三角形で、直角の　かどは　どれですか。

とき方　三角じょうぎの　直角の　かどを　あてて　たしかめましょう。　ウ　です。

まちがいちゅうい

1 三角形と　四角形を　見つけましょう。　教科書 137ページ 2

三角形（ エ、ク ）

四角形（ イ、カ ）

2 点と　点を　直線で　むすんで、三角形と　四角形を　2つずつ　かきましょう。　教科書 138ページ

（れい）

3 右の　四角形に　1本の　直線を　引いて、2つの　三角形を　作りましょう。　教科書 139ページ 3

（れい）

ちょう点と　ちょう点を　むすんでみよう。

4 右の　点を　つかって、直角が　ある　形を　かいてみましょう。　教科書 141ページ 2

（れい）

ぴったり1　56ページ　ぴったり2　57ページ

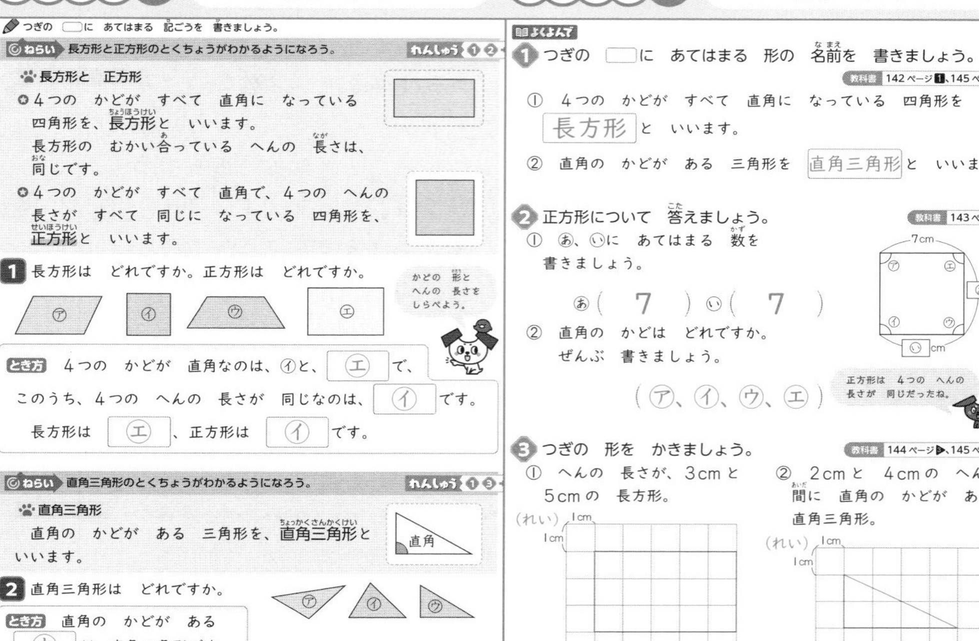

つぎの □に あてはまる 記ごうを 書きましょう。

ねらい　長方形と正方形のとくちょうがわかるようになろう。　れんしゅう ① ②

長方形と　正方形

○4つの　かどが　すべて　直角に　なっている　四角形を、長方形と　いいます。長方形の　むかい合っている　へんの　長さは、同じです。

○4つの　かどが　すべて　直角で、4つの　へんの　長さが　すべて　同じに　なっている　四角形を、正方形と　いいます。

1 長方形は　どれですか。正方形は　どれですか。

かどの　形と　へんの　長さを　しらべよう。

とき方　4つの　かどが　直角なのは、イと、エ　で、このうち、4つの　へんの　長さが　同じなのは、イ　です。

長方形は　エ　、正方形は　イ　です。

ねらい　直角三角形のとくちょうがわかるようになろう。　れんしゅう ① ③

直角三角形

直角の　かどが　ある　三角形を、直角三角形と　いいます。

2 直角三角形は　どれですか。

とき方　直角の　かどが　ある　ウ　が　直角三角形です。

よくよんで

1 つぎの □に　あてはまる　形の　名前を　書きましょう。　教科書 142ページ 1、145ページ 1

① 4つの　かどが　すべて　直角に　なっている　四角形を　長方形　と　いいます。

② 直角の　かどが　ある　三角形を　直角三角形　と　いいます。

2 正方形について　答えましょう。　教科書 143ページ 2

① あ、いに　あてはまる　数を　書きましょう。

あ（ 7 ）　い（ 7 ）

② 直角の　かどは　どれですか。ぜんぶ　書きましょう。

（ ア、イ、ウ、エ ）

正方形は　4つの　へんの　長さが　同じだったね。

3 つぎの　形を　かきましょう。　教科書 144ページ、145ページ

① へんの　長さが、3cmと　5cmの　長方形。

② 2cmと　4cmの　へんの　間に　直角の　かどが　ある　直角三角形。

（れい）

ぴったり1

おうちのかたへ

三角形と四角形の定義がわかり、ことばで説明できるようにしておきましょう。

ぴったり2

1 アとキは線がまがっているので、三角形や四角形とはいいません。
ウとオは直線でかこまれていない（すきまがあいている）ので、三角形や四角形とはいいません。

2 三角形は、3つの点をえらんで直線でむすびます。四角形は、4つの点をえらんで直線でむすびます。どの3つの点、どの4つの点をむすんでもかまいません。

3 むかい合った2つのちょう点をむすぶと、三角形が2つできます。
右のように直線を引いてもよいです。

4 下の形も直角です。三角じょうぎでたしかめておきましょう。

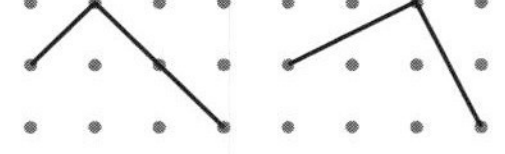

ぴったり1

おうちのかたへ

四角形を辺の長さや角の大きさで分類します。長方形と正方形が区別でき、それぞれの特徴がいえるようにしましょう。

ぴったり2

2 ①正方形は、4つのへんの長さがすべて同じなので、どのへんの長さも7cmです。
②正方形は、4つのかどがすべて直角です。

3 ますは、どれもへんの長さが1cmの正方形です。また、ますのかどはどこも直角です。そのことをりようしてかきましょう。つぎのように、むきがちがっていてもかまいません。

①

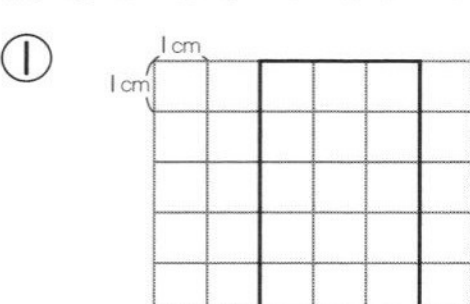

②

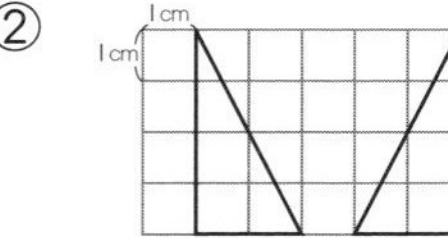

⑫ かけ算(1)

ぴったり3 58~59ページ

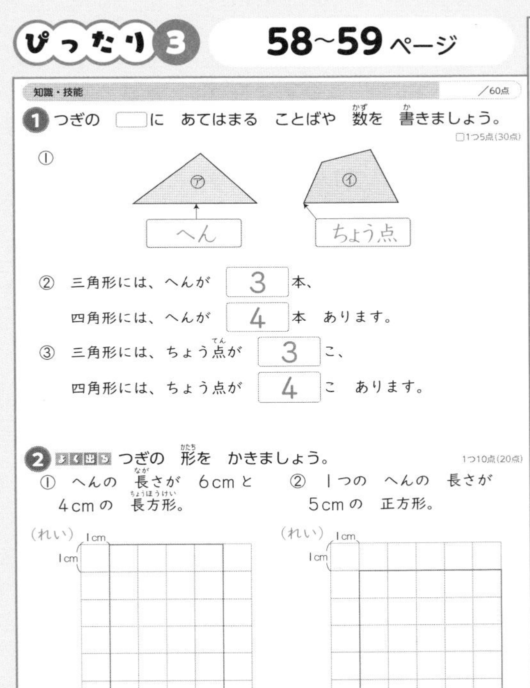

知識・技能 ／60点

1 つぎの □ に あてはまる ことばや 数を 書きましょう。 1つ5点(30点)

① ㋐ ㋑ へん ちょう点

② 三角形には、へんが 3 本、四角形には、へんが 4 本 あります。

③ 三角形には、ちょう点が 3 こ、四角形には、ちょう点が 4 こ あります。

2 よくよんで つぎの 形を かきましょう。 1つ10点(20点)

① へんの 長さが 6cmと 4cmの 長方形。 ② 1つの へんの 長さが 5cmの 正方形。

(れい) 1cm 1cm

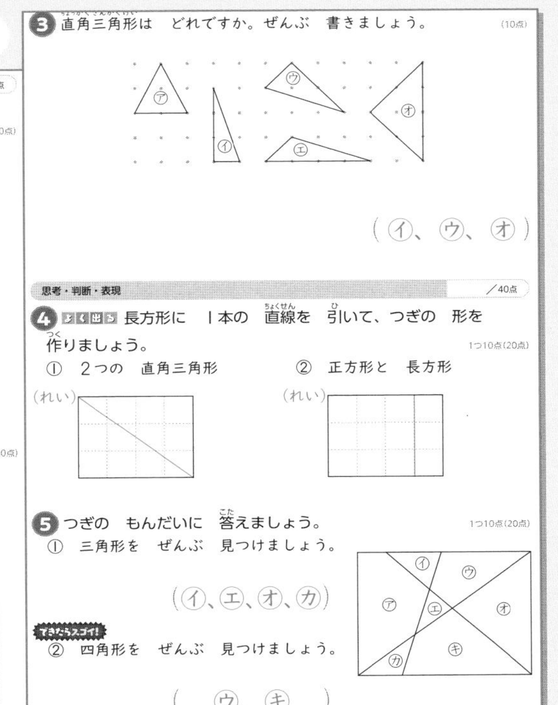

3 直角三角形は どれですか。ぜんぶ 書きましょう。 (10点)

(㋑、㋒、㋔)

思考・判断・表現 ／40点

4 よくよんで 長方形に 1本の 直線を 引いて、つぎの 形を 作りましょう。 1つ10点(20点)

① 2つの 直角三角形 ② 正方形と 長方形 (れい)

5 つぎの もんだいに 答えましょう。 1つ10点(20点)

① 三角形を ぜんぶ 見つけましょう。 (㋑、㋓、㋔、㋕)

できたらスゴイ! ② 四角形を ぜんぶ 見つけましょう。 (㋒、㋖)

ぴったり1 60ページ

ぴったり2 61ページ

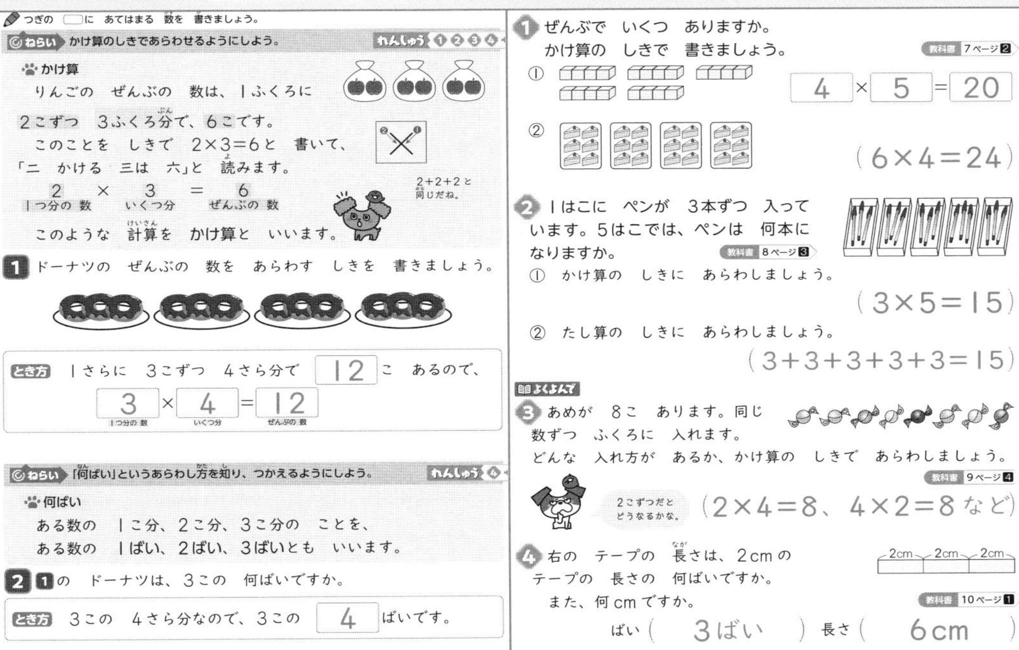

つぎの □に あてはまる 数を 書きましょう。

ねらい かけ算のしきであらわせるようにしよう。 れんしゅう 1 2 3 4

かけ算

りんごの ぜんぶの 数は、1ふくろに 2こずつ 3ふくろ分で、6こです。

このことを しきで 2×3=6と 書いて、「二 かける 三は 六」と 読みます。

2 × 3 = 6

1つ分の 数 いくつ分 ぜんぶの 数

このような 計算を かけ算と いいます。

2+2+2と 同じだね。

1 ドーナツの ぜんぶの 数を あらわす しきを 書きましょう。

とき方 1さらに 3こずつ 4さら分で 12 こ あるので、 3 × 4 = 12

ねらい 「何ばい」というあらわし方を知り、つかえるようにしよう。 れんしゅう 4

何ばい

ある数の 1こ分、2こ分、3こ分の ことを、ある数の 1ばい、2ばい、3ばいとも いいます。

2 1の ドーナツは、3この 何ばいですか。

とき方 3この 4さら分なので、3この 4 ばいです。

1 ぜんぶで いくつ ありますか。かけ算の しきで 書きましょう。 教科書 7ページ2

① 4 × 5 = 20

② (6×4=24)

2 1はこに ペンが 3本ずつ 入って います。5はこでは、ペンは 何本に なりますか。 教科書 8ページ3

① かけ算の しきに あらわしましょう。 (3×5=15)

② たし算の しきに あらわしましょう。 (3+3+3+3+3=15)

よくよんで

3 あめが 8こ あります。同じ 数ずつ ふくろに 入れます。どんな 入れ方が あるか、かけ算の しきで あらわしましょう。 教科書 9ページ4

2こずつだと どうなるかな。 (2×4=8、4×2=8 など)

4 右の テープの 長さは、2cmの テープの 長さの 何ばいですか。また、何cmですか。 教科書 10ページ1

2cm 2cm 2cm

ばい(3ばい) 長さ(6cm)

ぴったり3

1 三角形や四角形のとくちょうを、しっかりおぼえましょう。

2 ①長方形は、4つのかどが直角で、むかい合っているへんの長さが同じです。

②正方形は、4つのかどが直角で、4つのへんの長さが同じです。

3 直角の形は ∟ だけでなく、∧ もあることを、三角じょうぎをつかってたしかめておきましょう。

4 ①四角形を1本の直線で2つの三角形に分けるには、むかい合った2つのちょう点を直線でむすびます。長方形の4つのかどは直角だから、直角三角形が2つできます。

②長方形の中のますはどれも同じ大きさの正方形です。たてとよこのますの数が同じ四角形が正方形になります。

5 ちょう点が3つある形が三角形、ちょう点が4つある形が四角形です。㋐は、ちょう点が5つある形です。

ぴったり1

おうちのかたへ

かけ算の学習です。同じ数を何回かたす計算は、たし算よりかけ算の方が便利であることを理解させます。ここでは、かけ算の答えはたし算で求めます。

ぴったり2

1 ①4この5つ分です。答えはたし算でもとめます。

4 × 5→4+4+4+4+4=20

1つ分 いくつ分 4の5つ分

2 ①3本の5つ分だから、3×5=15 です。

3 2こずつ入れると、

○○|○○|○○|○○ →2×4=8

4こずつ入れると、

○○○○|○○○○ →4×2=8

ほかに、1こずつ入れると、1×8=8

8こすべて入れると、8×1=8 としてもよいです。

4 2cmの3つ分を、2cmの3ばいともいいます。しきはかけ算で、2×3=6 とあらわします。

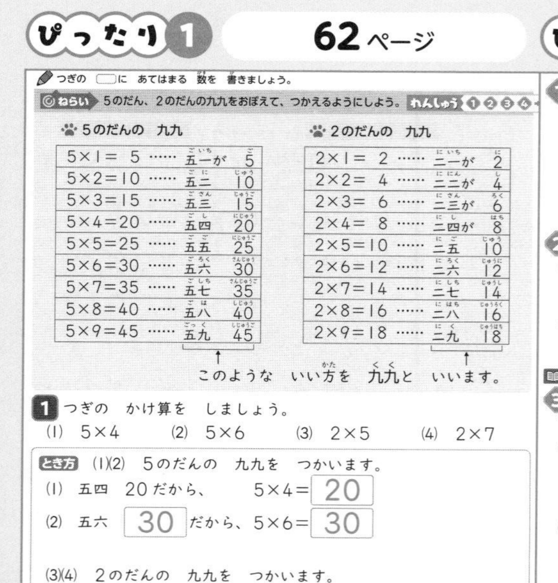

ぴったり1 62ページ

つぎの □に あてはまる 数を 書きましょう。

ねらい 5のだん、2のだんの九九をおぼえて、つかえるようにしよう。 れんしゅう ①②③④

5のだんの 九九

5×1＝ 5	五一が	5
5×2＝10	五二	10
5×3＝15	五三	15
5×4＝20	五四	20
5×5＝25	五五	25
5×6＝30	五六	30
5×7＝35	五七	35
5×8＝40	五八	40
5×9＝45	五九	45

2のだんの 九九

2×1＝ 2	二一が	2
2×2＝ 4	二二が	4
2×3＝ 6	二三が	6
2×4＝ 8	二四が	8
2×5＝10	二五	10
2×6＝12	二六	12
2×7＝14	二七	14
2×8＝16	二八	16
2×9＝18	二九	18

このような いい方を 九九と いいます。

1 つぎの かけ算を しましょう。
(1) 5×4 (2) 5×6 (3) 2×5 (4) 2×7

とき方 (1)(2) 5のだんの 九九を つかいます。
(1) 五四 20だから、 5×4＝20
(2) 五六 30だから、5×6＝30

(3)(4) 2のだんの 九九を つかいます。
(3) 二五 10だから、 2×5＝10
(4) 二七 14だから、2×7＝14

声に 出して 何回も れんしゅうしよう。

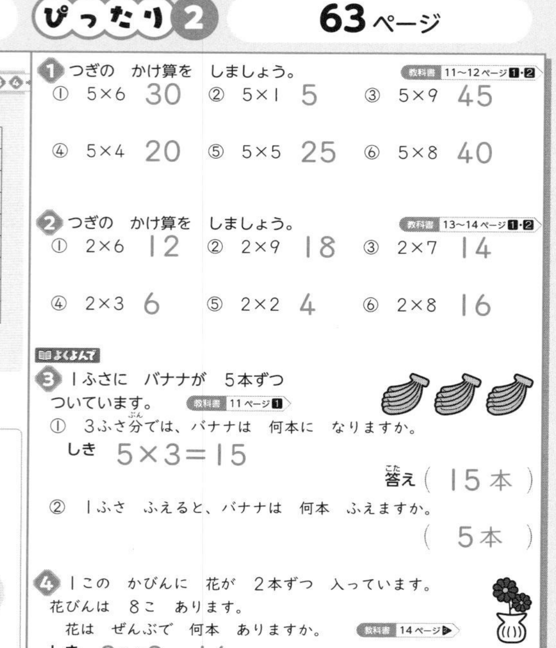

ぴったり2 63ページ

1 つぎの かけ算を しましょう。 教科書 11～12ページ 1・2
① 5×6 30 ② 5×1 5 ③ 5×9 45
④ 5×4 20 ⑤ 5×5 25 ⑥ 5×8 40

2 つぎの かけ算を しましょう。 教科書 13～14ページ 1・2
① 2×6 12 ② 2×9 18 ③ 2×7 14
④ 2×3 6 ⑤ 2×2 4 ⑥ 2×8 16

よくよんで
3 1ふさに バナナが 5本ずつ ついています。 教科書 11ページ 1
① 3ふさ分では、バナナは 何本に なりますか。
しき 5×3＝15
答え（ 15本 ）
② 1ふさ ふえると、バナナは 何本 ふえますか。
（ 5本 ）

4 1この かびんに 花が 2本ずつ 入っています。花びんは 8こ あります。
花は ぜんぶで 何本 ありますか。 教科書 14ページ
しき 2×8＝16
答え（ 16本 ）

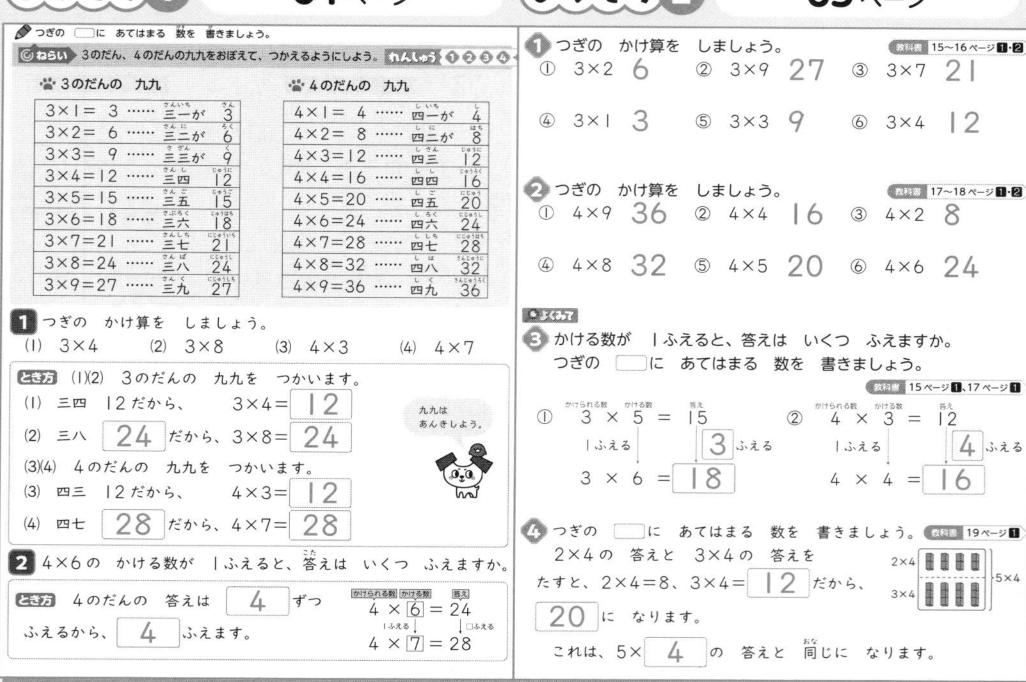

ぴったり1 64ページ

つぎの □に あてはまる 数を 書きましょう。

ねらい 3のだん、4のだんの九九をおぼえて、つかえるようにしよう。 れんしゅう ①②③④

3のだんの 九九

3×1＝ 3	三一が	3
3×2＝ 6	三二が	6
3×3＝ 9	三三が	9
3×4＝12	三四	12
3×5＝15	三五	15
3×6＝18	三六	18
3×7＝21	三七	21
3×8＝24	三八	24
3×9＝27	三九	27

4のだんの 九九

4×1＝ 4	四一が	4
4×2＝ 8	四二が	8
4×3＝12	四三	12
4×4＝16	四四	16
4×5＝20	四五	20
4×6＝24	四六	24
4×7＝28	四七	28
4×8＝32	四八	32
4×9＝36	四九	36

1 つぎの かけ算を しましょう。
(1) 3×4 (2) 3×8 (3) 4×3 (4) 4×7

とき方 (1)(2) 3のだんの 九九を つかいます。
(1) 三四 12だから、 3×4＝12
(2) 三八 24だから、3×8＝24
(3)(4) 4のだんの 九九を つかいます。
(3) 四三 12だから、 4×3＝12
(4) 四七 28だから、4×7＝28

九九は あんきしよう。

2 4×6の かける数が 1ふえると、答えは いくつ ふえますか。

とき方 4のだんの 答えは 4 ずつ ふえるから、 4 ふえます。
4×6＝24 → 4×7＝28

ぴったり2 65ページ

1 つぎの かけ算を しましょう。 教科書 15～16ページ 1・2
① 3×2 6 ② 3×9 27 ③ 3×7 21
④ 3×1 3 ⑤ 3×3 9 ⑥ 3×4 12

2 つぎの かけ算を しましょう。 教科書 17～18ページ 1・2
① 4×9 36 ② 4×4 16 ③ 4×2 8
④ 4×8 32 ⑤ 4×5 20 ⑥ 4×6 24

よくみて
3 かける数が 1ふえると、答えは いくつ ふえますか。
つぎの □に あてはまる 数を 書きましょう。 教科書 15ページ 1、17ページ 1
① 3×5＝15 1ふえる 3ふえる 3×6＝18
② 4×3＝12 1ふえる 4ふえる 4×4＝16

4 つぎの □に あてはまる 数を 書きましょう。 教科書 19ページ 1
2×4の 答えと 3×4の 答えを たすと、2×4＝8、3×4＝12 だから、20 に なります。
これは、5× 4 の 答えと 同じに なります。

ぴったり1

おうちのかたへ

かけ算の答えをたし算で求めるのは大変です。かけ算の答えは、九九を覚えることで簡単に求められることを学びます。とにかく覚えることです。

ぴったり2

1 5のだんの九九で答えをもとめましょう。わすれたときは、5のだんの九九のひょうを見て、正しくいえるようにしておきます。

2 2のだんの九九で答えをもとめましょう。わすれたときは、2のだんの九九のひょうを見て、正しくいえるようにしておきます。

3 ①5本ずつ3ふさ分だから、
（5本ずつ＝1つ分の数、3ふさ分＝いくつ分）
しきは、5×3＝15(五三 15)
②「いくつ分」が1ふえると、答えは「1つ分の数」だけふえます。

4 2本の8こ分だから、
しきは、2×8＝16(二八 16)

ぴったり1

おうちのかたへ

5の段や2の段の答えは、覚えやすいですが、3の段、4の段になると、覚えにくくなります。くりかえし練習して確実に覚えるようにしましょう。

ぴったり2

1 3のだんの九九で答えをもとめましょう。わすれたときは、3のだんの九九のひょうを見て、正しくいえるようにしておきます。

2 4のだんの九九で答えをもとめましょう。わすれたときは、4のだんの九九のひょうを見て、正しくいえるようにしておきます。

3 ①3×6の答えを九九でもとめてから、いくつふえたかしらべます。
3×6＝18だから、
18－15＝3で、3ふえたことがわかります。

4 2×4＝8、3×4＝12だから、8＋12＝20。20は、5×4の答えです。5のだんの九九の答えは、2のだんの答えと3のだんの答えをたした数になります。

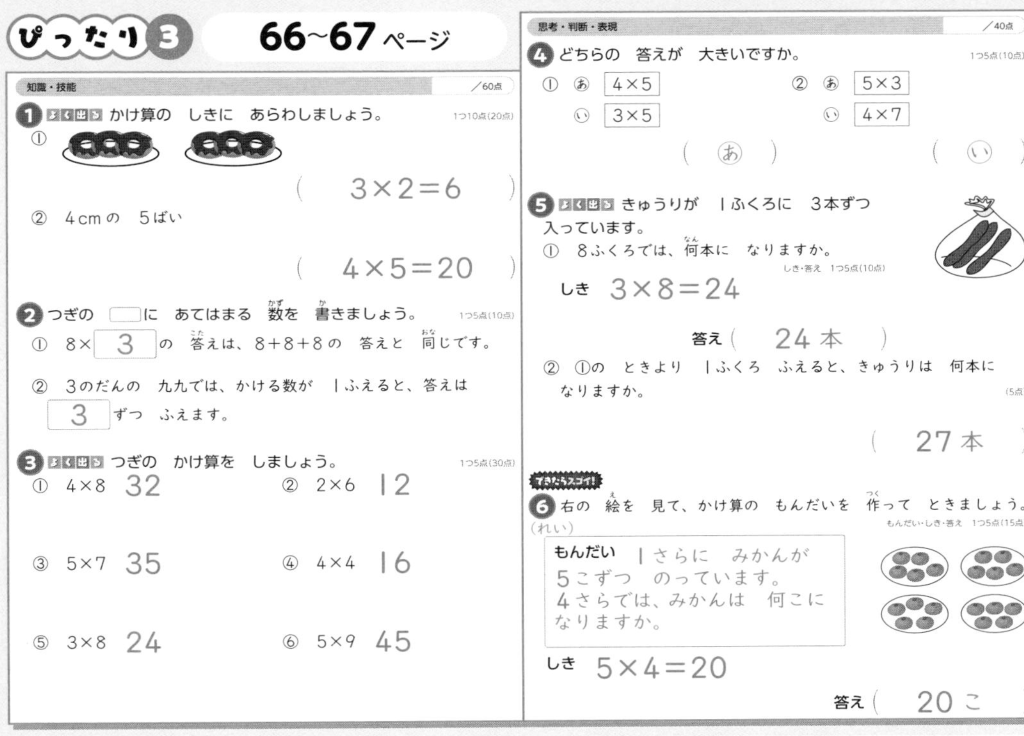

ぴったり3　66～67 ページ

知識・技能　／60点

1 よく出る かけ算の　しきに　あらわしましょう。　1つ10点(20点)

①

（　3×2=6　）

②　4cm の　5ばい

（　4×5=20　）

2 つぎの □に　あてはまる　数を　書きましょう。　1つ5点(10点)

①　8× 3 の　答えは、8+8+8 の　答えと　同じです。

②　3のだんの　九九では、かける数が　1ふえると、答えは 3 ずつ　ふえます。

3 よく出る つぎの　かけ算を　しましょう。　1つ5点(30点)

① 4×8　32　　② 2×6　12

③ 5×7　35　　④ 4×4　16

⑤ 3×8　24　　⑥ 5×9　45

思考・判断・表現　／40点

4 どちらの　答えが　大きいですか。　1つ5点(10点)

①　あ 4×5　い 3×5　（　あ　）

②　あ 5×3　い 4×7　（　い　）

5 よく出る きゅうりが　1ふくろに　3本ずつ　入っています。

①　8ふくろでは、何本に　なりますか。　しき・答え　1つ5点(10点)

しき　3×8=24

答え（　24 本　）

②　①の　ときより　1ふくろ　ふえると、きゅうりは　何本に　なりますか。　(5点)

（　27 本　）

できたらスゴイ!

6 右の　絵を　見て、かけ算の　もんだいを　作って　ときましょう。　もんだい・しき・答え　1つ5点(15点)

(れい)

もんだい　1さらに　みかんが　5こずつ　のっています。4さらでは、みかんは　何こに　なりますか。

しき　5×4=20

答え（　20 こ　）

ぴったり3

1 ①3この2つ分だから、
3×2=6（三二が6）
②4cmの5つ分だから、
4×5=20（四五 20）

2 ①8+8+8 は、8の3こ分です。
かけ算にあらわすと、8×3 となります。
②○のだんの九九では、かける数が1ふえると、答えは○ずつふえます。

3 九九をつかって答えをもとめます。

①四八 32　　②二六 12
③五七 35　　④四四 16
⑤三八 24　　⑥五九 45

4 それぞれのカードの答えをもとめてくらべます。
①あ4×5=20　　い3×5=15
20＞15 だから、あの方が大きいです。
②あ5×3=15　　い4×7=28
15＜28 だから、いの方が大きいです。

5 ①かけ算のしきをたてます。
3本ずつの8ふくろ分だから、
3×8=24 で 24 本です。
②1ふくろふえると、きゅうりは3本ふえます。
かけ算のしきで考えてみましょう。
1ふくろふえると9ふくろになるから、きゅうりの数は、
3×9=27 で 27 本になります。
きゅうりは、27−24=3 で3本ふえます。
3のだんでは、かける数が1ふえると、答えは3ずつふえます。

6 かけ算のもんだいを作るときは、1つ分の数、いくつ分をはっきりさせます。もんだいの図から、1つ分の数は、みかんの数で5こ、いくつ分は、さらの数で4さらとなります。

⑬ かけ算(2)

ぴったり1 68ページ

つぎの □に あてはまる 数を 書きましょう。

ねらい 6のだん、7のだんの九九をおぼえて、つかえるようにしよう。 れんしゅう ①②③④

6のだんの 九九

6×1＝6 …… 六一が 6
6×2＝12 …… 六二 12
6×3＝18 …… 六三 18
6×4＝24 …… 六四 24
6×5＝30 …… 六五 30
6×6＝36 …… 六六 36
6×7＝42 …… 六七 42
6×8＝48 …… 六八 48
6×9＝54 …… 六九 54

7のだんの 九九

7×1＝7 …… 七一が 7
7×2＝14 …… 七二 14
7×3＝21 …… 七三 21
7×4＝28 …… 七四 28
7×5＝35 …… 七五 35
7×6＝42 …… 七六 42
7×7＝49 …… 七七 49
7×8＝56 …… 七八 56
7×9＝63 …… 七九 63

1 つぎの かけ算を しましょう。
(1) 6×7　(2) 7×4

とき方 (1) 六七 42 だから、6×7＝42
(2) 七四 28 だから、7×4＝28

2 7×2の 答えを くふうして もとめます。
・7のだんの 答えは 7ずつ ふえます。 7×1＝7、7×2＝14 （7 ふえる）
・7は 2と 5に 分けられるから、2×2と 5 ×2の 答えを 合わせて、7×2＝14 （4＋10）

ぴったり2 69ページ

1 つぎの かけ算を しましょう。 教科書 24～26ページ 1・2
① 6×5 30　② 6×2 12　③ 6×8 48
④ 6×3 18　⑤ 6×9 54　⑥ 6×6 36

2 つぎの かけ算を しましょう。 教科書 27～28ページ 1・2
① 7×9 63　② 7×7 49　③ 7×6 42
④ 7×2 14　⑤ 7×8 56　⑥ 7×5 35

よくよんで
3 つぎの □に あてはまる 数を 書きましょう。 教科書 24～25ページ 1、27ページ 1
① 6×4の 答えは、6×3の 答えより 6 ふえます。
② 7×5の 答えに 7を たすと、7× 6 の 答えに なります。

4 つぎの □に あてはまる 数を 書きましょう。 教科書 27ページ 1
7は 4と 3 に 分けられるから、7×3の 答えは、4×3と 3 ×3の 答えを 合わせて もとめられます。

ぴったり1 70ページ

つぎの □に あてはまる 数を 書きましょう。

ねらい 8のだん、9のだん、1のだんの九九をおぼえて、つかえるようにしよう。 れんしゅう ①②③④

8のだんの 九九

8×1＝8…八一が 8
8×2＝16…八二 16
8×3＝24…八三 24
8×4＝32…八四 32
8×5＝40…八五 40
8×6＝48…八六 48
8×7＝56…八七 56
8×8＝64…八八 64
8×9＝72…八九 72

9のだんの 九九

9×1＝9…九一が 9
9×2＝18…九二 18
9×3＝27…九三 27
9×4＝36…九四 36
9×5＝45…九五 45
9×6＝54…九六 54
9×7＝63…九七 63
9×8＝72…九八 72
9×9＝81…九九 81

1のだんの 九九

1×1＝1…一一が 1
1×2＝2…一二が 2
1×3＝3…一三が 3
1×4＝4…一四が 4
1×5＝5…一五が 5
1×6＝6…一六が 6
1×7＝7…一七が 7
1×8＝8…一八が 8
1×9＝9…一九が 9

1 つぎの かけ算を しましょう。
(1) 8×7　(2) 9×6　(3) 1×4

とき方 九九を つかって 答えを もとめます。
(1) 八七 56 だから、8×7＝56
(2) 九六 54 だから、9×6＝54
(3) 一四が 4 だから、1×4＝4

九九は これで ぜんぶだよ。

2 9×2の 答えに 9×3の 答えを たします。9に どんな 数を かけた 数と 同じに なりますか。

とき方 2と 3で 5 だから、9に 5 を かけた 数と 同じに なります。

ぴったり2 71ページ

1 つぎの かけ算を しましょう。 教科書 29～30ページ 1・2
① 8×8 64　② 8×2 16　③ 8×5 40
④ 8×7 56　⑤ 8×4 32　⑥ 8×6 48

2 つぎの かけ算を しましょう。 教科書 31～32ページ 1・2
① 9×1 9　② 9×4 36　③ 9×6 54
④ 9×3 27　⑤ 9×8 72　⑥ 9×7 63

3 つぎの かけ算を しましょう。 教科書 33ページ 1
① 1×5 5　② 1×3 3　③ 1×8 8

よくよんで
4 つぎの □に あてはまる 数を 書きましょう。 教科書 29ページ 1、30ページ
① 8×6の 答えは、5×6の 答えと 3 ×6の 答えを たした 数と 同じです。
② 8×6の 答えは、8×2の 答えと 8× 4 の 答えを たした 数と 同じです。

この きまりを つかえば、九九を わすれても 答えが もとめられるね。

ぴったり1

おうちのかたへ

6の段と7の段の九九です。だんだん覚えにくくなります。声に出して、九九をしっかり覚えましょう。

ぴったり2

①② 6のだん、7のだんの九九で答えをもとめます。わすれたときは、6のだん、7のだんの九九のひょうを見て、正しくいえるようにしておきます。

③ ①6のだんのかける数が3から4へ1ふえているので、答えは6ふえます。
6×3＝18
（1ふえる）（6ふえる）
6×4＝24

②7のだんの答えに7をたすと、かける数が1大きくなります。
7×5＝35
（1ふえる）（7ふえる）
7×6＝42

④ 図を見て考えましょう。
4×3＝12
3×3＝ 9
7×3＝21

ぴったり1

おうちのかたへ

これで九九がそろいました。九九はかけ算の基本です。完全に覚えられるように、くり返し練習します。また、かけ算の決まりも確認しておきましょう。

ぴったり2

①② 8のだん、9のだんの九九で答えをもとめます。わすれたときは、8のだん、9のだんの九九のひょうを見て、正しくいえるようにしておきます。

③ 1のだんの九九の答えは、かける数と同じになります。

④ ①8は5と3だから、8×6の答えは、5×6と3×6の答えを合わせた数になります。
5×6＝30
3×6＝18
8×6＝48

②6は2と4だから、8×6の答えは、8×2と8×4の答えを合わせた数になります。
8×2＝16
8×4＝32
8×6＝48

ぴったり1　72ページ

つぎの □ に あてはまる 数や ことば、記ごうを 書きましょう。

ねらい　どんな計算をして、もんだいをとけばよいか、わかるようにしよう。　れんしゅう ①②③④

文しょうもんだいの とき方

文しょうもんだいを とくときは、わかっている ことは 何か、たずねている ことは 何かを はっきりさせます。かんたんな 図を かくと わかりやすく なります。

1 1さらに ケーキが 3こずつ のっています。4さらでは、ケーキは 何こに なりますか。

とき方 ① もんだいを せいりします。

わかっている こと → 1さらの ケーキの 数… 3 こ　さらの 数…4さら

たずねている こと → 4 さら分の ケーキの 数

② ○を つかって、かんたんな 図を かきます。 ←○を かこう。

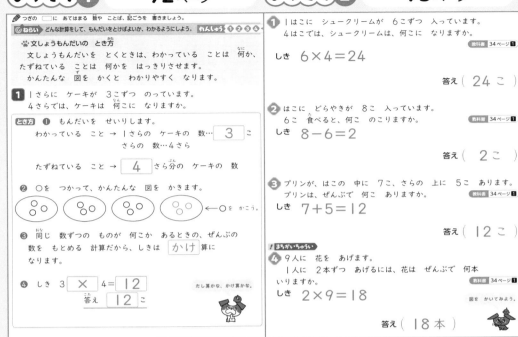

③ 同じ 数ずつの ものが 何こか あるときの、ぜんぶの 数を もとめる 計算だから、しきは かけ 算に なります。

④ しき 3 × 4＝ 12　答え 12 こ

たし算かな、かけ算かな。

ぴったり2　73ページ

1 1はこに シュークリームが 6こずつ 入っています。4はこでは、シュークリームは、何こに なりますか。　教科書 34ページ1

しき　6×4＝24

答え（ 24こ ）

2 はこに どらやきが 8こ 入っています。6こ 食べると、何こ のこりますか。　教科書 34ページ1

しき　8－6＝2

答え（ 2こ ）

3 プリンが、はこの 中に 7こ、さらの 上に 5こ あります。プリンは、ぜんぶで 何こ ありますか。　教科書 34ページ1

しき　7＋5＝12

答え（ 12こ ）

まちがいちゅうい

4 9人に 花を あげます。1人に 2本ずつ あげるには、花は ぜんぶで 何本 いりますか。　教科書 34ページ1

しき　2×9＝18

図を かいてみよう。

答え（ 18本 ）

ぴったり3　74～75ページ

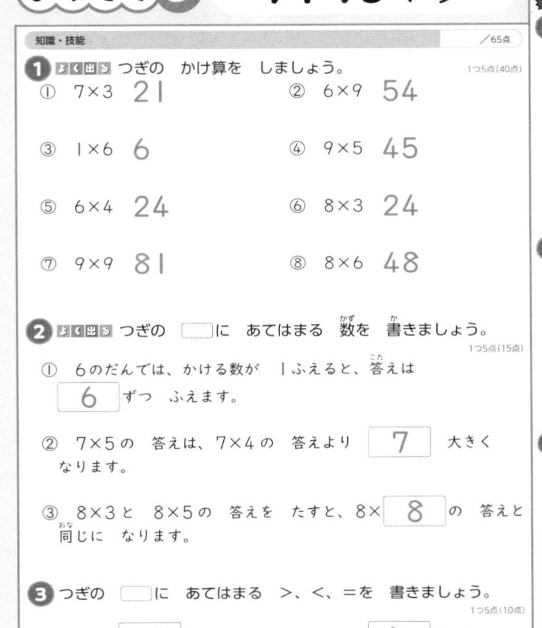

知識・技能　／65点

1 よく出る　つぎの かけ算を しましょう。　1つ5点(40点)

① 7×3　21　② 6×9　54

③ 1×6　6　④ 9×5　45

⑤ 6×4　24　⑥ 8×3　24

⑦ 9×9　81　⑧ 8×6　48

2 よく出る　つぎの □ に あてはまる 数を 書きましょう。　1つ5点(15点)

① 6のだんでは、かける数が 1ふえると、答えは 6 ずつ ふえます。

② 7×5の 答えは、7×4の 答えより 7 大きく なります。

③ 8×3と 8×5の 答えを たすと、8× 8 の 答えと 同じに なります。

3 つぎの □ に あてはまる ＞、＜、＝を 書きましょう。　1つ5点(10点)

① 6×6 ＜ 8×5　② 7×9 ＞ 9×6

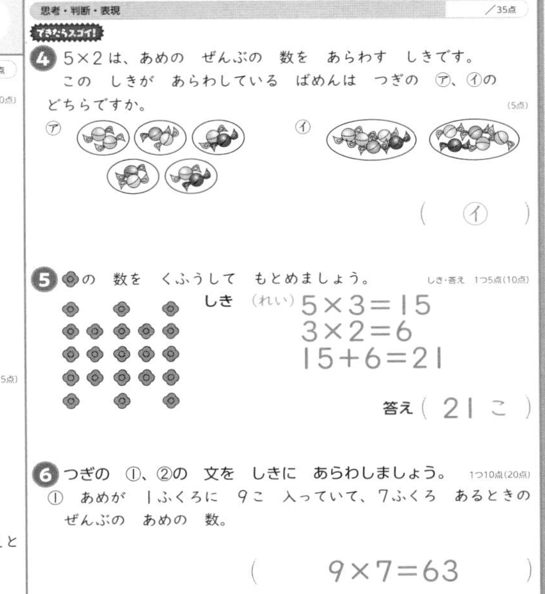

思考・判断・表現　／35点

できたらスゴイ!

4 5×2は、あめの ぜんぶの 数を あらわす しきです。この しきが あらわしている ばめんは つぎの ㋐、㋑の どちらですか。　(5点)

（ ㋑ ）

5 ◎の 数を くふうして もとめましょう。　しき・答え 1つ5点(10点)

しき　(れい) 5×3＝15　3×2＝6　15＋6＝21

答え（ 21こ ）

6 つぎの ①、②の 文を しきに あらわしましょう。　1つ10点(20点)

① あめが 1ふくろに 9こ 入っていて、7ふくろ あるときの ぜんぶの あめの 数。

（ 9×7＝63 ）

② レモンが 大きい ふくろに 9こ、小さい ふくろに 7こ 入っているときの ぜんぶの レモンの 数。

（ 9＋7＝16 ）

ぴったり1

おうちのかたへ

問題を解くのに、たし算、ひき算、かけ算のどの計算を使えばよいか、わかるようにします。何を問われているのかをはっきりさせ、答えを求めるための条件を問題文から読み取りましょう。

ぴったり2

1 もんだいをよく読んで、何をもとめるのかをはっきりさせます。「6こずつが4はこ分」のこ数をもとめます。同じ数ずつのものが何こかあるときのぜんぶの数をもとめるから、しきはかけ算になります。しきを、4×6としないようにちゅういします。

2 のこりの数をもとめているので、しきは、ひき算になります。

3 はこの中のプリンとさらの上のプリンを合わせたこ数をもとめます。

4 「2本ずつが9人分」なので、しきは2×9になります。もんだい文に出てくるじゅんに、9×2＝18としないようにちゅういします。いみがちがってしまいます。

ぴったり3

1 かけられる数とかける数を入れかえて計算しても、答えは同じです。

2 ③8の3つ分と8の5つ分をたすと、8の8つ分になるから、8×8の答えと同じになります。

3 ①6×6＝36　8×5＝40
36＜40だから、6×6＜8×5

4 5×2は、「5の2つ分」をあらわします。㋐は2この5つ分、㋑は5この2つ分だから、5×2をあらわしているのは㋑です。

5 右の図のように、5こが3れつ、3こが2れつあると考えると、
5×3＝15
3×2＝6
15＋6＝21
ほかのもとめ方も考えてみましょう。

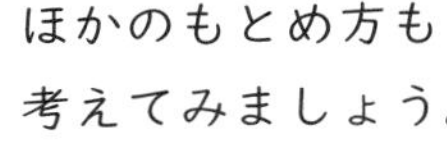

6 ①同じ数ずつのものが何こかあるときのぜんぶの数をもとめるから、しきはかけ算になります。
②2つのもののこ数を合わせた数をもとめるから、しきはたし算です。

ぴったり1 76ページ　ぴったり2 77ページ　ぴったり1 78ページ　ぴったり2 79ページ

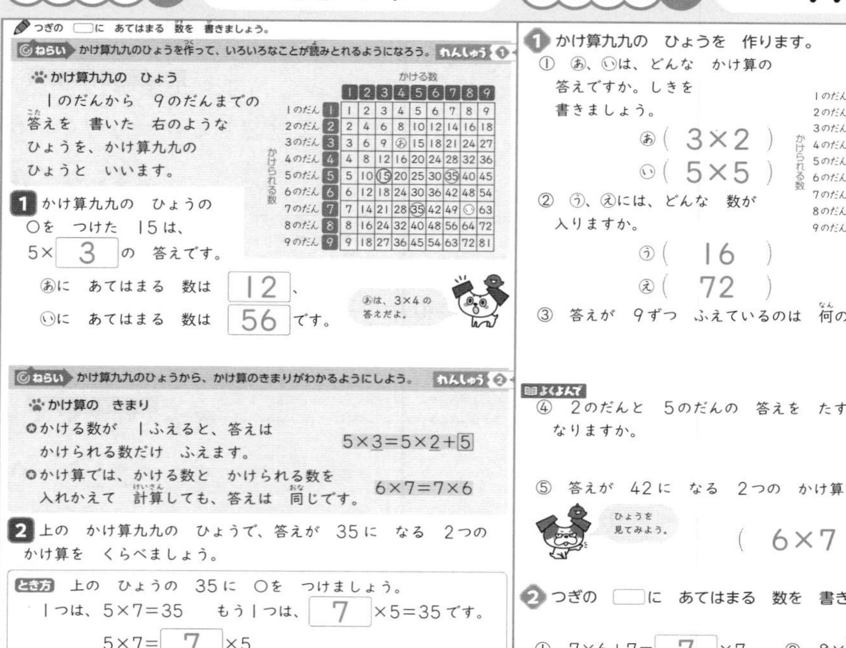

ぴったり2 77ページ

❶ かけ算九九の　ひょうを　作ります。　教科書 38〜39ページ

① あ、いは、どんな　かけ算の答えですか。しきを書きましょう。

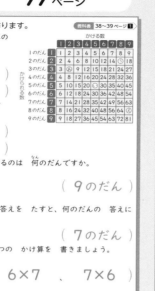

あ（3×2）

い（5×5）

② う、えには、どんな　数が入りますか。

う（16）

え（72）

③ 答えが　9ずつ　ふえているのは　何のだんですか。

（9のだん）

よくよんで

④ 2のだんと　5のだんの　答えを　たすと、何のだんの　答えになりますか。

（7のだん）

⑤ 答えが　42に　なる　2つの　かけ算を　書きましょう。

（6×7　、　7×6）

ひょうを見てみよう。

❷ つぎの □に　あてはまる　数を　書きましょう。　教科書 40ページ

① 7×6+7=7×7　② 8×6=6×8

ぴったり1 78ページ

つぎの □に　あてはまる　数を　書きましょう。

ねらい　かけ算のきまりをつかって、九九をこえたかけ算ができるようにしよう。　れんしゅう ❶❷

九九を　こえた　かけ算

かけ算の　きまりを　つかえば、5×11や　11×5のような　かけ算も　計算することが　できます。

❶ 5×11の　答えを　もとめましょう。

とき方　〔考え方1〕

5のだんの　答えは、5ずつ　ふえています。

九九を　こえても　5ずつ　ふえます。

5×9=45

5×10=50　（+5）

5×11=55　（+5）

〔考え方2〕

5×11の　答えは、5×3の　答えと　5×8の　答えを　たして　もとめられます。

5×3=15、5×8=40

15+40=55

❷ 11×5の　答えを　もとめましょう。

とき方　〔考え方1〕　11×5=5×11です。❶より　55。

〔考え方2〕

11を　5と　6に　分けます。

5×5=25　6×5=30

25+30=55

ぴったり2 79ページ

❶ 2×12の　計算の　しかたを　考えました。つぎの □に　あてはまる　数を　書きましょう。　教科書 41ページ

〔ゆかりさんの　考え〕

2のだんの　九九から　考えます。

2×9=18

2×10=20　（+2）

2×11=22　（+2）

2×12=24　（+2）

〔たかやさんの　考え〕

12は　4と　8に　分けることが　できます。

2×4=8　2×8=16　だから、8+16=24

❷ ●は、ぜんぶで　何こ　ありますか。　教科書 43ページ

① ゆかりさんが　どうやって　もとめたか、○で　かこんで　あらわしましょう。

〔ゆかりさんの　考え〕

4×2=8　2×2=4　8+4=12

答え　12こ

よくみて

② たかやさんの　考えを　しきに　あらわしましょう。

〔たかやさんの　考え〕　しき　4×3=12

いろいろな　もとめ方が　できるね。

答え（12こ）

ぴったり1

おうちのかたへ

九九を忘れても、いろいろな方法で答えを求めることができます。工夫して考えることを大切にしたいものです。

ぴったり2

❶ ②うは2×8の答えで16、えは8×9の答えで72が入ります。

③9ずつふえているのは9のだんです。

④ひょうをたてに見てみましょう。2のだんと5のだんの答えをたすと、7のだんの答えになります。

2のだん	2	4	6	8	10	…
5のだん	5	10	15	20	25	…
⋮	↓	↓	↓	↓	↓	
7のだん	7	14	21	28	35	…

⑤ひょうの中の42をさがしてみましょう。2つあります。

❷ ①7×6の答えにかけられる数の7をたすと、かける数が1ふえて、7×7の答えになります。

②かけ算では、かける数とかけられる数を入れかえて計算しても、答えは同じです。

ぴったり1

おうちのかたへ

かけ算の決まりを使って、かけ算を広げます。九九をしっかり覚えておけば、かけられる数、かける数が大きくなっても、九九を基にして計算できるようになることを理解させます。

ぴったり2

❶ かけ算のきまりをつかえば、九九をこえたかけ算も計算できます。

ゆかりさんは、かける数が1ふえると答えはかけられる数だけふえるというきまりをつかっています。

たかやさんは、かける数を九九がつかえる2つの数に分けて計算しています。

❷ ①右のように分けてもかまいません。8こと4このかたまりに分けます。

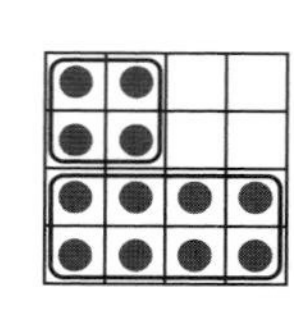

②右下の2こをうごかすと、4このれつが3つ分できます。

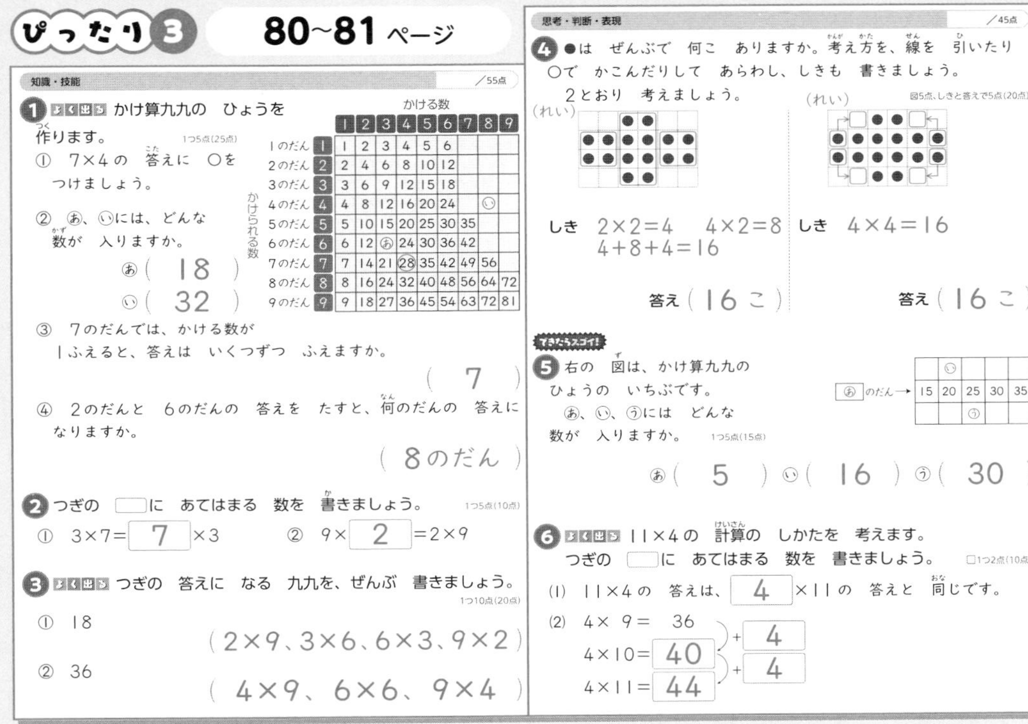

ぴったり3　80~81ページ

知識・技能　／55点

1 よく出る かけ算九九の　ひょうを作ります。　1つ5点(25点)

① 7×4の　答えに　○を　つけましょう。

② あ、いには、どんな　数が　入りますか。

あ(18)
い(32)

	1	2	3	4	5	6	7	8	9
1のだん	1	2	3	4	5	6			
2のだん	2	4	6	8	10	12			
3のだん	3	6	9	12	15	18			
4のだん	4	8	12	16	20	24		い	
5のだん	5	10	15	20	25	30	35		
6のだん	6	12	あ	24	30	36	42		
7のだん	7	14	21	(28)	35	42	49	56	
8のだん	8	16	24	32	40	48	56	64	72
9のだん	9	18	27	36	45	54	63	72	81

③ 7のだんでは、かける数が　1ふえると、答えは　いくつずつ　ふえますか。　(7)

④ 2のだんと　6のだんの　答えを　たすと、何のだんの　答えに　なりますか。　(8のだん)

2 つぎの　□に　あてはまる　数を　書きましょう。　1つ5点(10点)

① 3×7= 7 ×3　② 9× 2 =2×9

3 よく出る つぎの　答えに　なる　九九を、ぜんぶ　書きましょう。　1つ10点(20点)

① 18　(2×9、3×6、6×3、9×2)

② 36　(4×9、6×6、9×4)

思考・判断・表現　／45点

4 ●は　ぜんぶで　何こ　ありますか。考え方を、線を　引いたり　○で　かこんだりして　あらわし、しきも　書きましょう。2とおり　考えましょう。　図5点、しきと答えで5点(20点)

(れい)　しき　2×2=4　4×2=8　4+8+4=16　答え(16こ)

(れい)　しき　4×4=16　答え(16こ)

できたらスゴイ!

5 右の　図は、かけ算九九の　ひょうの　いちぶです。あ、い、うには　どんな　数が　入りますか。　1つ5点(15点)

あのだん→ 15 20 25 30 35

あ(5)　い(16)　う(30)

6 よく出る 11×4の　計算の　しかたを　考えます。つぎの　□に　あてはまる　数を　書きましょう。　□1つ2点(10点)

(1) 11×4の　答えは、 4 ×11の　答えと　同じです。

(2) 4× 9= 36
4×10= 40) + 4
4×11= 44) + 4

ぴったり3

1 ①かけられる数とかける数をまちがえないようにちゅういしましょう。
②あには6×3の答え、いには4×8の答えが入ります。
④2+6=8だから、8のだんの答えになります。

2 かける数とかけられる数を入れかえて計算しても、答えは同じです。

3 かけ算九九のひょうを見て、たしかめておきましょう。

4 つぎのようなもとめ方もできます。

[もとめ方1]

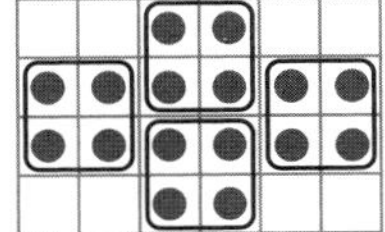

2×2=4　4×4=16

[もとめ方2]

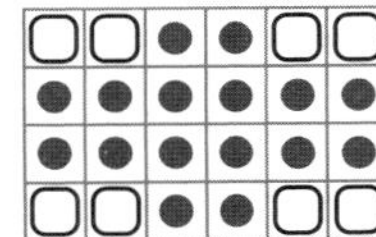

4×6=24　2×4=8
24−8=16

ほかにもくふうしてみましょう。

5 答えが5ずつふえるのは、5のだんだから、あは5です。
5のだんの上は4のだん、下は6のだんです。
5のだんの20は、5×4=20で、かける数が4だから、
いは、4×4=16です。
5のだんの25は、5×5=25で、かける数が5だから、
うは、6×5=30です。

かける数

	3	4	5	6	7
4のだん		い			
5のだん	15	20	25	30	35
6のだん			う		

6 (1)かける数とかけられる数を入れかえて計算しても、答えは同じです。
(2)かける数が1ふえると、答えはかけられる数だけふえます。

15 分数

ぴったり1 82ページ

つぎの □に あてはまる 数を 書きましょう。

ねらい 分数のいみを知り、あらわし方がわかるようにしよう。 れんしゅう ①②③

分数
同じ 大きさに 2つに 分けた 1つ分の 大きさを、もとの 大きさの 「二分の一」と いい、$\frac{1}{2}$ と 書きます。
$\frac{1}{2}$ のような 数を 分数と いいます。

1 おり紙を 同じ 大きさに 分けました。
㋑の 大きさは、もとの おり紙㋐の 大きさの 何分の一ですか。
(1) ㋐ → ㋑ (2) ㋐ → ㋑

とき方 (1) ㋑の 大きさは、もとの おり紙㋐を 同じ 大きさに [2] つに 分けた 1つ分の 大きさだから、もとの 大きさの [$\frac{1}{2}$] です。
(2) ㋑の 大きさは、もとの おり紙㋐を 同じ 大きさに [4] つに 分けた 1つ分の 大きさだから、もとの 大きさの [$\frac{1}{4}$] です。

㋐の 大きさは、㋑の 大きさの 2ばいだね。
㋐の 大きさは、㋑の 大きさの 4ばいだね。

ぴったり2 83ページ

1 もとの 大きさの $\frac{1}{4}$ だけ 色を ぬりましょう。 教科書 52ページ
① (れい) ② (れい)

よくみて
2 色の ついた ところは、もとの 大きさの 何分の一ですか。 教科書 52ページ
① ($\frac{1}{4}$) ② ($\frac{1}{8}$)
同じ 大きさに 8つに 分けてあるね。

3 12こ の あめが はこに 入っています。 教科書 54ページ
① 右のように 同じ 大きさに 2つに 分けました。1つ分は、もとの 大きさの 何分の一ですか。
また、1つ分のあめは 何こですか。
分数 ($\frac{1}{2}$) こ数 (6こ)
② $\frac{1}{3}$ の 大きさに なるように 線を 引きましょう。 (れい)
また、$\frac{1}{3}$ の 大きさの ときの あめの 数を 書きましょう。 (4こ)

ぴったり3 84~85ページ

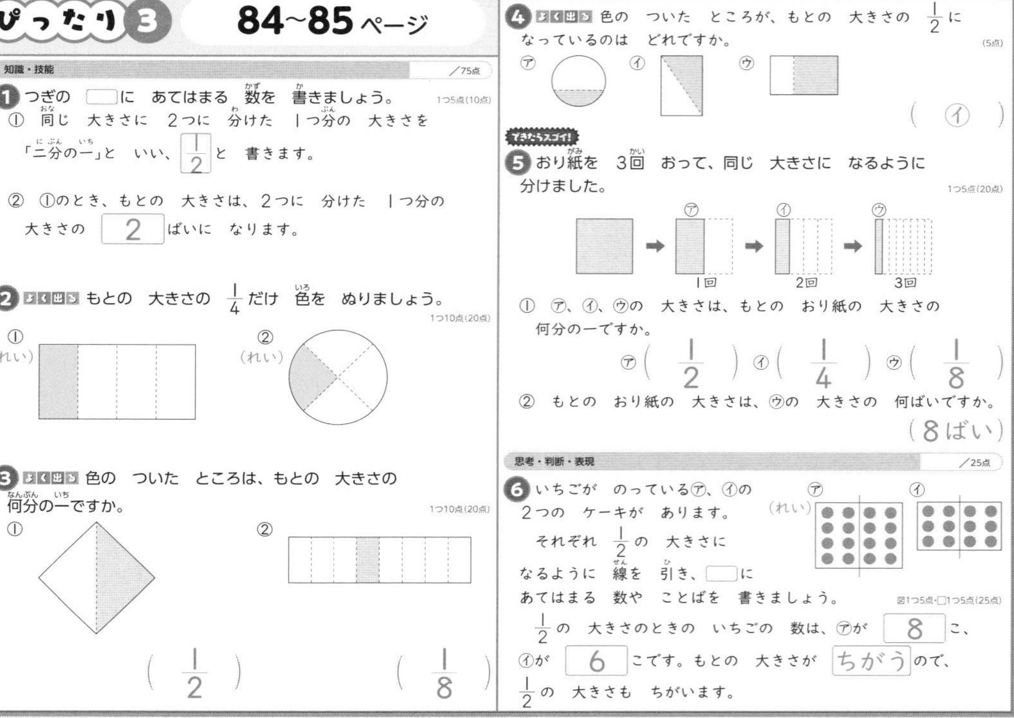

知識・技能 /75点

1 つぎの □に あてはまる 数を 書きましょう。 1つ5点(10点)
① 同じ 大きさに 2つに 分けた 1つ分の 大きさを 「二分の一」と いい、[$\frac{1}{2}$] と 書きます。
② ①のとき、もとの 大きさは、2つに 分けた 1つ分の 大きさの [2] ばいに なります。

2 よく出る もとの 大きさの $\frac{1}{4}$ だけ 色を ぬりましょう。 1つ10点(20点)
① (れい) ② (れい)

3 よく出る 色の ついた ところは、もとの 大きさの 何分の一ですか。 1つ10点(20点)
① ($\frac{1}{2}$) ② ($\frac{1}{8}$)

4 よく出る 色の ついた ところが、もとの 大きさの $\frac{1}{2}$ に なっているのは どれですか。 (5点)
㋐ ㋑ ㋒ (㋑)

5 おり紙を 3回 おって、同じ 大きさに なるように 分けました。 1つ5点(20点)
㋐ 1回 ㋑ 2回 ㋒ 3回
① ㋐、㋑、㋒の 大きさは、もとの おり紙の 大きさの 何分の一ですか。
㋐($\frac{1}{2}$) ㋑($\frac{1}{4}$) ㋒($\frac{1}{8}$)
② もとの おり紙の 大きさは、㋒の 大きさの 何ばいですか。 (8ばい)

思考・判断・表現 /25点

6 いちごが のっている㋐、㋑の 2つの ケーキが あります。それぞれ $\frac{1}{2}$ の 大きさに なるように 線を 引き、□に あてはまる 数や ことばを 書きましょう。 図1つ5点・□1つ5点(25点)
(れい) ㋐ ㋑
$\frac{1}{2}$ の 大きさのときの いちごの 数は、㋐が [8] こ、㋑が [6] こです。もとの 大きさが [ちがう] ので、$\frac{1}{2}$ の 大きさも ちがいます。

ぴったり1

おうちのかたへ
ここでは、分子が1の分数を扱います。もとの大きさを等分した1つ分を表していることを、面積や個数を使って理解します。

ぴったり2

1 ①正方形を同じ大きさに4つに分けているから、4つに分けた1つ分だけに色をぬっていれば、どこをぬっても $\frac{1}{4}$ で、正かいです。

2 ①もとの大きさを、同じ大きさに4つに分けた1つ分です。
②もとの大きさを、同じ大きさに8つに分けた1つ分です。

3 ①12こを6こずつ2つに分けています。
② $\frac{1}{3}$ (三分の一)は、もとの大きさを同じ大きさに3つに分けた1つ分です。12こを同じ大きさに3つに分けると、1つ分は4こです。

ぴったり3

1 ②もとの大きさは $\frac{1}{2}$ の2つ分の大きさです。2つ分の大きさは2ばいの大きさです。

2 ①長方形を同じ大きさに4つに分けているから、4つに分けた1つ分だけに色をぬっていれば、どこをぬっても $\frac{1}{4}$ で、正かいです。

3 ①もとの大きさを、同じ大きさに2つに分けた1つ分だから、$\frac{1}{2}$ です。

4 右の図で、㋐と㋒それぞれのあといは、同じ大きさになっていないので、いはもとの大きさの $\frac{1}{2}$ ではありません。

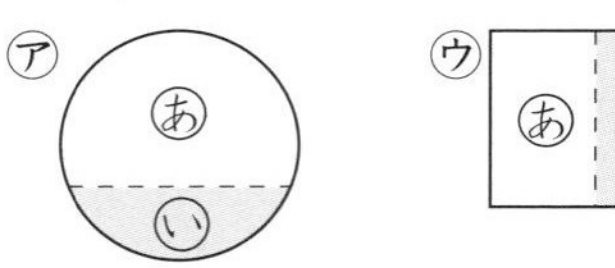

5 ②㋒の大きさは、もとの大きさの $\frac{1}{8}$ だから、もとの大きさは、㋒の大きさの8つ分→8ばいです。

6 ㋐の16この半分は8こ、㋑の12この半分は6こです。

⑯時こくと 時間(2)

ぴったり1 86ページ　ぴったり2 87ページ　ぴったり3 88～89ページ

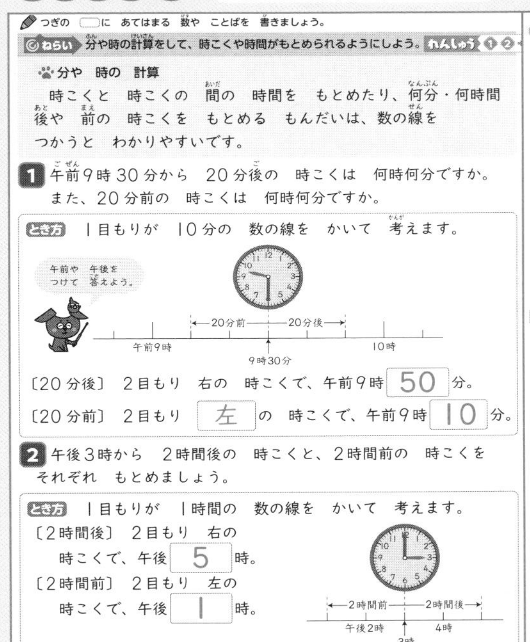

つぎの □に あてはまる 数や ことばを 書きましょう。

ねらい 分や時の計算をして、時こくや時間がもとめられるようにしよう。 れんしゅう ❶❷

分や 時の 計算

時こくと 時こくの 間の 時間を もとめたり、何分・何時間後や 前の 時こくを もとめる もんだいは、数の線を つかうと わかりやすいです。

1 午前9時30分から 20分後の 時こくは 何時何分ですか。また、20分前の 時こくは 何時何分ですか。

とき方 1目もりが 10分の 数の線を かいて 考えます。

午前や 午後を つけて 答えよう。

〔20分後〕 2目もり 右の 時こくで、午前9時 50 分。

〔20分前〕 2目もり 左 の 時こくで、午前9時 10 分。

2 午後3時から 2時間後の 時こくと、2時間前の 時こくを それぞれ もとめましょう。

とき方 1目もりが 1時間の 数の線を かいて 考えます。

〔2時間後〕 2目もり 右の 時こくで、午後 5 時。

〔2時間前〕 2目もり 左の 時こくで、午後 1 時。

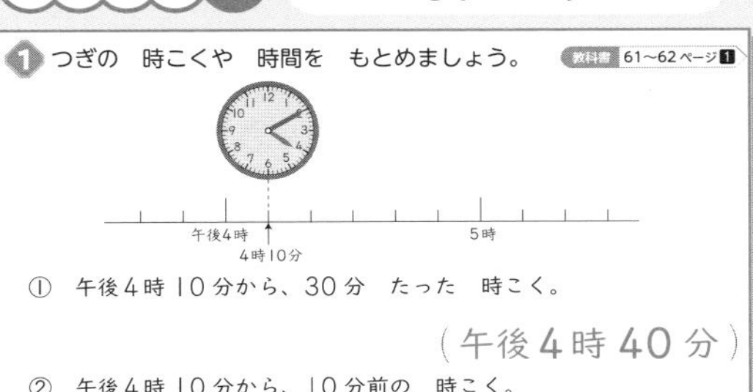

❶ つぎの 時こくや 時間を もとめましょう。 教科書 61～62ページ❶

① 午後4時10分から、30分 たった 時こく。 （午後4時40分）

② 午後4時10分から、10分前の 時こく。 （午後4時）

よくよんで ③ 午後4時10分から 午後5時までは、あと 何分間 ありますか。 （50分間）

❷ つぎの 時間や 時こくを もとめましょう。 教科書 62ページ

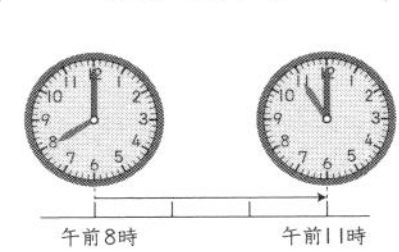

① 午前8時から、午前11時までの 時間。 （3時間）

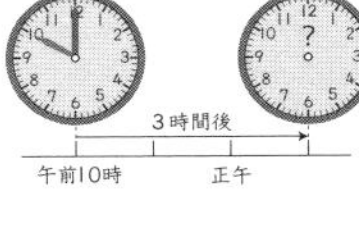

② 午前10時から、3時間後の 時こく。 （午後1時）

午前かな、午後かな。

知識・技能 ／70点

❶ つぎの 時こくや 時間を もとめましょう。 1つ10点(30点)

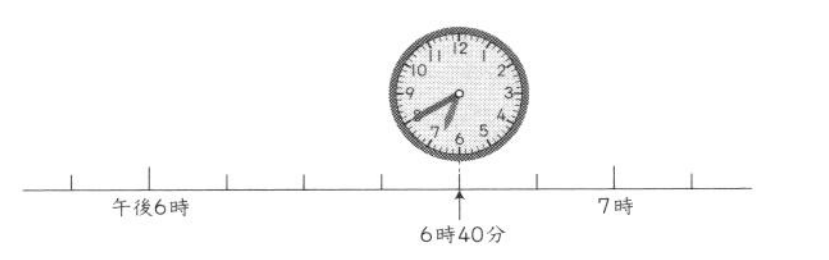

① 午後6時40分から、10分後の 時こく。 （午後6時50分）

② 午後6時40分から、30分前の 時こく。 （午後6時10分）

③ 午後6時40分から 午後7時までは、あと 何分間 ありますか。 （20分間）

❷ つぎの 時こくや 時間を もとめましょう。 1つ10点(30点)

① 午前9時から 2時間後の 時こく。 （午前11時）

② 午前9時から 3時間前の 時こく。 （午前6時）

③ 午前9時から 午前12時までの 時間。 （3時間）

❸ 右の 時計の 時こくは 午後2時35分です。 1つ5点(10点)

① 15分後の 時こくは、午後何時何分ですか。 （午後2時50分）

② 15分前の 時こくは、午後何時何分ですか。 （午後2時20分）

思考・判断・表現 ／30点

❹ ひかりさんは、午後2時から 20分間 算数の べんきょうを しました。その後 5分間 休けいを して、国語の べんきょうを 15分間 しました。 1つ10点(20点)

① 国語の べんきょうが おわった 時こくは 何時何分ですか。 （午後2時40分）

② 算数と 国語を 合わせて 何分間 べんきょうしましたか。 （35分間）

❺ あゆさんは、家を 出て 10分間 歩いて スーパーマーケットに つきました。そこで 30分間 買いものを したら、午後4時に なっていました。

あゆさんが 家を 出た 時こくは 何時何分ですか。 (10点)

（午後3時20分）

ぴったり1

おうちのかたへ

時間や時刻の計算ができるようにします。学年が進むと、数直線を使うことが増えてきます。時間の問題も、数直線を使うと考えやすくなります。今のうちから数直線の考え方に慣れておきましょう。

ぴったり2

❶ 数の線の1目もりは10分です。

①数の線で3目もり右の時こく(長いはりが30目もりすすんだ時こく)です。

②数の線で1目もり左の時こく(長いはりを10目もりもどした時こく)です。

③午後5時までは、数の線で5目もりあります。

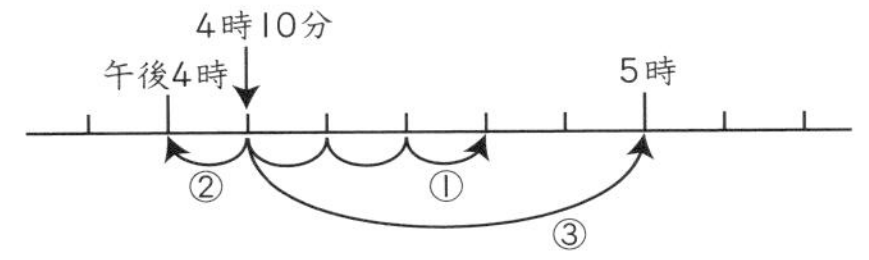

❷ 数の線の1目もりは1時間です。

②数の線で3目もり右の時こくです。正午をまたぐので、午後にかわります。

ぴったり3

❶ 数の線の1目もりは10分です。

①数の線で1目もり右の時こくです。(時計をつかって考えると、長いはりが10目もりすすんだ時こくです。)

③数の線で7時までは、2目もりあります。(時計の7時までは、長いはりで20目もりあります。)

❷ 午前9時前後で1目もりが1時間の数の線をかいてみましょう。

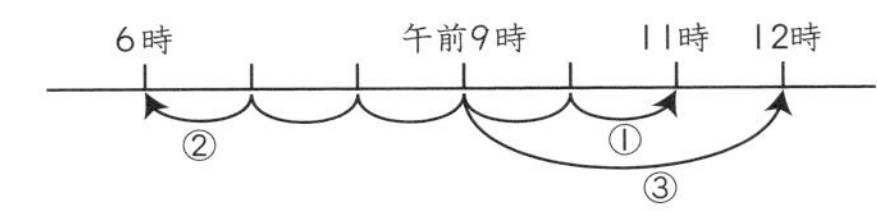

❸ 1目もりが5分の数の線をかくと、つぎのようになります。

❹ ①算数がおわったのが2時20分、休けいがおわったのが、その5分後で2時25分、国語がおわったのが、その15分後で2時40分。

❺ 数の線の午後4時から時間をもどしていきましょう。午後4時の30分前は3時30分、3時30分の10分前は3時20分です。

17 10000までの 数

ぴったり1 90ページ　ぴったり2 91ページ

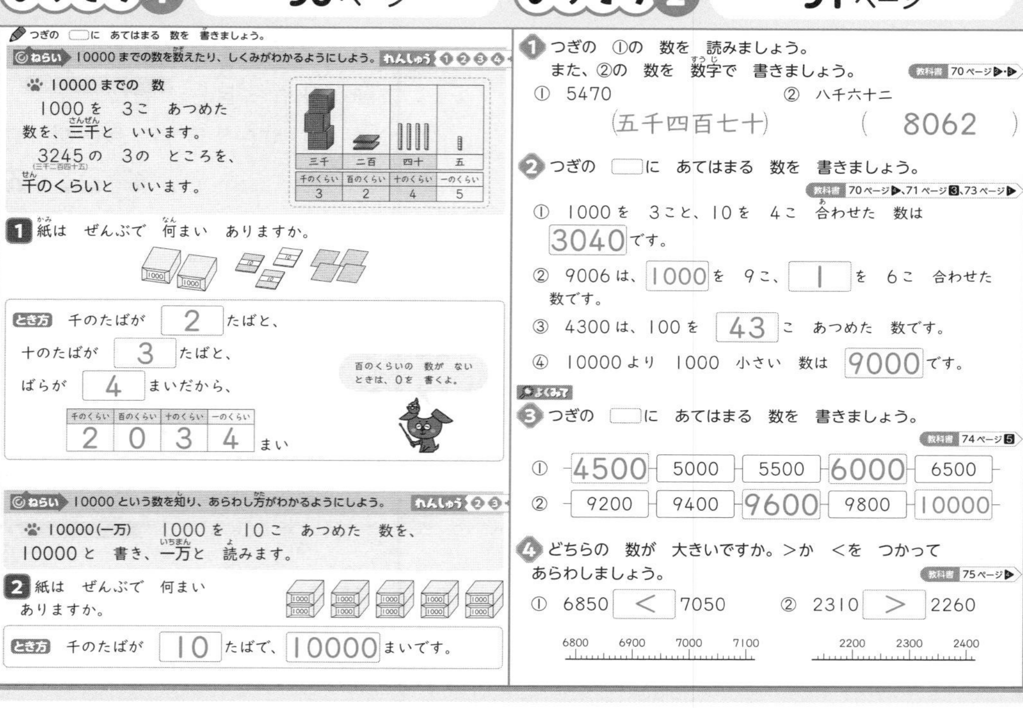

つぎの □に あてはまる 数を 書きましょう。

ねらい 10000までの数を数えたり、しくみがわかるようにしよう。

10000までの 数

1000を 3こ あつめた 数を、三千と いいます。

3245の 3の ところを、千のくらいと いいます。

三千	二百	四十	五
千のくらい	百のくらい	十のくらい	一のくらい
3	2	4	5

1 紙は ぜんぶで 何まい ありますか。

とき方 千のたばが 2 たばと、十のたばが 3 たばと、ばらが 4 まいだから、

千のくらい	百のくらい	十のくらい	一のくらい
2	0	3	4

まい

百のくらいの 数が ない ときは、0を 書くよ。

ねらい 10000という数を知り、あらわし方がわかるようにしよう。

10000(一万) 1000を 10こ あつめた 数を、10000と 書き、一万と 読みます。

2 紙は ぜんぶで 何まい ありますか。

とき方 千のたばが 10 たばで、10000 まいです。

1 つぎの ①の 数を 読みましょう。また、②の 数を 数字で 書きましょう。

① 5470 （五千四百七十）　② 八千六十二 （8062）

2 つぎの □に あてはまる 数を 書きましょう。

① 1000を 3こと、10を 4こ 合わせた 数は 3040 です。

② 9006は、1000 を 9こ、1 を 6こ 合わせた 数です。

③ 4300は、100を 43 こ あつめた 数です。

④ 10000より 1000 小さい 数は 9000 です。

3 つぎの □に あてはまる 数を 書きましょう。

① 4500 5000 5500 6000 6500

② 9200 9400 9600 9800 10000

4 どちらの 数が 大きいですか。＞か ＜を つかって あらわしましょう。

① 6850 ＜ 7050　② 2310 ＞ 2260

ぴったり3 92~93ページ

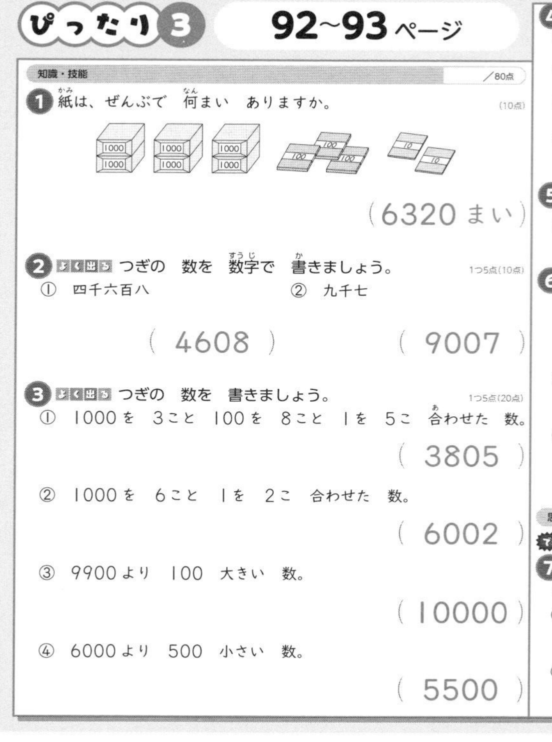

1 紙は、ぜんぶで 何まい ありますか。（6320 まい）

2 つぎの 数を 数字で 書きましょう。

① 四千六百八 （4608）　② 九千七 （9007）

3 つぎの 数を 書きましょう。

① 1000を 3こと 100を 8こと 1を 5こ 合わせた 数。（3805）

② 1000を 6こと 1を 2こ 合わせた 数。（6002）

③ 9900より 100 大きい 数。（10000）

④ 6000より 500 小さい 数。（5500）

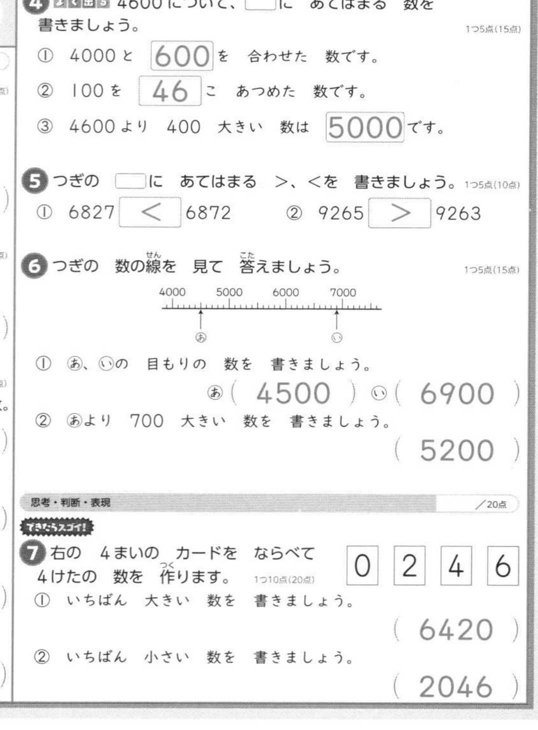

4 4600について、□に あてはまる 数を 書きましょう。

① 4000と 600 を 合わせた 数です。

② 100を 46 こ あつめた 数です。

③ 4600より 400 大きい 数は 5000 です。

5 つぎの □に あてはまる ＞、＜を 書きましょう。

① 6827 ＜ 6872　② 9265 ＞ 9263

6 つぎの 数の線を 見て 答えましょう。

① あ、いの 目もりの 数を 書きましょう。 あ（4500） い（6900）

② あより 700 大きい 数を 書きましょう。（5200）

7 右の 4まいの カードを ならべて 4けたの 数を 作ります。 0 2 4 6

① いちばん 大きい 数を 書きましょう。（6420）

② いちばん 小さい 数を 書きましょう。（2046）

ぴったり1

おうちのかたへ

一万までの数の学習です。けた数が増えても数の仕組みは変わりません。位ごとの数の成り立ちをしっかりとらえさせましょう。

ぴったり2

1 0のあるくらいにちゅういします。

2 ①1000が3こで3000、10が4こで40、3000と40で3040です。
②9006は9000と6です。
③100が10こで1000です。

4300＜4000→100が40こ、300→100が3こ＞100が43こ

④1000とびに数をならべてみましょう。

3 ①500ずつ大きくなっています。
②200ずつ大きくなっています。

4 大きいくらいの数字からじゅんに大きさをくらべていきます。
①千のくらいの数字でくらべます。6＜7だから、6850＜7050
②千のくらいは2で同じだから、百のくらいの数字でくらべます。

ぴったり3

1 1000が6こで6000、6000と320で6320まいです。

2

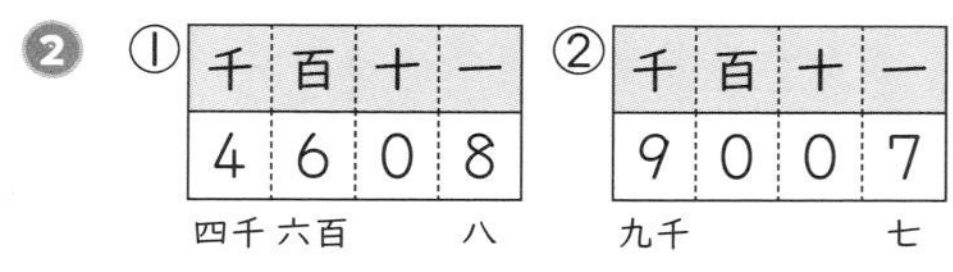

①

千	百	十	一
4	6	0	8
四千	六百		八

②

千	百	十	一
9	0	0	7
九千			七

あいているくらいの0をわすれないようにします。

3 ①3000と800と5で3805です。
②6000と2で6002です。

4 ②1000は100が10こです。

4600＜4000→100が40こ、600→100が6こ＞100が46こ

5 大きいくらいからじゅんに数字の大きさをくらべていきます。

6 ①数の線の1目もりは100です。
②数の線で考えます。700は7目もりだから、あより7目もり右にある数です。

7 ②小さい数字のじゅんにならべると、いちばん小さい数になります。ただし、0があるので0246では4けたの数になりません。0と2を入れかえます。

18 長さ(2)

ぴったり1　94ページ

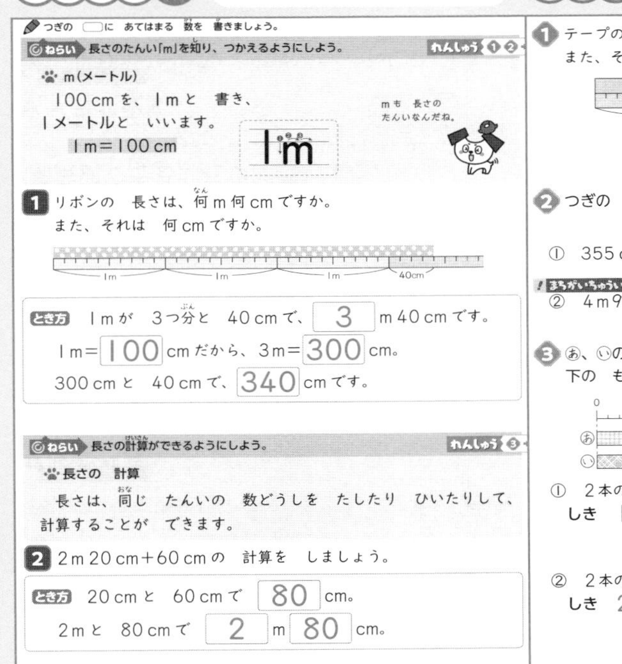
つぎの □に あてはまる 数を 書きましょう。

ねらい 長さのたんい「m」を知り、つかえるようにしよう。　れんしゅう ①②

m(メートル)
100 cm を、1 m と 書き、
1メートルと いいます。
1 m＝100 cm

1 リボンの 長さは、何 m 何 cm ですか。
また、それは 何 cm ですか。

とき方　1 m が 3つ分と 40 cm で、[3] m 40 cm です。
1 m＝[100] cm だから、3 m＝[300] cm。
300 cm と 40 cm で、[340] cm です。

ねらい 長さの計算ができるようにしよう。　れんしゅう ③

長さの 計算
長さは、同じ たんいの 数どうしを たしたり ひいたりして、計算することが できます。

2 2 m 20 cm＋60 cm の 計算を しましょう。

とき方　20 cm と 60 cm で [80] cm。
2 m と 80 cm で [2] m [80] cm。

ぴったり2　95ページ

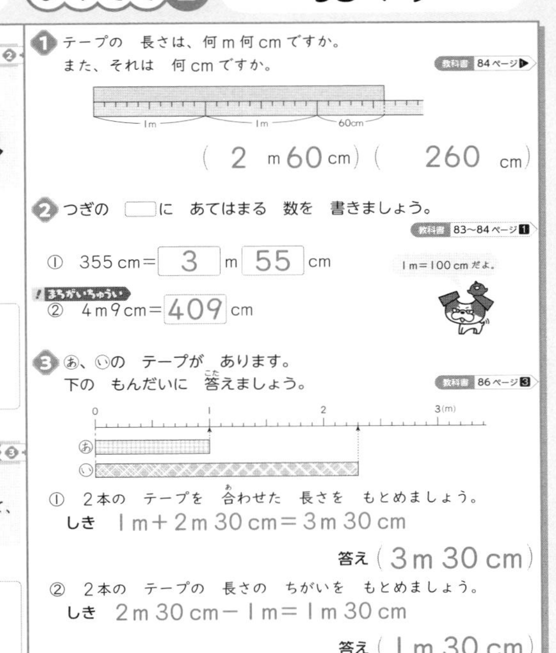
1 テープの 長さは、何 m 何 cm ですか。
また、それは 何 cm ですか。　教科書 84ページ

（ 2 m 60 cm）（ 260 cm）

2 つぎの □に あてはまる 数を 書きましょう。　教科書 83～84ページ

① 355 cm＝[3] m [55] cm
② 4 m 9 cm＝[409] cm

3 あ、いの テープが あります。
下の もんだいに 答えましょう。　教科書 86ページ

① 2本の テープを 合わせた 長さを もとめましょう。
しき　1 m＋2 m 30 cm＝3 m 30 cm
答え（3 m 30 cm）

② 2本の テープの 長さの ちがいを もとめましょう。
しき　2 m 30 cm－1 m＝1 m 30 cm
答え（1 m 30 cm）

ぴったり3　96～97ページ

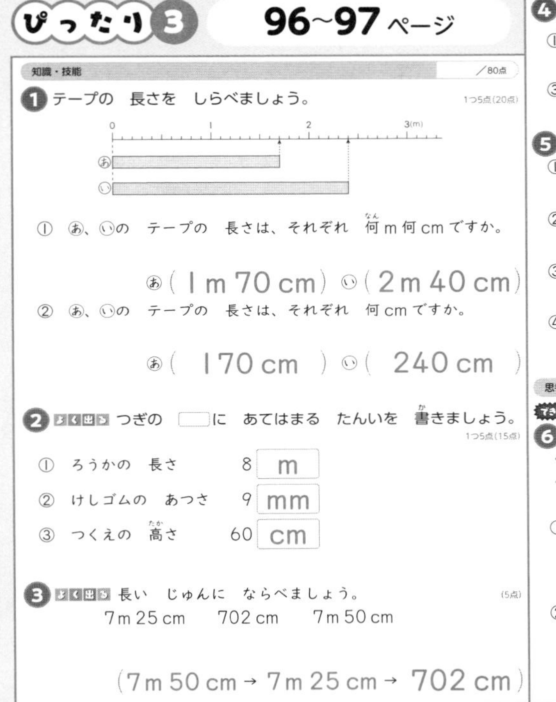
知識・技能　／80点

1 テープの 長さを しらべましょう。　1つ5点(20点)

① あ、いの テープの 長さは、それぞれ 何 m 何 cm ですか。
あ（1 m 70 cm）い（2 m 40 cm）

② あ、いの テープの 長さは、それぞれ 何 cm ですか。
あ（170 cm）い（240 cm）

2 つぎの □に あてはまる たんいを 書きましょう。　1つ5点(15点)

① ろうかの 長さ　8 [m]
② けしゴムの あつさ　9 [mm]
③ つくえの 高さ　60 [cm]

3 長い じゅんに ならべましょう。　(5点)
7 m 25 cm　702 cm　7 m 50 cm

（7 m 50 cm → 7 m 25 cm → 702 cm）

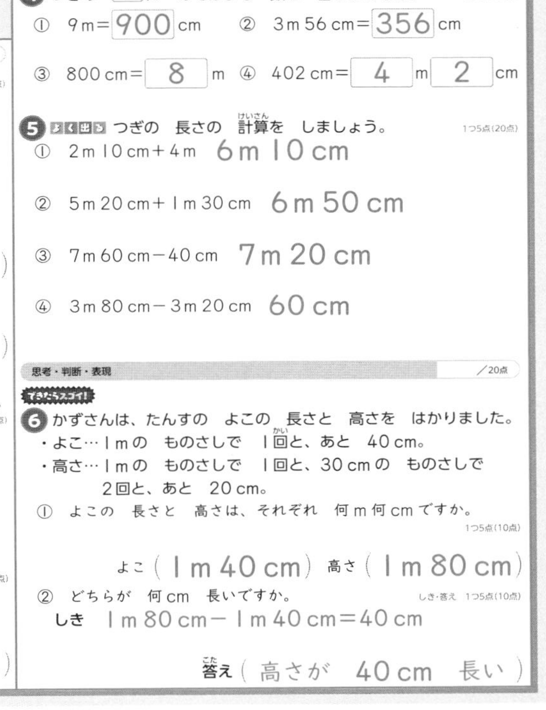
4 つぎの □に あてはまる 数を 書きましょう。　1つ5点(20点)

① 9 m＝[900] cm　② 3 m 56 cm＝[356] cm
③ 800 cm＝[8] m　④ 402 cm＝[4] m [2] cm

5 つぎの 長さの 計算を しましょう。　1つ5点(20点)

① 2 m 10 cm＋4 m　6 m 10 cm
② 5 m 20 cm＋1 m 30 cm　6 m 50 cm
③ 7 m 60 cm－40 cm　7 m 20 cm
④ 3 m 80 cm－3 m 20 cm　60 cm

思考・判断・表現　／20点

6 かずさんは、たんすの よこの 長さと 高さを はかりました。
・よこ…1 m の ものさしで 1回と、あと 40 cm。
・高さ…1 m の ものさしで 1回と、30 cm の ものさしで 2回と、あと 20 cm。

① よこの 長さと 高さは、それぞれ 何 m 何 cm ですか。　1つ5点(10点)
よこ（1 m 40 cm）高さ（1 m 80 cm）

② どちらが 何 cm 長いですか。　しき・答え 1つ5点(10点)
しき　1 m 80 cm－1 m 40 cm＝40 cm
答え（高さが 40 cm 長い）

ぴったり1

おうちのかたへ

100 cm より長い長さについての学習です。「m」の単位を覚えます。
長さの換算ができて、長さの計算が、単位をそろえてできるようになれば、合格です。

ぴったり2

1 1 m が2つ分で2 m。
2 m と 60 cm で2 m 60 cm。
1 m＝100 cm だから、
2 m＝200 cm
200 cm と 60 cm で 260 cm。

2 ①355 cm は、300 cm と 55 cm。
300 cm＝3 m
3 m と 55 cm で3 m 55 cm。
②4 m 9 cm は、4 m と 9 cm。
4 m＝400 cm
400 cm と 9 cm で 409 cm。

3 数の線の1目もりは、
1 m(100 cm)を 10 に分けているので 10 cm です。
あは1 m、いは2 m 30 cm です。
cm と mm のときと同じように計算します。

ぴったり3

1 ①数の線の1目もりは 10 cm です。
あ 1 m と7目もり(70 cm)で
1 m 70 cm。
②あ 1 m＝100 cm だから、
100 cm と 70 cm で
170 cm。

2 1 mm、1 cm、1 m のだいたいの長さをおぼえましょう。

3 7 m 25 cm＝725 cm
7 m 50 cm＝750 cm
大きいじゅんにならべると、
750 → 725 → 702 だから、
7 m 50 cm → 7 m 25 cm
→ 702 cm

5 ②cm にして計算すると、
520 cm＋130 cm＝650 cm
＝6 m 50 cm

6 ①高さは、1 m と、30 cm と
30 cm と 20 cm で1 m 80 cm。
②長い方からみじかい方をひきます。
1 m 40 cm と 1 m 80 cm では
1 m 80 cm の方が長いから、しきは、1 m 80 cm－1 m 40 cm
となります。

⑲ たし算と　ひき算(2)

ぴったり1　98ページ

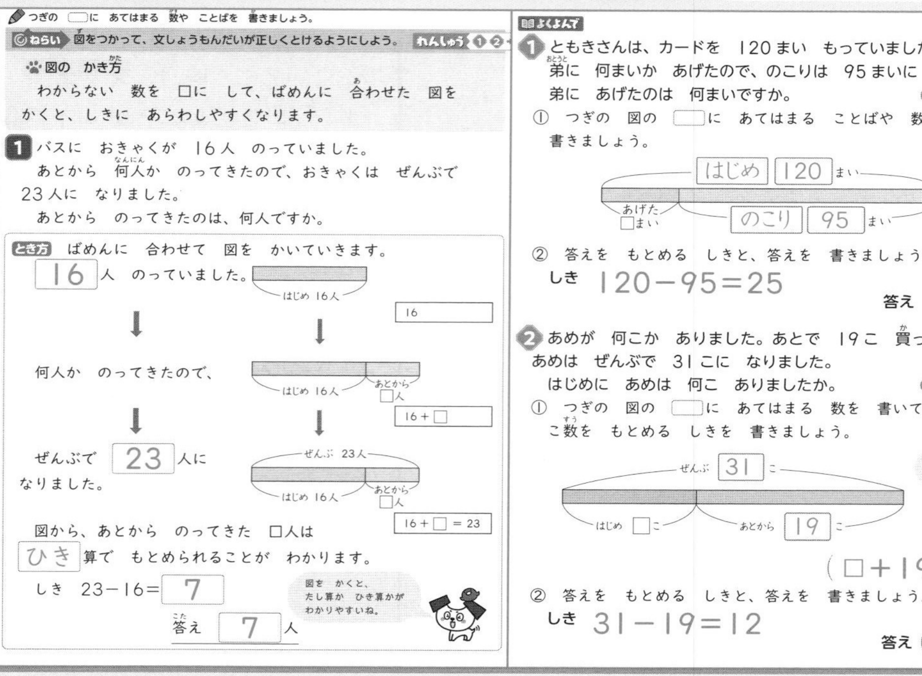

つぎの □に あてはまる 数や ことばを 書きましょう。

ねらい 図をつかって、文しょうもんだいが正しくとけるようにしよう。　れんしゅう ❶❷

図の　かき方

わからない　数を　□に　して、ばめんに　合わせた　図を　かくと、しきに　あらわしやすく　なります。

1 バスに　おきゃくが　16人　のっていました。あとから　何人か　のってきたので、おきゃくは　ぜんぶで　23人に　なりました。あとから　のってきたのは、何人ですか。

とき方　ばめんに　合わせて　図を　かいていきます。

16 人　のっていました。

何人か　のってきたので、

ぜんぶで 23 人に　なりました。

図から、あとから　のってきた　□人は　ひき 算で　もとめられることが　わかります。

しき　23−16＝ 7

答え　7 人

図を かくと、たし算か ひき算かが わかりやすいね。

ぴったり2　99ページ

よくよんで

❶ ともきさんは、カードを　120まい　もっていました。弟に　何まいか　あげたので、のこりは　95まいに　なりました。弟に　あげたのは　何まいですか。　教科書 95ページ❷

① つぎの　図の □に　あてはまる　ことばや　数を　書きましょう。

② 答えを　もとめる　しきと、答えを　書きましょう。

しき　120−95＝25

答え（25まい）

❷ あめが　何こか　ありました。あとで　19こ　買ってきたので、あめは　ぜんぶで　31こに　なりました。はじめに　あめは　何こ　ありましたか。　教科書 96ページ

① つぎの　図の □に　あてはまる　数を　書いて、ぜんぶの　こ数を　もとめる　しきを　書きましょう。

（□＋19＝31）

② 答えを　もとめる　しきと、答えを　書きましょう。

しき　31−19＝12

答え（12こ）

ぴったり3　100～101ページ

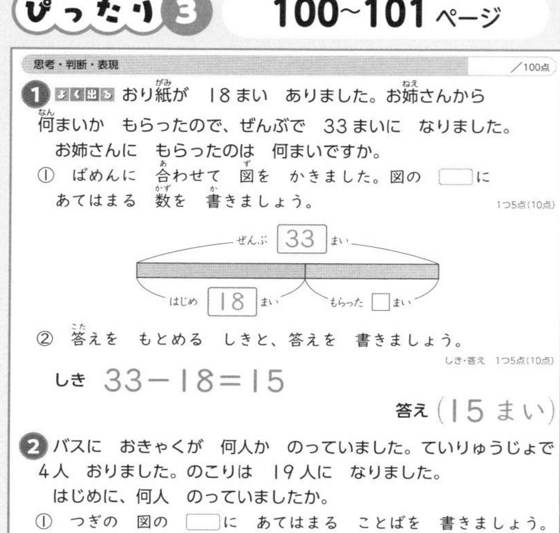

思考・判断・表現　／100点

❶ よくよんで　おり紙が　18まい　ありました。お姉さんから　何まいか　もらったので、ぜんぶで　33まいに　なりました。お姉さんに　もらったのは　何まいですか。

① ばめんに　合わせて　図を　かきました。図の □に　あてはまる　数を　書きましょう。　1つ5点(10点)

② 答えを　もとめる　しきと、答えを　書きましょう。　しき・答え　1つ5点(10点)

しき　33−18＝15

答え（15まい）

❷ バスに　おきゃくが　何人か　のっていました。ていりゅうじょで　4人　おりました。のこりは　19人に　なりました。はじめに、何人　のっていましたか。

① つぎの　図の □に　あてはまる　ことばを　書きましょう。　1つ5点(15点)

② 答えを　もとめる　しきと、答えを　書きましょう。　しき・答え　1つ5点(10点)

しき　4＋19＝23

答え（23人）

❸ よくよんで　公園で　子どもが　28人　あそんでいました。あとから　何人か　きたので、子どもは　ぜんぶで　41人に　なりました。あとから　何人　きましたか。

① 図を　かきましょう。　1つ5点(15点)

② ぜんぶの　人数を　もとめる　しきを　書きましょう。　(10点)

（28＋□＝41）

③ 答えを　もとめる　しきと、答えを　書きましょう。　しき・答え　1つ5点(10点)

しき　41−28＝13

答え（13人）

できたらスゴイ！

❹ つぎの　図を　見て、もんだいの　つづきを　作りましょう。また、作った　もんだいを　ときましょう。　もんだい(10点)　しき・答え　1つ5点(10点)

［もんだい］あんぱんを　売っています。（れい）17こ　売れたので、のこりが　9こに　なりました。はじめに　何こ　ありましたか。

しき　17＋9＝26

答え（26こ）

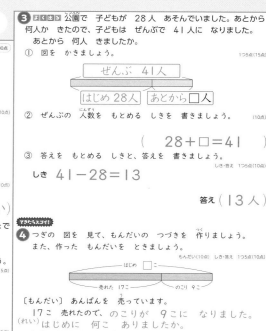

ぴったり1

おうちのかたへ

文章問題を解くときに、答えを求める式をたし算にしてよいのか、ひき算にしてよいのか迷うことがあります。文章問題は、線分図を使うことで数量の関係がとらえやすくなります。わからない数を□として、問題文の順に図をかいて、問題を解決できる力をつけましょう。

ぴったり2

❶ ①もんだい文をせいりしましょう。「はじめ 120 まいで、何まいかあげたら 95 まいのこった」となります。まい数のかんけいから、図の□にあてはまることばや数を書きこみます。

②はじめのまい数−のこりのまい数＝あげたまい数　となります。

❷ ①「はじめ□こあって、19 こ買ったら 31 こになった」このことを図としきであらわします。

②ぜんぶのこ数−買ったこ数＝はじめのこ数　となります。

ぴったり3

❶ ①「はじめ 18 まいで、何まいかもらったら、ぜんぶで 33 まいになった」となります。もらったまい数はわからないので、□まいとあらわします。

②ぜんぶのまい数−はじめのまい数＝もらったまい数

❷ ②図から、もんだいの答えはたし算でもとめられることがわかります。おりた人数＋のこりの人数＝はじめの人数

❸ ①ばめんのじゅんに図をかいていきます。わからない数(あとからきた人数)は、□であらわします。

②はじめの人数＋あとからきた人数＝ぜんぶの人数

③ぜんぶの人数−はじめの人数＝あとからきた人数

❹ 図から、「はじめのこ数」をもとめるもんだいであることがわかるから、もんだいのさいごは、「はじめに何こありましたか。」とします。しきは、売れたこ数＋のこりのこ数＝はじめのこ数

⑳ しりょうの　せいり

ぴったり1　102〜103ページ

つぎの □に あてはまる 数や ことばを 書きましょう。

ねらい しりょうを見やすくせいりできるようにしよう。

しりょうの　せいり

しりょうは、ひょうに　せいりしたり　グラフに　まとめたりすると　わかりやすくなります。

1 みかさんの　組の　ぜんいんに　ニンジン、ナス、ゴボウ、ピーマンの　中で、きらいな　やさいを　聞いたところ、つぎのように　なりました。

ニンジン 男子	ニンジン 女子	ナス 男子	ナス 女子	ゴボウ 男子	ゴボウ 女子	ピーマン 男子	ピーマン 女子
けんと しょう	かず よしみ ゆう ひろみ あきな	まさき ひろと だい よう		りく たかお ゆうと	あおい なつ あやか	だいち あきら かい ふく	みか ゆみ さち あかり

(1)　それぞれの　人数を、ひょうに　せいりします。

ニンジンは　男子が　2人、女子が　5人だから　合わせて　7　人です。

男子と　女子の　人数を　たして　もとめるよ。

きらいな　やさい

しゅるい	ニンジン	ナス	ゴボウ	ピーマン
人数(人)	7	4	6	8

(2)　きらいな　人数が　いちばん　多かった　やさいは、(1)の　ひょうから　ピーマン　で、8　人です。

(3)　それぞれの　人数を、○を　つかって、人数が　多い　じゅんに　左から　グラフに　あらわしましょう。

きらいな　やさい

○			
○	○		
○	○	○	
○	○	○	
○	○	○	○
○	○	○	○
○	○	○	○
○	○	○	○
ピーマン	ニンジン	ゴボウ	ナス

はってん

(4)　しらべたことを　さらに、男子と　女子に　分けて、下の　ひょうと　グラフに　まとめましょう。

きらいな　やさい(男子)

しゅるい	ニンジン	ナス	ゴボウ	ピーマン
人数(人)	2	4	3	4

きらいな　やさい(女子)

しゅるい	ニンジン	ナス	ゴボウ	ピーマン
人数(人)	5	0	3	4

きらいな　やさい

	○						
	○	○				○	○
	○	○		○	○	○	○
○	○	○		○	○	○	○
○	○	○		○	○	○	○
男子	女子	男子	女子	男子	女子	男子	女子
ニンジン		ナス		ゴボウ		ピーマン	

きらいな　人数が　男子も　女子も　同じ　やさいは　ゴボウ　と　ピーマン　です。

㉑ はこの　形

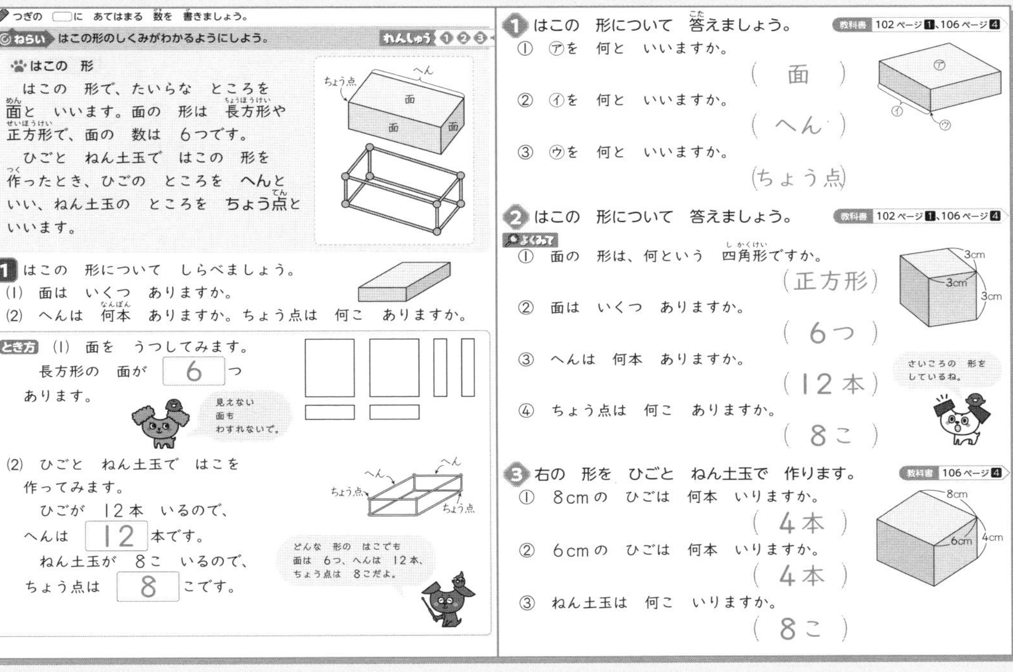

ぴったり1　104ページ

つぎの □に あてはまる 数を 書きましょう。

ねらい はこの形のしくみがわかるようにしよう。　れんしゅう ❶❷❸

はこの　形

はこの　形で、たいらな　ところを　面と　いいます。面の　形は　長方形や　正方形で、面の　数は　6つです。

ひごと　ねん土玉で　はこの　形を　作ったとき、ひごの　ところを　へんと　いい、ねん土玉の　ところを　ちょう点と　いいます。

1 はこの　形について　しらべましょう。

(1)　面は　いくつ　ありますか。

(2)　へんは　何本　ありますか。ちょう点は　何こ　ありますか。

とき方　(1)　面を　うつしてみます。

長方形の　面が　6　つ　あります。

見えない　面も　わすれないで。

(2)　ひごと　ねん土玉で　はこを　作ってみます。

ひごが　12本　いるので、へんは　12　本です。

ねん土玉が　8こ　いるので、ちょう点は　8　こです。

ぴったり2　105ページ

❶ はこの　形について　答えましょう。　教科書 102ページ❶、106ページ❹

① ㋐を　何と　いいますか。　（ 面 ）

② ㋑を　何と　いいますか。　（ へん ）

③ ㋒を　何と　いいますか。　（ちょう点）

❷ はこの　形について　答えましょう。　教科書 102ページ❶、106ページ❹

よくみて

① 面の　形は、何という　四角形ですか。　（正方形）

② 面は　いくつ　ありますか。　（ 6つ ）

③ へんは　何本　ありますか。　（12本）

④ ちょう点は　何こ　ありますか。　（ 8こ ）

❸ 右の　形を　ひごと　ねん土玉で　作ります。　教科書 106ページ❹

① 8cmの　ひごは　何本　いりますか。　（ 4本 ）

② 6cmの　ひごは　何本　いりますか。　（ 4本 ）

③ ねん土玉は　何こ　いりますか。　（ 8こ ）

ぴったり1

おうちのかたへ

資料を表やグラフに整理して、いろいろな事がらを読み取る学習です。
ここでは、「きらいな　やさい」について、男女を合わせて１つに整理した場合と、男女別に整理した場合で、読み取れる事がらのちがいについて調べます。それぞれの整理のしかたの良さについて、話し合ってみるのもよいでしょう。
第１章の「ひょうと　グラフ」の発展です。

1 (3)男子と女子を合わせた人数のグラフをかきます。

(4)男子と女子に分けることで、どんなことがわかりやすくなるでしょうか。(3)でかいたグラフとくらべてみましょう。

ぴったり1

おうちのかたへ

立体を頭の中で考えるのは難しい作業です。実際に箱を使って確かめるようにしましょう。ここでは、３種類の箱の形を考えます。すべての面が正方形でできている立方体、すべての面が長方形でできている直方体、正方形と長方形の面でできている直方体の３種類です。区別できるようにしておきましょう。

ぴったり2

❶ はこは、６つの面、１２本のへん、８このちょう点でできています。

❷ ①さいころの形をしたはこは、６つの面がどれも正方形になっています。

②③④はこは、どんな形をしていても、面は６つ、へんは１２本、ちょう点は８こでできています。

❸ ひごとねん土玉で作ると、右のようになります。
同じ長さのひごが４本ずつと、ねん土玉が８こいります。

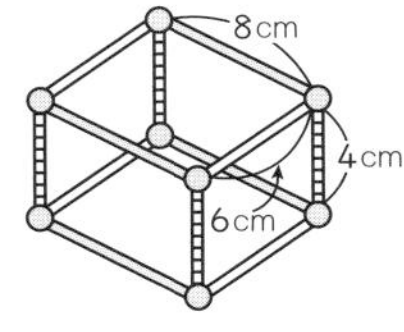

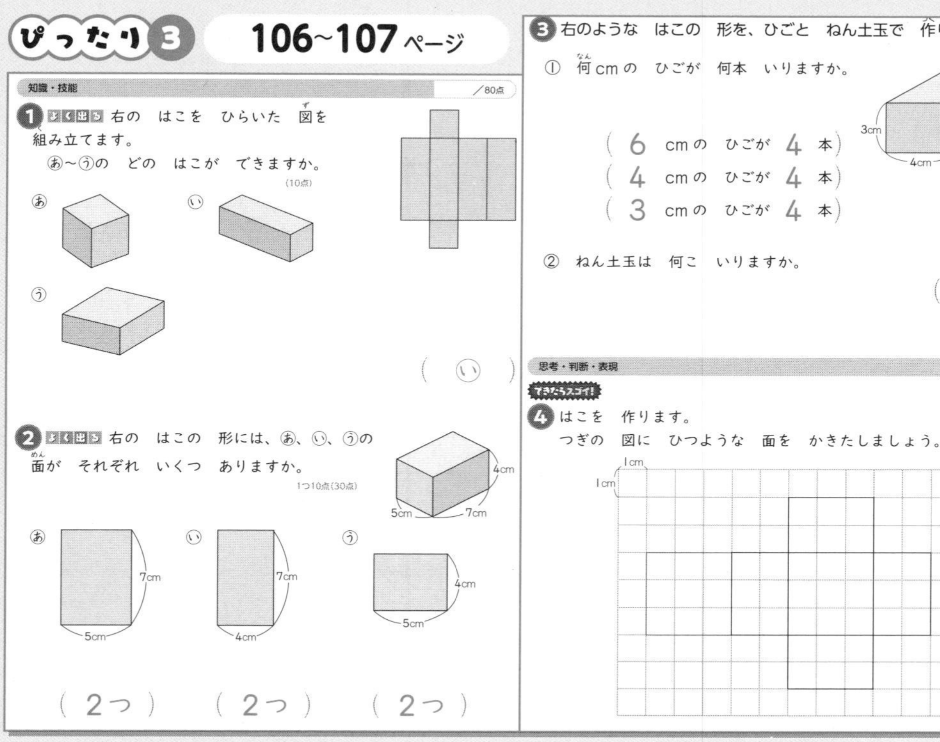

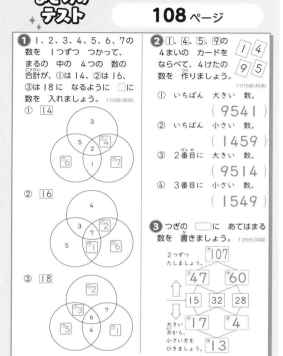

ぴったり3 106~107ページ

知識・技能 ／80点

1 よく出る 右の はこを ひらいた 図を 組み立てます。
あ～うの どの はこが できますか。(10点)

(い)

2 よく出る 右の はこの 形には、あ、い、うの 面が それぞれ いくつ ありますか。1つ10点(30点)

あ 7cm 5cm　い 7cm 4cm　う 4cm 5cm

(2つ)　(2つ)　(2つ)

3 右のような はこの 形を、ひごと ねん土玉で 作ります。1つ10点(40点)

① 何cmの ひごが 何本 いりますか。

(6 cmの ひごが 4 本)
(4 cmの ひごが 4 本)
(3 cmの ひごが 4 本)

② ねん土玉は 何こ いりますか。

(8こ)

思考・判断・表現 ／20点

できたらスゴイ!

4 はこを 作ります。
つぎの 図に ひつような 面を かきたしましょう。(20点)

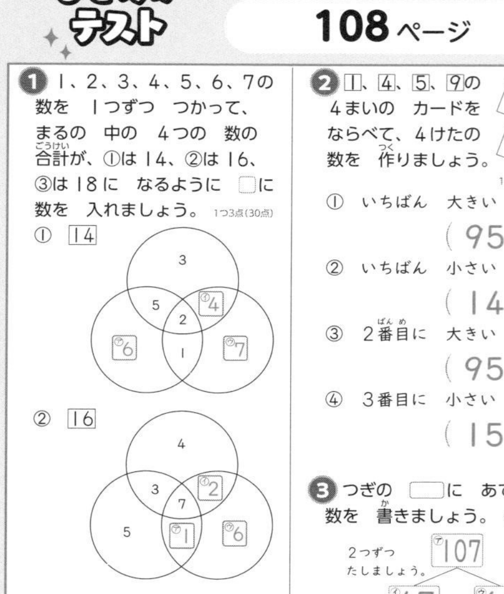

まとめのテスト 108ページ

1 1、2、3、4、5、6、7の 数を 1つずつ つかって、まるの 中の 4つの 数の 合計が、①は14、②は16、③は18に なるように □に 数を 入れましょう。1つ3点(30点)

① 14　② 16　③ 18

2 1、4、5、9の 4まいの カードを ならべて、4けたの 数を 作りましょう。1つ10点(40点)

① いちばん 大きい 数。(9541)

② いちばん 小さい 数。(1459)

③ 2番目に 大きい 数。(9514)

④ 3番目に 小さい 数。(1549)

3 つぎの □に あてはまる 数を 書きましょう。1つ5点(30点)

2つずつ たしましょう。

大きい 方から、小さい 方を ひきましょう。

㋐107　㋑47　㋒60　15　32　28　㋓17　㋔4　㋕13

ぴったり3

1 もんだいの、はこをひらいた図には小さい正方形の面が2つと、同じ長方形の面が4つあります。
あは、さいころの形で、6つの面すべてが正方形でできています。
いは、小さい正方形の面が2つ、同じ長方形の面が4つでできています。
うは、大きい正方形の面が2つ、同じ長方形の面が4つでできています。
いのはこができます。

2 はこをひらくと、右上の図のようになります。

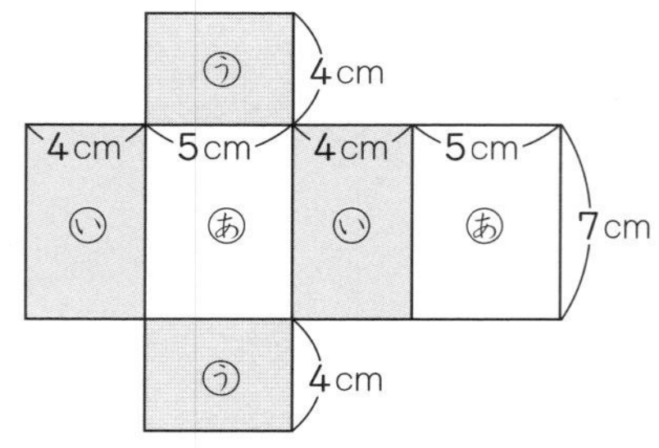

3 ①ひごは、はこのへんにつかいます。
②ねん土玉は、はこのちょう点につかいます。

4 はこの形の面のとくちょうから、たりないのは正方形の面です。

1 ①㋐5+2+1=8　14−8=6
㋑3+5+2=10　14−10=4
㋒2+1+4=7　14−7=7
②㋐3+7+5=15　16−15=1
㋑4+3+7=14　16−14=2
㋒は、㋐=1、㋑=2だから、
1+7+2=10　16−10=6
③㋐7+6+4=17　18−17=1
㋑と㋒について、
6+4=10だから、㋑と㋒をたした数は、18−10=8です。
まだつかっていない数字2、3、5のうちで8になる組み合わせは3と5だから、㋑と㋒は3か5です。
㋑と㋓について、
6+7=13だから、㋑と㋓をたした数は、18−13=5になります。
まだつかっていない数字2、3、5のうちで5になる組み合わせは2と3だから、㋑と㋓は2か3です。
上の　　から、㋑は3、㋒は5、㋓は2です。

2 ③ 9541 → 9514
(1番目)　(2番目)
④ 1459 → 1495 → 1549
(1番目)　(2番目)　(3番目)

3 ㋑15+32=47
㋒32+28=60
㋐47+60=107
㋓32−15=17
㋔32−28=4
㋕17−4=13

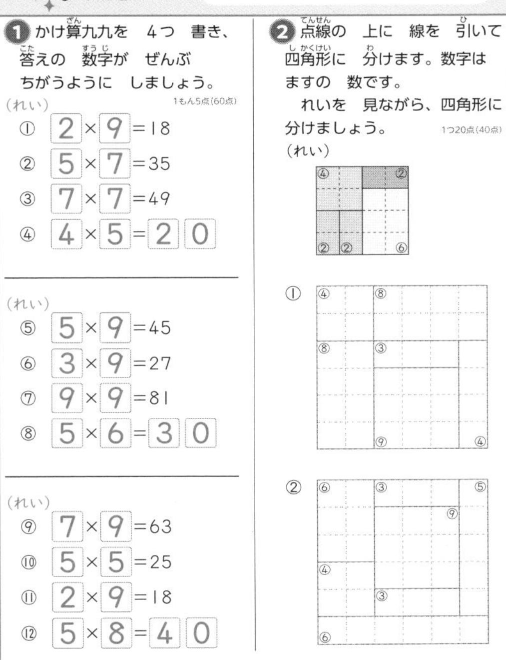

まとめのテスト
109ページ
❶かけ算九九を 4つ 書き、答えの 数字が ぜんぶ ちがうように しましょう。
❷点線の 上に 線を 引いて 四角形に 分けます。数字は ますの 数です。れいを 見ながら、四角形に 分けましょう。

❶ ①～④

①2×9、9×2、3×6、6×3のどれでも正かいです。

②5×7、7×5のどちらでも正かいです。

④あと、0、2、6、7がつかえます。これらの数字でできる九九の答えを考えて、4×5＝20、5×4＝20、3×9＝27、9×3＝27、8×9＝72、9×8＝72のどれでも正かいです。

⑤～⑧

⑤5×9、9×5のどちらでも正かいです。

⑥3×9、9×3のどちらでも正かいです。

⑧あと、0、3、6、9がつかえます。これらの数字でできる九九の答えを考えて、5×6＝30、6×5＝30、6×6＝36、4×9＝36、9×4＝36、7×9＝63、9×7＝63のどれでも正かいです。

⑨～⑫

⑨7×9、9×7のどちらでも正かいです。

⑪2×9、9×2、3×6、6×3のどれでも正かいです。

⑫あと、0、4、7、9がつかえます。これらの数字でできる九九の答えを考えて、5×8＝40、8×5＝40、7×7＝49のどれでも正かいです。

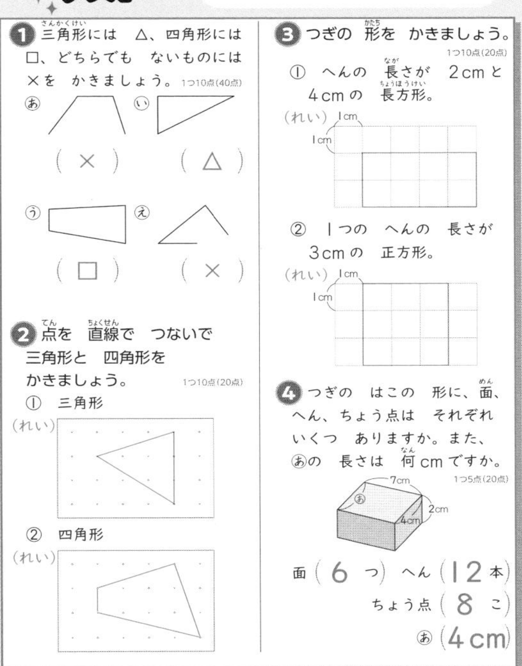

110ページ
❶三角形には △、四角形には □、どちらでも ないものには ×を かきましょう。
❷点を 直線で つないで 三角形と 四角形を かきましょう。
❸つぎの 形を かきましょう。
❹つぎの はこの 形に、面、へん、ちょう点は それぞれ いくつ ありますか。また、あの 長さは 何cmですか。

❶ 3本の直線でかこまれた形を三角形、4本の直線でかこまれた形を四角形といいます。

あとえは直線でかこまれていないので、四角形や三角形とはいいません。

❷ ①3つの点を直線でむすびます。

②4つの点を直線でむすびます。

❸ ます目は、1つのへんの長さが1cmの正方形になっています。

①長方形は、むかい合っているへんの長さが同じです。

②正方形は、4つのへんの長さが同じです。

❹ はこは、どんなはこでも面が6つ、へんが12本、ちょう点が8こあります。

はこに見えないへんをかき入れると、つぎのようになります。

太いへんが4cmのへんです。

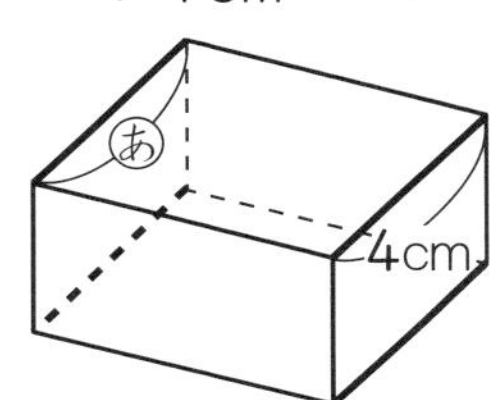

まとめのテスト　111ページ

1 つぎの　直線の　長さは　何cm何mmですか。また、何mmですか。　1もん10点(20点)

・(6)cm(8)mm
・(68)mm

2 つぎの　□に　あてはまる　数を　書きましょう。　1もん5点(10点)

① 3m 26cm＝326cm
② 508cm＝5m 8cm

3 2m 40cmの　ロープと　1m 40cmの　ロープが　あります。合わせた　長さを　もとめましょう。　しき・答え　1つ5点(10点)

2m40cm
1m40cm

しき　2m 40cm＋1m 40cm＝3m 80cm

答え（3m 80cm）

4 水の　かさは　何L何dLですか。また、何dLですか。　1もん10点(20点)

3L
2L
1L
0

・(2)L(5)dL
・(25)dL

5 つぎの　計算を　しましょう。　1つ10点(20点)

① 5L 2dL＋3L 7dL
　8L 9dL
② 4L 1dL－1dL
　4L

6 つぎの　時こくを　もとめましょう。　1つ10点(20点)

① 午前9時から、2時間後の　時こく。
　（午前11時）
② 午前9時から、15分前の　時こく。
　（午前8時45分）

1 1cm＝10mmだから、6cm＝60mmです。60mmと8mmで68mmです。

2 1m＝100cmです。
①3m＝300cmだから、300cmと26cmで326cmです。
②508cmは500cmと8cm。500cm＝5mだから、5mと8cmで5m 8cmです。

3 いろいろな考え方で計算できます。自分にあった計算方ほうを見つけましょう。
たんいをcmにすると、
240cm＋140cm＝380cm
＝3m 80cm
たてにたんいをそろえると、

m	cm
2	40
＋1	40
3	80

4 1L＝10dLです。
ますの小さい1目もりは、1L（10dL）を10に分けているので、1dLをあらわします。
2Lと5目もり（5dL）で2L 5dL。

5 計算の考え方は、長さのときと同じです。たんいをそろえて計算します。

6 ①1目もりが1時間の数の線で考えると、

②1目もりが5分の数の線で考えると、

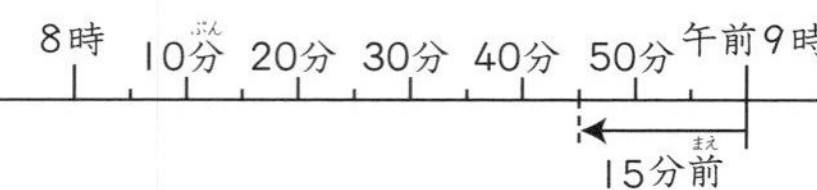

プログラミングの　プ　112ページ

ひとふでがきとは、えんぴつなどの　先を、紙から　はなさないようにして、線で　図を　かくことです。ただし、同じ点は　何回　通っても　よいですが、1回　かいた　線の　上を　通っては　いけません。

つぎの　図を　アの点から　出ぱつし、ひとふでがきで　かくと、たとえば
ア→イ→ウ→エ→オ→ア→エ

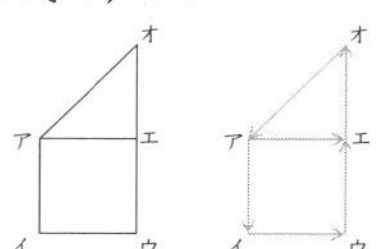

のように　なります。

1 上の　図を　アの点から　出ぱつし、上とは　ちがう　ひとふでがきで　かきました。つぎの　□に　あてはまる　文字を　書きましょう。

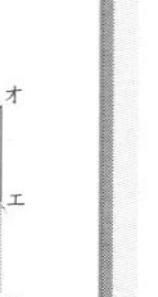

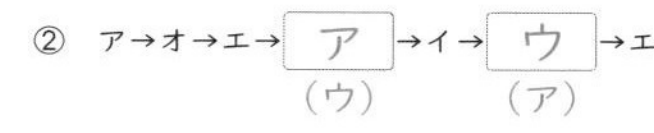

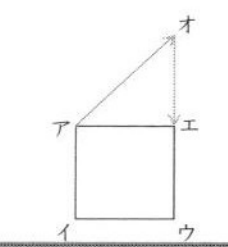

1 ①

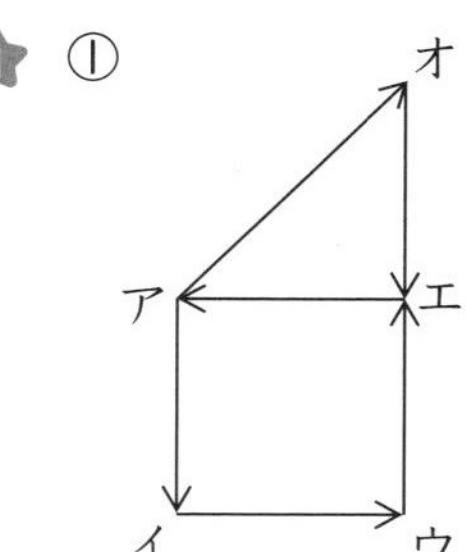

ア→イ→ウ→エ→ア→オ→エ

②

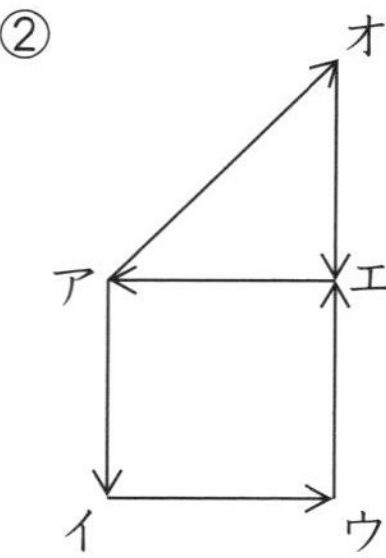

ア→オ→エ→ア→イ→ウ→エ
または、

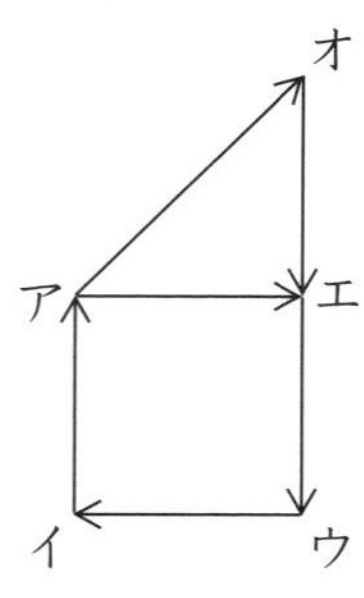

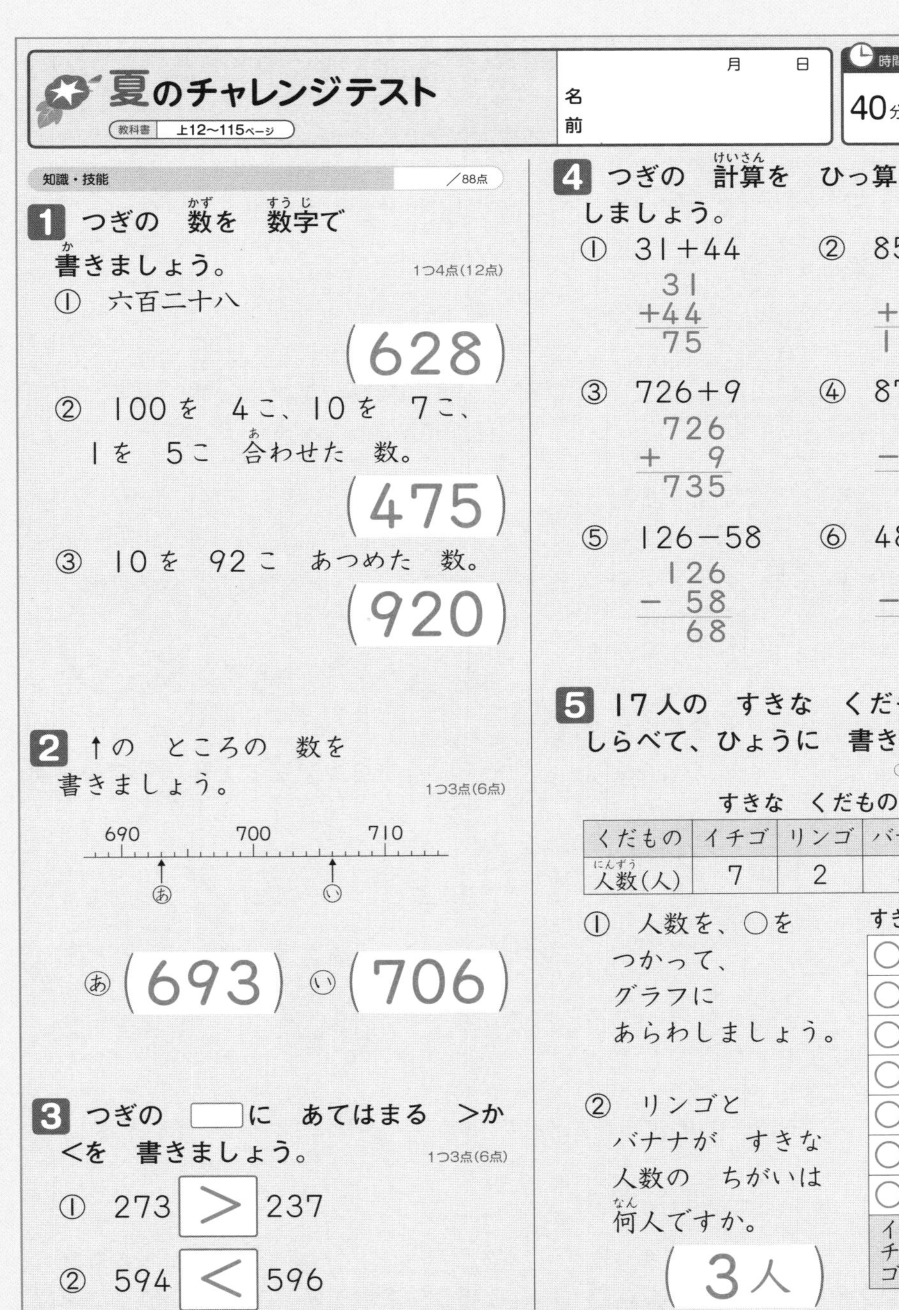

夏のチャレンジテスト

教科書 上12~115ページ

月　日　名前

時間 40分　ごうかく80点　/100

答え33~34ページ

知識・技能　/88点

1 つぎの 数(かず)を 数字(すうじ)で 書(か)きましょう。　1つ4点(12点)

① 六百二十八　(628)

② 100を 4こ、10を 7こ、1を 5こ 合(あ)わせた 数。　(475)

③ 10を 92こ あつめた 数。　(920)

2 ↑の ところの 数を 書きましょう。　1つ3点(6点)

あ (693)　い (706)

3 つぎの □に あてはまる >か <を 書きましょう。　1つ3点(6点)

① 273 > 237

② 594 < 596

4 つぎの 計算(けいさん)を ひっ算で しましょう。　1つ3点(18点)

① 31+44　31 +44 75

② 85+97　85 +97 182

③ 726+9　726 +9 735

④ 87−62　87 −62 25

⑤ 126−58　126 −58 68

⑥ 485−29　485 −29 456

5 17人の すきな くだものを しらべて、ひょうに 書きました。　①1つ1点 ②2点(6点)

すきな くだもの

くだもの	イチゴ	リンゴ	バナナ	ミカン
人数(にんずう)(人)	7	2	5	3

① 人数を、○を つかって、グラフに あらわしましょう。

すきな くだもの

○			
○			
○		○	
○		○	
○		○	○
○	○	○	○
○	○	○	○
イチゴ	リンゴ	バナナ	ミカン

② リンゴと バナナが すきな 人数の ちがいは 何(なん)人ですか。　(3人)

1 ①くらいのひょうに書(か)くと、わかりやすいです。

百のくらい	十のくらい	一のくらい
6	2	8
六百	二十	八

②100が4こで400、10が7こで70、1が5こで5です。
400と70と5で475。

③10が10こで100です。

10が92こ＜10が90こ→900、10が2こ→20＞920

2 数(かず)の線(せん)の1目もりは1をあらわしています。

あ690と3目もり(3)で693です。

い700と6目もり(6)で706です。

3 百のくらい→十のくらい→一のくらい とじゅんに数字(すうじ)をくらべていきます。

①百のくらいの数字は2で同(おな)じだから、十のくらいの数字でくらべます。
十のくらいは7と3。7と3では7の方(ほう)が大きいから、
273>237

②百のくらいの数字は5、十のくらいの数字は9で同じだから、一のくらいの数字でくらべます。
一のくらいは4と6。4と6では6の方が大きいから、
594<596

4 ③⑤⑥ひっ算(さん)の書き方(かた)にちゅういします。

②③くり上がりに気をつけます。
くり上げた1を小さく書いておきましょう。

⑤くり下がりが2回(かい)あります。

[一のくらいの計算(けいさん)]
十のくらいから1くり下げて、
16−8=8

[十のくらいの計算]
十のくらいは、1くり下げたから1。
百のくらいから1くり下げて、
11−5=6

```
  10
  ⁄1 10
  ⁄1 2 6
−    5 8
     6 8
```

5 ①下から○をかいていきます。

②リンゴは2人、バナナは5人です。
ちがいは、5−2=3で3人です。

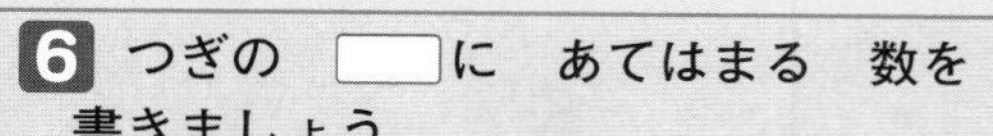

6 つぎの □ に　あてはまる　数を　書きましょう。　1つ3点(12点)

① １時間＝ 60 分間

② １日＝ 24 時間

③ 午前は 12 時間　あります。

④ 午後０時の　ことを　午前 12 時とも　いいます。

7 時計を　見て　答えましょう。　1つ4点(12点)

① あの　時こくは　何時何分ですか。

（4時10分）

② あの　時こくから　いの　時こくまでの　時間は、何分間ですか。

（20分間）

③ いの　時こくから　うの　時こくまでの　時間は、何時間ですか。

（1時間）

8 つぎの □ に　あてはまる　数を　書きましょう。　1つ4点(16点)

① 90 mm＝ 9 cm

② 2 cm 8 mm＝ 28 mm

③ 5 cm 4 mm＋6 cm
＝ 11 cm 4 mm

④ 4 cm 3 mm－1 cm 6 mm
＝ 2 cm 7 mm

思考・判断・表現　／12点

9 まみさんは　ビーズを　43 こ　もっています。ゆきさんは、まみさんより　15 こ　少ないと　いっています。
ゆきさんは　何こ　もっていますか。

① 下の　図の □ に　あてはまる　数を　書きましょう。　1つ3点(6点)

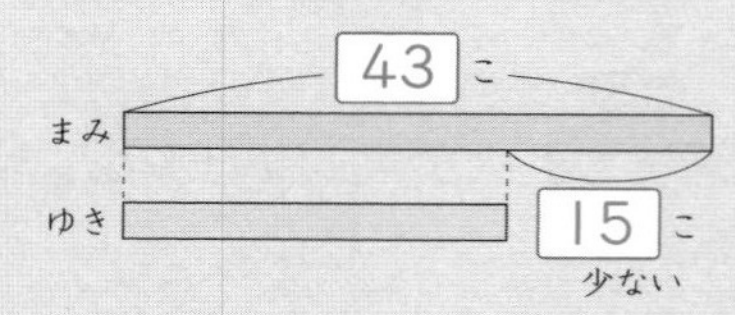

② しきと　答えを　書きましょう。　しき・答え 1つ3点(6点)

しき　43－15＝28

答え（28こ）

6 ③１日は午前と午後に分けられ、午前は 12 時間、午後も 12 時間です。
④午後０時のことを正午ともいいます。

7 ②あは４時 10 分、いは４時 30 分です。４時 10 分から４時 30 分までは、長いはりが 20 目もりすすんでいるので、20 分間です。
③うの時こくは５時 30 分です。４時 30 分から５時 30 分までは、長いはりが１まわりする時間で、60 分間＝１時間です。

8 ①10 mm＝1 cm だから、
90 mm＝9 cm
②1 cm＝10 mm です。
2 cm 8 mm は、2 cm と 8 mm。
2 cm＝20 mm だから、
20 mm と 8 mm で 28 mm。
③同じたんいの数どうしを計算します。
5 cm 4 mm＋6 cm＝11 cm 4 mm
④mm にそろえて計算すると、
4 cm 3 mm＝43 mm、
1 cm 6 mm＝16 mm
43 mm－16 mm＝27 mm
＝2 cm 7 mm
たんいをそろえて、たてに書いて計算してもよいです。

cm	mm
4	3
－1	6
2	7

9 ②少ない方の数をもとめるので、しきはひき算です。

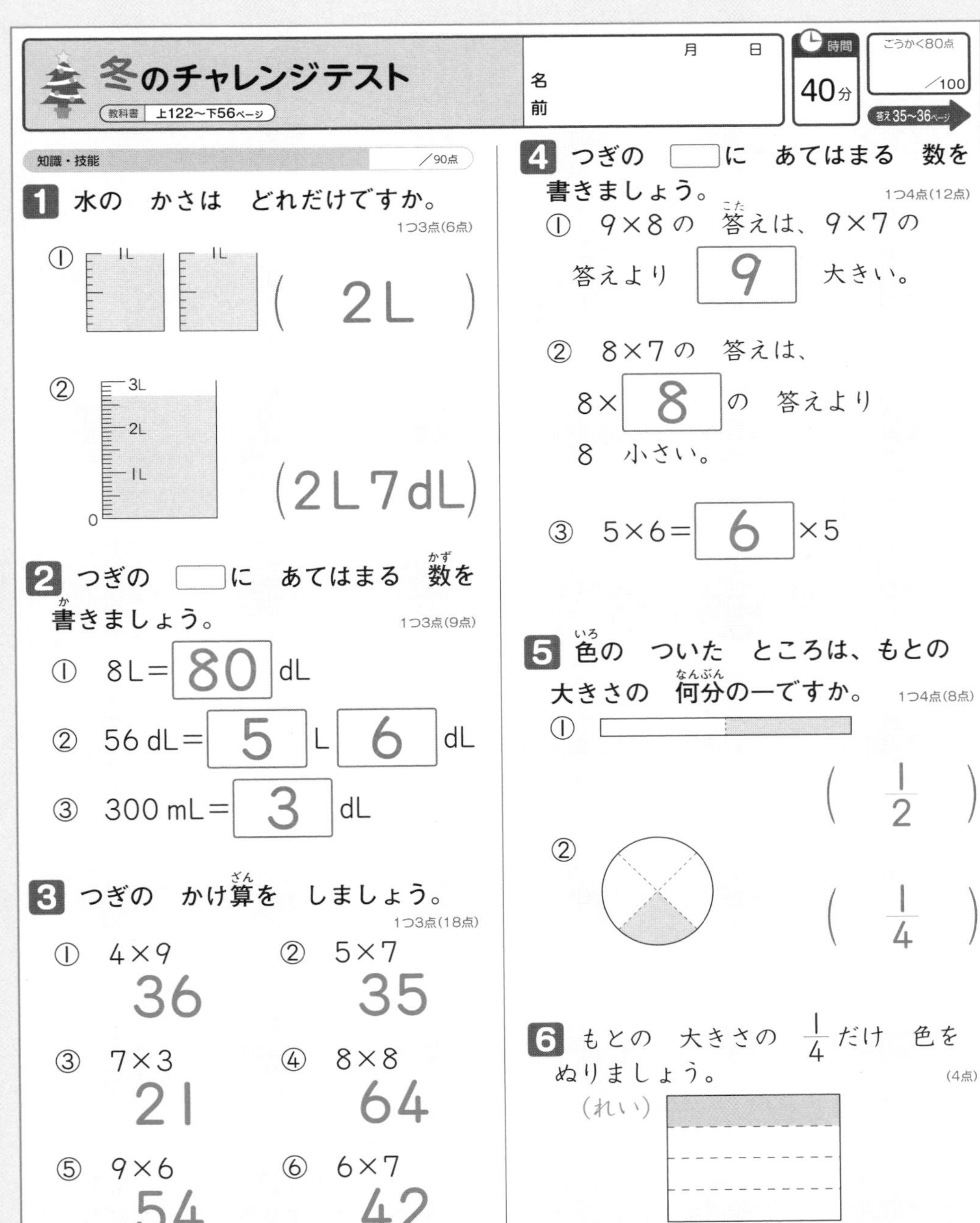

冬のチャレンジテスト
教科書 上122〜下56ページ
月　日
名前
時間 40分
ごうかく80点　/100
答え35〜36ページ

知識・技能　/90点

1 水の　かさは　どれだけですか。　1つ3点(6点)

① 1L　1L　（ 2L ）

② 3L 2L 1L 0　（2L7dL）

2 つぎの □に　あてはまる　数を　書きましょう。　1つ3点(9点)

① 8L＝[80]dL

② 56dL＝[5]L[6]dL

③ 300mL＝[3]dL

3 つぎの　かけ算を　しましょう。　1つ3点(18点)

① 4×9　36

② 5×7　35

③ 7×3　21

④ 8×8　64

⑤ 9×6　54

⑥ 6×7　42

4 つぎの □に　あてはまる　数を　書きましょう。　1つ4点(12点)

① 9×8の　答えは、9×7の　答えより [9] 大きい。

② 8×7の　答えは、8×[8]の　答えより　8　小さい。

③ 5×6＝[6]×5

5 色の　ついた　ところは、もとの　大きさの　何分の一ですか。　1つ4点(8点)

① （ $\frac{1}{2}$ ）

② （ $\frac{1}{4}$ ）

6 もとの　大きさの $\frac{1}{4}$ だけ　色を　ぬりましょう。　(4点)

（れい）

1 ①1Lが2つ分で2Lです。

②小さい1目もりは1Lを10に分けているので、1dLをあらわします。2Lと7目もり(7dL)で、2L7dLです。

2 ①1L＝10dLだから、8L＝80dL

②56dLは50dLと6dL。50dL＝5Lだから、5Lと6dLで、5L6dL。

③100mL＝1dLだから、300mL＝3dL

3 かけ算九九をたしかめましょう。

4 ①9のだんでは、かける数が1ふえると、答えは9ふえます。

9×7＝63
1ふえる↓　↓9ふえる
9×8＝72

②8のだんでは、かける数が1へると、答えは8へります。

8×7＝56
1へる↑　↑8へる
8×8＝64

③かけ算では、かける数とかけられる数を入れかえても、答えは同じです。

5 ①同じ大きさに2つに分けた1つ分の大きさです。

②同じ大きさに4つに分けた1つ分の大きさです。

6 4つに分けた1つ分をぬっていれば、どこをぬっても正かいです。

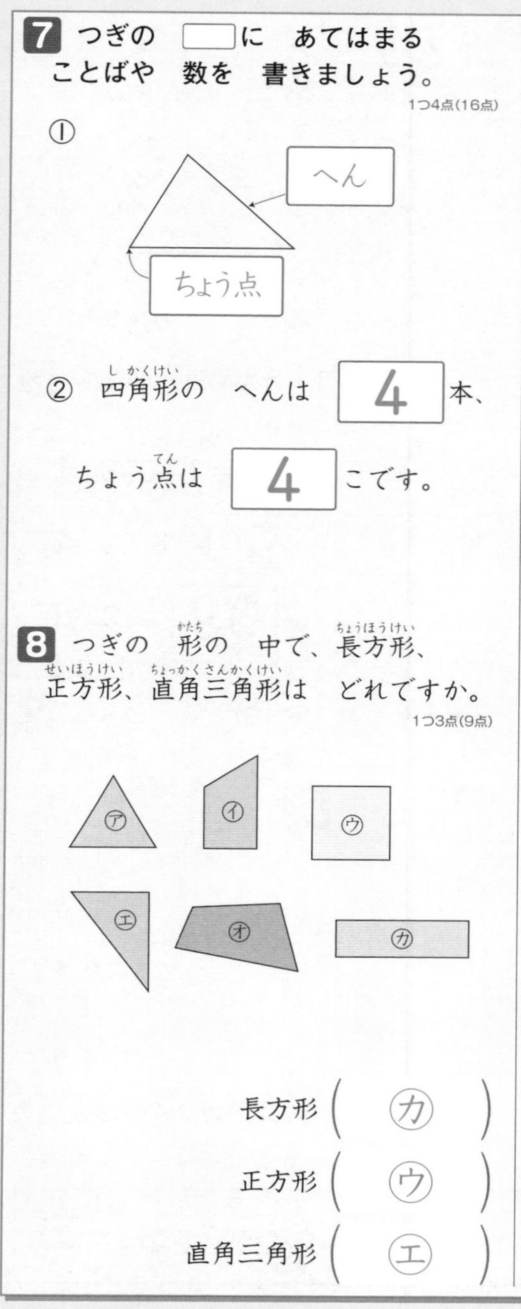

7 つぎの □ に あてはまる ことばや 数を 書きましょう。

1つ4点(16点)

①

へん

ちょう点

② 四角形の へんは 4 本、

ちょう点は 4 こです。

8 つぎの 形の 中で、長方形、正方形、直角三角形は どれですか。

1つ3点(9点)

㋐ ㋑ ㋒ ㋓ ㋔ ㋕

長方形 (㋕)

正方形 (㋒)

直角三角形 (㋓)

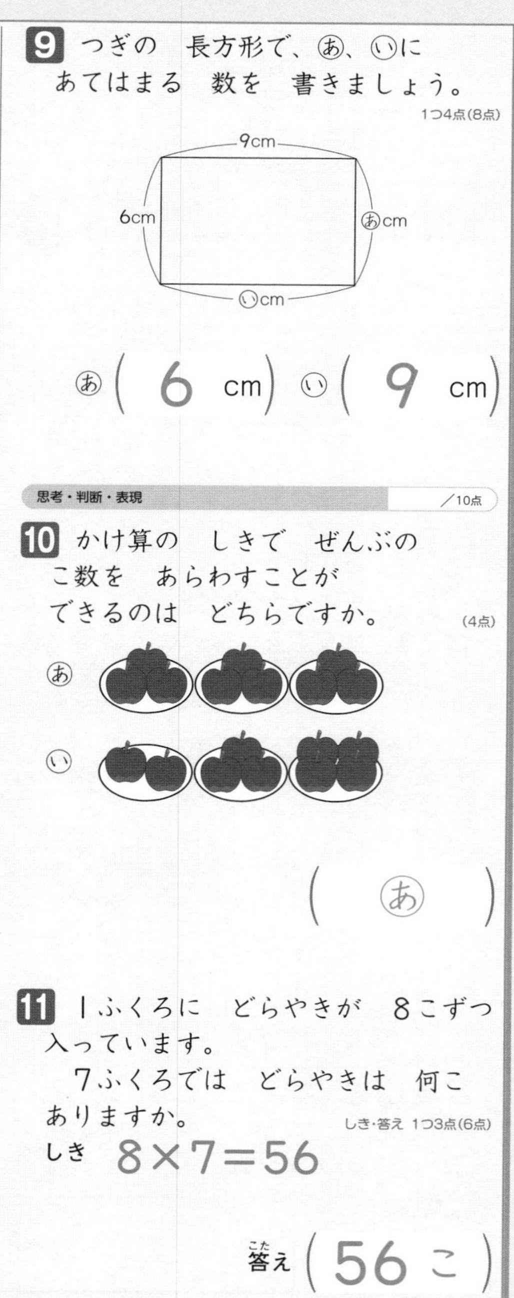

9 つぎの 長方形で、㋐、㋑に あてはまる 数を 書きましょう。

1つ4点(8点)

9cm

6cm

㋐cm

㋑cm

㋐ (6 cm) ㋑ (9 cm)

思考・判断・表現 ／10点

10 かけ算の しきで ぜんぶの こ数を あらわすことが できるのは どちらですか。

(4点)

㋐

㋑

(㋐)

11 1ふくろに どらやきが 8こずつ 入っています。

7ふくろでは どらやきは 何こ ありますか。

しき・答え 1つ3点(6点)

しき 8×7=56

答え (56 こ)

7 ①三角形や四角形のまわりのひとつひとつの直線をへんといい、へんとへんでできるかどの点をちょう点といいます。

②三角形に、へんは3本、ちょう点は3こあります。

四角形に、へんは4本、ちょう点は4こあります。

8 長方形は、4つのかどがすべて直角になっている四角形、正方形は、4つのかどがすべて直角で、4つのへんの長さがすべて同じになっている四角形です。また、直角三角形は、直角のかどがある三角形です。

四角形は、㋑、㋒、㋔、㋕の4つです。このうち、4つのかどがすべて直角になっているのは㋒と㋕です。㋒と㋕のうち、㋒は4つのへんの長さがすべて同じです。だから、㋒が正方形、㋕が長方形です。

三角形は、㋐、㋓の2つです。このうち、直角のかどがあるのは㋓だから、㋓が直角三角形です。

直角かどうかは、三角じょうぎでたしかめましょう。

9 長方形は、むかい合っているへんの長さが同じです。

㋐は、6cmのへんとむかい合っているので6cm。

㋑は、9cmのへんとむかい合っているので9cm。

10 かけ算は、同じ数ずつのものがいくつかあるときにつかいます。

㋑のように、ちがう数のとき、かけ算はつかえません。㋑のぜんぶのこ数は、たし算でもとめます。

11 1つ分の数×いくつ分=ぜんぶの数になります。

春のチャレンジテスト

教科書 下60～108ページ

月　日

名前

時間 40分

ごうかく80点

／100

答え37～38ページ

知識・技能 ／78点

1 つぎの 数を 数字で 書きましょう。 1つ4点(20点)

① 六千十七

(6017)

② 1000を 6こと、100を 1こと、1を 2こ 合わせた 数。

(6102)

③ 100を 35こ あつめた 数。

(3500)

④ 7000より 500 小さい 数。

(6500)

⑤ 9000より 1000 大きい 数。

(10000)

2 つぎの 数の線を 見て 答えましょう。 1つ3点(6点)

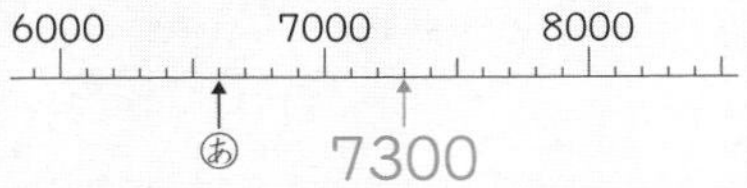

6000　7000　8000

あ　7300

① あの 目もりの 数を 書きましょう。

(6600)

② 7300を あらわす 目もりに、↑を かきましょう。

3 右の 時計の 時こくは、午前7時20分です。 1つ4点(8点)

① 15分前の 時こくは、午前何時何分ですか。

(午前7時5分)

② 午前8時までは、あと 何分間 ありますか。

(40分間)

4 つぎの □に あてはまる 数を 書きましょう。 1つ4点(8点)

① 5m 22cm＝[522]cm

② 308cm＝[3]m[8]cm

5 つぎの □に あてはまる たんいを 書きましょう。 1つ4点(12点)

① えんぴつの 長さ

18[cm]

② プールの たての 長さ

25[m]

③ もんだいしゅうの あつさ

9[mm]

1 ①くらいのひょうを書いて、数字をあてはめてみましょう。

千のくらい	百のくらい	十のくらい	一のくらい
6	0	1	7
六千		十	七

百のくらいの0をわすれないようにします。

②1000が6こで6000、100が1こで100、1が2こで2。6000と100と2で6102です。十のくらいの0をわすれないようにしましょう。

③100が10こで1000です。

100が35こ＜100が30こ→3000／100が5こ→500＞3500

④⑤数の線でたしかめておきましょう。

2 ①数の線の1目もりは、1000を10に分けているので100をあらわしています。6000と6目もり(600)で6600です。

②7300は、7000より300大きい数です。300は3目もりであらわされるから、7000から右に3目もりめのところが7300です。

3 1目もりが5分の数の線をかいて考えましょう。

①下の数の線で、15分は3目もりです。7時20分の目もりから3目もり左の時こくをもとめます。

②午前8時までは8目もりあります。5分、10分、…、40分です。
(1目もり)(2目もり)　(8目もり)
答えは、40分間となることにちゅういしましょう。

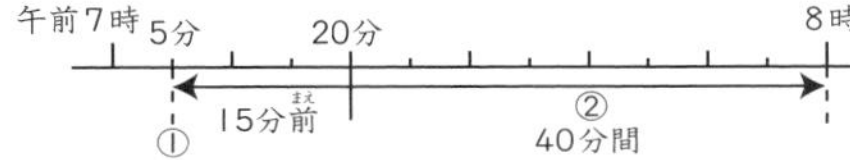

4 1m＝100cmです。

①5m 22cmは5mと22cm。5m＝500cmだから、500cmと22cmで522cm。

②308cmは300cmと8cm。300cm＝3mだから、3mと8cmで3m8cm。

5 1mm、1cm、1mのだいたいの長さをおぼえましょう。

6 長さの 計算を しましょう。

1つ3点(12点)

① 1m 45cm＋3m

4m 45cm

② 8m 20cm＋28cm

8m 48cm

③ 6m 30cm－4m

2m 30cm

④ 9m 70cm－2m 50cm

7m 20cm

7 つぎの はこの 形を、ひごと ねん土玉で 作ります。

1つ4点(12点)

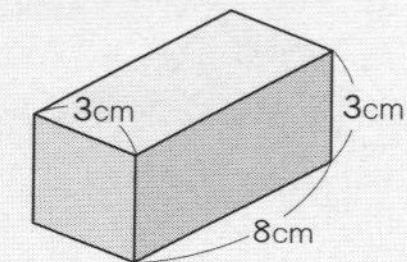

① ねん土玉は 何こ いりますか。

（ **8こ** ）

② 3cmの ひごは 何本 いりますか。

（ **8本** ）

③ 8cmの ひごは 何本 いりますか。

（ **4本** ）

思考・判断・表現　／22点

8 貝がらを 28こ ひろいました。弟が 何こか くれたので、貝がらが 36こに なりました。

弟は 何こ くれましたか。

図・しき・答え 1つ3点(9点)

ぜんぶ 36 こ

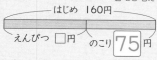

はじめ 28こ　くれた □こ

しき **36－28＝8**

答え（ **8こ** ）

9 ゆきさんは、お金を 160円 もっていました。えんぴつを 買ったので、のこりは 75円に なりました。

えんぴつの ねだんは 何円ですか。

図・しき・答え 1つ3点(9点)

はじめ 160円

えんぴつ □円　のこり 75 円

しき **160－75＝85**

答え（ **85円** ）

10 はこを 作ろうと 思います。

つぎの 図に ひつような 面を かきたしましょう。

(4点)

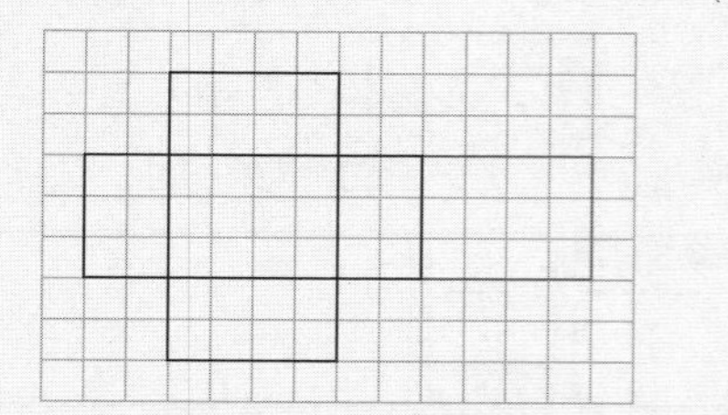

6 同じたんいの数どうしを計算します。cmにそろえて計算してもよいし、たんいをそろえて、たてに書いて計算してもよいです。

④

70－50

9m 70cm－2m 50cm＝7m 20cm

9－2

7 ①ねん土玉はちょう点につかいます。はこに、ちょう点は8こあるから、ねん土玉は8こいります。

②ひごは、へんにつかいます。はこの形は、下の図のようになります。下の図の黒いひごが3cmのひごです。色をつけた面が正方形なので、3cmのひごは8本いります。

③下の図のはい色のひごが8cmのひごです。

8cmのひごは4本いります。

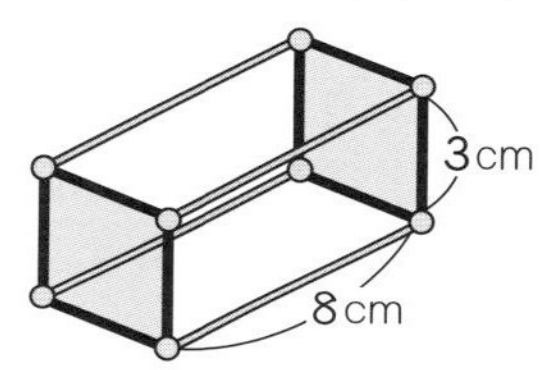

8 図をかいて数のかんけいをつかみましょう。わからない数は□であらわします。

図から、弟がくれたこ数をもとめるしきは、

ぜんぶのこ数－はじめのこ数

＝くれたこ数

となります。

9 えんぴつのねだんを□円とします。

図から、

はじめのお金－のこりのお金

＝えんぴつのねだん

となります。

10 作ろうとしているはこは、同じ長方形の面が2つずつ3組あるはこです。

もんだいにかかれている長方形の面は、たてとよこのへんの長さが、

ます2つ分と4つ分の面㋐が2つ、

ます3つ分と2つ分の面㋑が2つ、

ます3つ分と4つ分の面㋒が1つです。

たりないのは、ます3つ分と4つ分の面㋒です。面㋑のよこにかきたします。

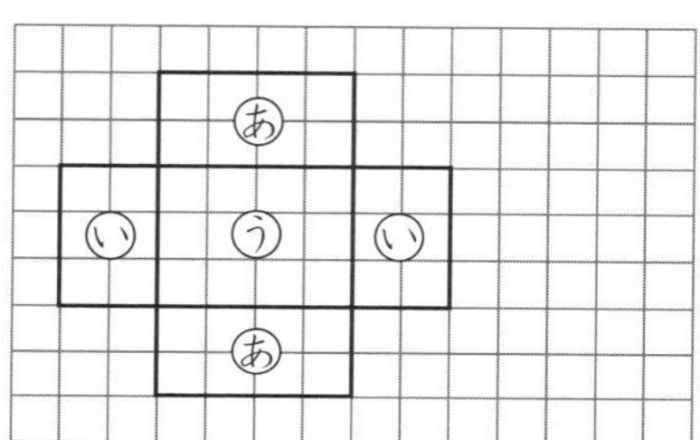

2年 算数のまとめ 学力しんだんテスト

月　日
名前

時間 40分
ごうかく80点 /100
答え 39ページ

1 つぎの 数を 書きましょう。 1つ3点(6点)

① 100を 3こ、1を 6こ あわせた数 (306)

② 1000を 10こ あつめた 数 (10000)

2 色を ぬった ところは もとの 大きさの 何分の一ですか。 1つ3点(6点)

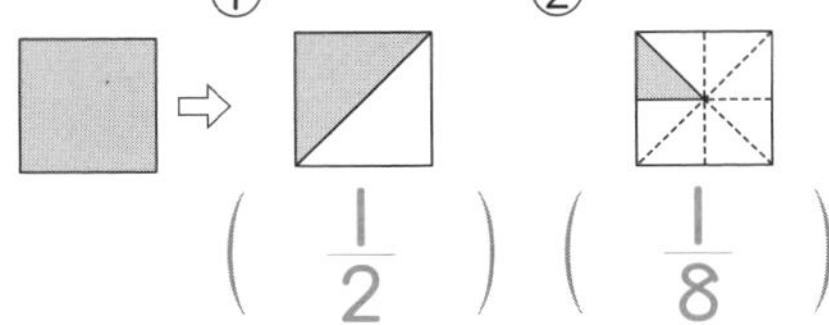

① ($\frac{1}{2}$)　② ($\frac{1}{8}$)

3 計算を しましょう。 1つ3点(12点)

① 214 + 57 = 271

② 546 − 27 = 519

③ 4×8　32

④ 7×6　42

4 あめを 3こずつ 6つの ふくろに 入れると、2こ のこりました。
あめは ぜんぶで 何こ ありましたか。 しき・答え 1つ3点(6点)

しき 3×6+2=20

答え (20こ)

5 すずめが 14わ いました。そこへ 9わ とんで きました。また 11わ とんで きました。すずめは 何わに なりましたか。とんで きた すずめを まとめて たす 考え方で 1つの しきに 書いて もとめましょう。 しき・答え 1つ3点(6点)

しき 14+(9+11)=34

答え (34わ)

6 □に ＞か、＜か、＝を 書きましょう。 (2点)

25 dL [＞] 2L

7 □に あてはまる 長さの たんいを 書きましょう。 1つ3点(9点)

① ノートの あつさ…5 [mm]

② プールの たての 長さ…25 [m]

③ テレビの よこの 長さ…95 [cm]

8 右の 時計を みて つぎの 時こくを 書きましょう。 1つ3点(6点)

① 1時間あと (5時50分)

② 30分前 (4時20分)

1 ①100を 3こ あつめた 300と、6とで 306です。
②1000を 10こ あつめた 数は 10000です。

2 ②もとの 大きさを 同じ 大きさに 8つに 分けた 1つ分 だから、$\frac{1}{8}$です。

3 ①②ひっ算は くらいを そろえて 計算します。くり上がりや くり下がりに ちゅういして、計算しましょう。

4 3こずつ 6つの ふくろに はいって いる あめの 数は、かけ算で もとめます。ぜんぶの 数は、ふくろに はいって いる 数と のこって いる 数を たした 数に なります。
3×6+2=18+2=20

5 まとめて たす ときは、( )を つかって 1つの しきに あらわします。
14+(9+11)=14+20=34

6 2L=20 dL だから、
25 dL＞20 dL になります。

7 それぞれの 長さを 思いうかべて 考えます。
1 mm、1 cm、1 m が、およそ どれくらいの 長さかを おぼえて おきましょう。

8 時計は 4時50分を さして います。
②30分前は、時計の 長い はりを ぎゃくに まわして 考えます。

9 つぎの　三角形や　四角形の　名前を　書きましょう。 1つ3点(9点)

① (直角三角形)

② (正方形)

③ (長方形)

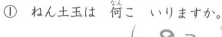

10 ひごと　ねん土玉を　つかって、右のような　はこの　形を　つくります。 1つ3点(6点)

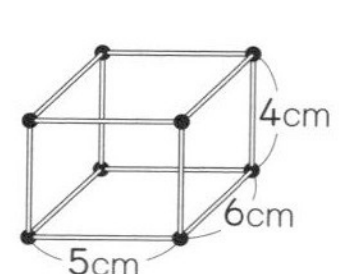

① ねん土玉は　何こ　いりますか。

(8こ)

② 6cmの　ひごは　何本　いりますか。

(4本)

11 すきな　くだものしらべを　しました。 1つ4点(8点)

すきな　くだものしらべ

すきなくだもの	りんご	みかん	いちご	スイカ
人数(人)	3	1	5	2

すきなくだものしらべ

		○	
		○	
○		○	
○		○	○
○	○	○	○
りんご	みかん	いちご	スイカ

① りんごが　すきな　人の　人数を、○を　つかって、右の　グラフに　あらわしましょう。

② すきな　人が　いちばん　多い　くだものと、いちばん　少ない　くだものの　人数の　ちがいは　何人ですか。

(4人)

活用力をみる

12 さいころを　右のように　して、かさなりあった　面の　目の　数を　たすと　9に　なるように　つみかさねます。

さいころは　むかいあった　面の　目の　数を　たすと、7に　なっています。図の　あ〜うに　あてはまる　目の　数を　書きましょう。 1つ4点(12点)

あ… 6　　い… 3　　う… 4

13 ゆうまさんは、まとあてゲームを　しました。3回　ボールを　なげて、点数を　出します。①しき・答え　1つ3点、②1つ3点(12点)

① ゆうまさんは　あと　5点で　30点でした。ゆうまさんの　点数は　何点でしたか。

しき　30−5＝25

答え (25点)

② ゆうまさんの　まとは　下の　あ、いの　どちらですか。その　わけも　書きましょう。

あ
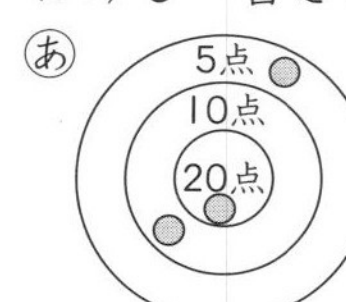

い
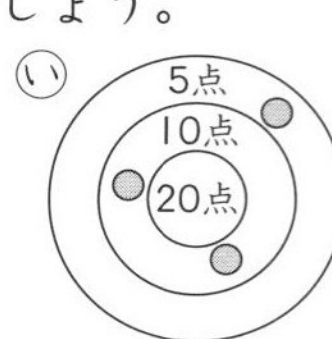

ゆうまさんの　まとは　い　です。

わけ ((れい)あの　まとは　35点、いの　まとは　25点　だから。)

9 へんの　数や　長さ、かどの　形に　ちゅういして　考えます。

①1つの　かどが　直角に　なっている　三角形だから、直角三角形です。

②かどが　みんな　直角で、へんの　長さが　みんな　同じ　四角形だから、正方形です。

③かどが　みんな　直角に　なっていて、むかいあう　2つの　へんの　長さが　同じだから、長方形です。

10 ねん土玉は　ちょう点、ひごは　へんを　あらわします。

図を　よく　見て　答えます。

11 ②すきな　人が　いちばん　多い　くだものは　いちごで　5人、いちばん　少ない　くだものは　みかんで　1人です。

ちがいは、5−1＝4で、4人です。

12 右の　図の　ように　なります。

かさね方の　きまりを、もんだい文から　読みとりましょう。

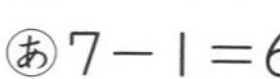

あ7−1＝6

い9−6＝3

う7−3＝4

13 それぞれの　まとの　点数を、計算で　もとめます。

わけは、あと　いの　まとの　点数を　それぞれ　もとめ、いの　まとが　「25点だから」「30点に　5点たりないから」という　わけが　書けていれば　正かいです。